全国高等农林院校研究生教材

额尔古纳国家级自然保护区生物多样性研究

郑宝江　赵　敏　主编

额尔古纳国家级自然保护区生物多样性研究项目（20122300010987）

科学出版社

北　京

内 容 简 介

    内蒙古额尔古纳国家级自然保护区森林茂密，物种丰富，景观多样，是我国目前保存下来最典型、最完整、面积最大的原始寒温带针叶林分布区之一，也是额尔古纳河重要的水源涵养林区。由于该区域位置偏远，交通不便，多年来关于其生物多样性还缺乏系统深入的研究。本书详细介绍了该区域自然地理环境特征、动植物种类及区系特征、植被类型，以及珍稀濒危动植物的分布及其保护情况，并对该保护区的生物资源进行了评价。

    本书可以作为大兴安岭北部林区进行生物野外调查的重要参考，同时也可作为自然保护区、生物多样性、生态学、植物学、动物学、资源利用与环境保护等工作的科研人员、管理工作者及大专院校相关专业师生的参考用书。

图书在版编目（CIP）数据

额尔古纳国家级自然保护区生物多样性研究/郑宝江，赵敏主编. —北京：科学出版社，2016

全国高等农林院校研究生教材

ISBN 978-7-03-046633-4

Ⅰ. ①额… Ⅱ. ①郑… ②赵… Ⅲ. ①自然保护区–生物多样性–额尔古纳市–研究生–教材 Ⅳ. ①S759.992.263 ②Q16

中国版本图书馆 CIP 数据核字（2015）第 298618 号

责任编辑：席 慧 侯彩霞 / 责任校对：贾伟娟
责任印制：徐晓晨 / 封面设计：铭轩堂

科 学 出 版 社 出版
北京东黄城根北街 16 号
邮政编码：100717
http://www.sciencep.com

北京虎诚则铭印刷科技有限公司 印刷
科学出版社发行 各地新华书店经销

*

2015 年 12 月第 一 版 开本：787×1092 1/16
2017 年 5 月第二次印刷 印张：16 1/4 插页：4
字数：385 000

定价：72.00 元
（如有印装质量问题，我社负责调换）

《额尔古纳国家级自然保护区生物多样性研究》
领导小组

组　长：胡建民　额尔古纳国家级自然保护区管理局 局长/高级政工师
　　　　吕连宽　内蒙古森工集团野生动植物保护处 处长/高级工程师
副组长：孙　海　额尔古纳国家级自然保护区管理局 副局长/高级工程师
　　　　赵　敏　东北林业大学科学技术研究院 副院长、教授（博导）

内蒙古额尔古纳国家级自然保护区
生物多样性研究项目研究人员

赵　敏　东北林业大学 教授（博导）
郑宝江　东北林业大学 副教授
孙　海　额尔古纳国家级自然保护区管理局 高级工程师
周　明　额尔古纳国家级自然保护区管理局 教授级高工
赵宝军　内蒙古森工集团 高级工程师
邵景文　东北林业大学 教授（博导）
吴玉环　杭州师范大学 教授（博导）
宋金柱　哈尔滨工业大学 教授（博导）
任　强　山东师范大学 教授
许　青　东北林业大学 副教授
龚文峰　黑龙江大学 副教授
崔岱宗　东北林业大学 讲师
鹿晓菲　黑龙江省富天力生物科技有限公司 工程师
杜仁杰　黑龙江省富天力生物科技有限公司 工程师
胡天瑶　额尔古纳国家级自然保护区管理局 助理工程师
古　一　北京林业大学 本科生
孙旭辉　东北林业大学 硕士研究生
王文生　额尔古纳国家级自然保护区管理局 高级工程师
孙书国　额尔古纳国家级自然保护区管理局 工程师
高元平　额尔古纳国家级自然保护区管理局 助理工程师
张　晶　额尔古纳国家级自然保护区管理局 助理工程师

编委会名单

主　编　郑宝江　赵　敏
副主编　孙　海　周　明　赵宝军
编　委（按姓氏笔画排序）

王文生　古　一　任　强
许　青　孙　海　孙书国
孙旭辉　杜仁杰　吴玉环
宋金柱　张　晶　邵景文
周　明　郑宝江　赵　敏
赵宝军　胡天瑶　高元平
龚文峰　崔岱宗　鹿晓菲

前　言

根据国家林区生态建设的相关政策、方针及《全国生态环境建设规划》、《全国生态环境保护纲要》、《中华人民共和国自然保护区条例》、《中国生物多样性保护的行动计划》和《关于加强自然保护区管理、区划和科学考察工作的通知》的精神，以"天保工程"建设为基础，面对内蒙古莫尔道嘎林业局的林情和自然植被景观及生物多样性丰富的特点，参阅建立国家自然保护区的标准，内蒙古大兴安岭林管局在制定"十五"发展规划时，提出将莫尔道嘎林业局的原西沿江林场的全部和江畔林场、太平林场、东沿江林场、河口林场的部分施业区，规划建设为"内蒙古额尔古纳自然保护区"，2006 年 2 月经国务院批准晋升为国家级自然保护区。2009 年 3 月 14 日经内蒙古大兴安岭林管局批准成立额尔古纳国家级自然保护区管理局。这是利国利民的大事，也是造福子孙的重大举措，还是热爱自然、保护自然、善待自然精神文明的体现。

内蒙古额尔古纳国家级自然保护区位于大兴安岭北部西麓，内蒙古大兴安岭林管局莫尔道嘎林业局的西北部。西北与俄罗斯隔额尔古纳河相望，北与奇乾林业局毗邻，南与额尔古纳市接壤，东南与莫尔道嘎林业局相连。行政区划属额尔古纳市莫尔道嘎镇。地理坐标为东经 120°00′26″～120°58′02″，北纬 51°29′25″～52°06′00″。保护区总面积为 124 527hm²，核心区面积 74 183hm²，缓冲区面积 29 774hm²，实验区面积 20 570hm²，保护区森林面积 116 510hm²，森林覆盖率 93.6%。该保护区属森林生态系统类型的自然保护区，主要保护对象为：①大兴安岭北部山地原始寒温带针叶林森林生态系统；②栖息于该生态系统中的珍稀濒危野生动植物物种；③森林湿地与额尔古纳河源头湿地复合生态系统。

山地是该保护区地貌的主体，沟谷和河谷呈枝状、网状散布其间。保护区内著名的高山有牛耳山（海拔 931.5m）、小尖山（海拔 988.2m）、望火楼北山（海拔 970.5m）等。全区平均海拔 800m 左右，最低海拔 415m，最高海拔 988.2m，平均坡度 10°左右。

保护区属于额尔古纳河流域，由额尔古纳河干流与支流组合形成。额尔古纳河是本保护区最大的河流，也是中俄天然分界线，其水面宽阔，气势磅礴，流经保护区 94km，形成宽阔的河谷贯穿整个保护区的西部；第二条大河是激流河，呈东北向西北走向，呈弓形贯穿保护区的北端，区内长度约 30km；主要二级支流有水磨沟河、一流河、阿基马河、腰板河、西牛耳河等。保护区主要河流的水量丰减直接关系到黑龙江流域两岸中俄两国人民的生产和生活，所以本保护区植被保护的好坏，直接关系到黑龙江水系的兴衰。

保护区属大兴安岭北部山地原始寒温带针叶林森林生态系统。该保护区植被划分为 6 个植被型，14 个植被亚型，41 个群系，52 个群丛。6 个植被型包括森林、灌丛、草原、草甸、沼泽、草塘。据初步调查，保护区共有野生植物 921 种，隶属于 150 科 436 属，其中地衣植物 15 科 33 属 68 种；苔藓植物 52 科 97 属 199 种；蕨类植物 12 科 16 属 24 种；裸子植物 2 科 3 属 5 种；被子植物 76 科 296 属 625 种；国家重点保护野生植物 3 种。

与相近纬度其他保护区相比较，本保护区的植物种类的多样性、植被类型多样性、土壤类型多样性明显，这决定了本保护区大型真菌种类、地理成分的多样性。保护区大型真菌资源丰富，总计有 2 门 39 科 110 属 322 种：担子菌 314 种，子囊菌类 8 种。其中食用菌 64 属 183 种，利用价值大的有 50 多种，当地传统食用的有 20 多种。药用菌 28 属 85 种，另外记录具有抗癌活性成分的有 110 种。毒菌资源有 19 属 36 种，主要集中在鹅膏菌科、红菇科、马鞍菌科等。外生菌根菌有 20 属 77 种，主要集中在牛肝菌科、红菇科、毒伞科等。木材腐朽菌 68 属 140 种，主要集中在多孔菌类。

保护区动物地理区系隶属于动物地理区系的古北界、东北区、大兴安岭亚区，与蒙新区相邻，因此蒙新区的一些物种向本区渗透，同时本保护区区域狭长，东北部为典型寒温带针叶林地貌，西南部靠近呼伦贝尔草原，这使得本区生物组成复杂，多样性较高，保护区珍稀动物较多。额尔古纳自然保护区经调查研究确定，迄今有 339 种野生脊椎动物，占内蒙古脊椎动物总数的 46.2%。其中两栖动物 2 目 4 科 6 种，爬行动物分属 2 目 3 科 6 种；鱼类包括圆口纲 1 目 1 科 1 种，鱼纲 6 目 12 科 40 种；鸟类 238 种，隶属于 18 目 44 科；兽类 48 种，隶属于 6 目 16 科 48 种；国家重点保护野生动物 9 种，国家重点保护野生鸟类 41 种。

上述各种国家级保护生物物种的存在，不仅大大提高了该保护区的保护价值，同时也决定该保护区具有丰富的生物多样性，构成了巨大的野生动植物基因库。丰富的物种多样性，使森林、湿地、水域生态系统及各子系统具有很强的自我调节能力，它在维持生态系统平衡中起着重要作用，在无人干扰的情况下，会按自然规律发展下去。但偃松、（岳桦）兴安落叶松林，偃松矮曲林及湿地等生态系统属于生态脆弱带，该地带性的生态系统一旦遭到破坏，将很难恢复，势必导致许多珍稀濒危物种种群数量及分布区的显著变化，甚至生态系统多样性和遗传多样性的衰竭，或种群的消失。

保护区内的寒温带针叶林，是目前我国保存下来的最为典型和完整的寒温带针叶林生态系统之一，是大兴安岭北部山地欧亚针叶林植物区的缩影。在全球同一生物带（欧亚针叶林区域）中，具有生物多样性、森林生态系统多样性、完整的垂直带谱和众多国家级重点野生珍稀动植物物种保护的代表意义。具有明显的典型性、稀有性、自然性、多样性和生态系统脆弱性，应加强保护力度。

项目组承担"额尔古纳国家级自然保护区生物多样性研究"任务后，组织了地衣、苔藓、维管植物、真菌、动物、昆虫方面专家和大量研究生，分别于 2012 年春、夏、冬三季和 2013 年秋季对保护区进行了四次科学考察。基本摸清了本保护区的本底资源情况，又通过一年多的内业工作，撰写出版本书，论述了其野生动植物的种类、区系成分，阐述了各生态系统的类型、组成、结构及其植被演替规律，对珍稀濒危物种的种类、分布及保护措施作了概述，最后对该保护区的生物资源进行了评价，目的是为该保护区的建设奠定扎实的科学基础。

由于时间紧、任务重，报告中不足之处在所难免，敬请各位专家批评指正。

编　者

2015 年 9 月

目　　录

1 综　述

1.1　自然地理概况

1.1.1　地理位置与区域范围

内蒙古额尔古纳国家级自然保护区位于大兴安岭北部西麓,内蒙古大兴安岭林管局莫尔道嘎林业局的西北部,包括西沿江林场的全部和江畔林场、太平林场、东沿江林场、河口林场的部分施业区。西北与俄罗斯隔额尔古纳河相望,北与奇乾林业局毗邻,南与额尔古纳市接壤,东南与莫尔道嘎林业局相连。行政区划属呼伦贝尔额尔古纳市莫尔道嘎镇。地理坐标为东经 120°00′26″～120°58′02″,北纬 51°29′25″～52°06′00″。保护区总面积为124 527hm²,核心区面积 74 183hm²,缓冲区面积 29 774hm²,实验区面积 20 570hm²,森林 116 510hm²,森林覆盖率 93.6%。2006 年 2 月经国务院批准晋升为国家级自然保护区。本保护区属森林生态系统类型的自然保护区,主要保护对象是大兴安岭北部山地原始寒温带针叶林森林生态系统,以及栖息于该生态系统中的珍稀濒危野生动、植物物种及森林湿地与额尔古纳河源头湿地复合生态系统。保护区内山势起伏、河网密布、森林茂密、物种丰富、景观独特,有森林、草甸、河流、湿地等多样的生态系统,是我国目前保存下来最典型、最完整、面积最大的原始寒温带针叶林分布区之一,也是额尔古纳河重要的水源涵养林区。

1.1.2　地质、地貌

本保护区地处亚洲大陆中部蒙古高原东缘的大兴安岭北段支脉的西坡,地质构造以断裂为主,褶皱次之。本保护区的现代地形地貌主要是在华力西运动时期形成的,燕山运动中又得到了加强。新华夏系的构造运动对本保护区影响不大,晚近期的新构造运动亦有所表现。新华夏运动在本保护区范围内的活动主要表现为断裂活动;第四纪以来,近晚期新构造运动的间歇性升降活动在保护区范围内中山山地地区,形成若干夷平面,在保护区的河谷中,广泛分布有多级河流侵蚀阶地,是新构造运动垂直升降活动间歇性出现的证据。

保护区群山起伏,为低山丘陵地形。山地是本保护区地貌的主体,沟谷和河谷呈枝状、网状散布其间。保护区内有一条大的山脉系列,主脉北起河口林场的牛耳山向南转西南,总长 60km,纵贯整个保护区的东部。主脉的北段和中段为激流河与额尔古纳河的分水岭,南段为莫尔道嘎河下游与额尔古纳河的分水岭。著名的高山有牛耳山(海拔 931.5m)、小尖山(海拔 988.2m)、望火楼北山(海拔 970.5m)等。全区平均海拔800m 左右,最低海拔 415m,最高海拔 988.2m。平均坡度 10°左右,坡度平缓,相对高度小,沿额尔古纳河地势更为平缓。由于莫尔道嘎河、北部的激流河和西部的额尔古纳河三大河流各自不同的地理环境，形成了自然保护区不同特点的河谷地。其中激流河谷地的北段位于保护区的北部，长度约 30km；额尔古纳河东岸谷地南起平安岛、北至激流河口，贯穿整个自然保护区的西部，长约 94km，最宽处达 10 余千米，为保护区内海拔最低地带。

1.1.3　气候

保护区属于大兴安岭山地寒温带湿润林业气候区，并具有大陆性季风气候特征。总的特点是寒冷湿润，冬季漫长。四季气候特征：冬季寒冷漫长少降水，多冰雾和寒潮降温天气，能见度低；春季温度回升急剧，春温高于秋温，多大风天，降水量少，蒸发量大；夏季温凉短促，雨量充沛，雨热同季，降水集中，强度大，时有冻害和水害发生；秋季降温快，初霜早。保护区年日照时数平均为 2614.1h，日照百分率平均为 57%；年降水量 414～528mm，多集中在 7～9 月，占全年降水量的 75%左右；冬季降水量虽少，但积雪期可达 200d 左右；平均水面蒸发量 724mm，最大年蒸发量 865.6mm（1965 年），最小年蒸发量 606.0mm（1962 年）；年平均气温-6.0～4.0℃，最热 7 月平均气温 18.8℃，最冷 1 月平均气温-33.1℃；极端最高气温 33.9℃，极端最低气温-44.5℃；无霜期较短，初霜最早在 8 月末出现，终霜一般在 5 月中下旬结束，无霜期 100d 左右。

1.1.4　土壤

内蒙古额尔古纳国家级自然保护区大部分为中、低山地，在漫长的地质岁月中，地表岩层经自然风化和雨水的剥蚀作用，形成坡积屑状和冲积层状成土母质。之后，成土母质在地形、气候及植物的进一步综合作用下，逐步发育成为土地独有的浅层灰化壤土和地带性棕色针叶林土。此外，在山间谷地和沼泽地带还存在一定数量的草甸土和沼泽土，与灰化壤土、针叶林土共同构成保护区土壤的四大类型。根据本保护区土壤调查结果及土壤分类依据、标准，共划分为 4 个土类，10 个亚类（表 1-1）。

表 1-1　内蒙古额尔古纳国家级自然保护区土壤类型表

土　类	亚　类
灰化壤土	漂灰土 粗骨灰化壤土 腐殖质淀积灰化壤土
棕色针叶林土	棕色针叶林土 生草针叶林土 草甸棕色针叶林土 表潜深色针叶林土 粗骨棕色针叶林土
沼泽土	草甸沼泽土 泥炭沼泽土
草甸土	

各类土壤根据海拔、地形及植被的不同进行分布。灰化壤土多分布在海拔 1000m 以上的山脊或大岭上部海拔 1050~1100m 的地带，常与棕色针叶林土交叉存在；地带性针叶林土是保护区内最大的显域性土壤，在海拔 550~1050m 的山地广为分布，是森林植被下的主要土壤种类；沼泽土主要分布于较大河流沿岸及低海拔蝶形低地，为沼泽植被下的土壤；草甸土主要分布在沼泽外围及海拔 500~900m 山麓与谷地相接的缓冲地带，常与棕色针叶林土交错分布，主要植被为草类植物。

1.1.5　水文

内蒙古额尔古纳国家级自然保护区是内蒙古呼伦贝尔市降水量高值区之一。由于区内地形复杂，水蚀作用强，河网较为发达，河网密度系数 0.2~0.3km/km^2，有大量山泉小溪分布其间，河川径流量丰沛。由于本保护区内河网发育，河川溪流众多，缺乏形成湖泊的自然条件，因此湖泊甚少，而被密布的众多河流所代替。

保护区属于额尔古纳河流域，由额尔古纳河干流与支流组合形成。额尔古纳河是本保护区最大的河流，也是中俄天然分界线，其水面宽阔，气势磅礴，流经保护区 94km，形成宽阔的河谷，贯穿整个保护区的西部，地势低平宽阔，最宽处达 10 余千米；第二条大河是激流河，呈东北向西北走向，呈弓形贯穿保护区的北端，区内长度约 30km；主要二级支流有水磨沟河、一流河、阿基马河、腰板河、西牛耳河等。

由于本保护区为山岳森林，地势较高，气候湿润，分布有大量的酸性火成岩，因离子交换作用的结果地下水化学成分阳离子 Na$^+$ 比较丰富，形成低矿化的 HCO$_3$-Na 型或 HCO$_3$-Na-Ca 型及 HCO$_3$-Ca-Na 型水，矿化度均小于 0.5g/L 的淡水。

保护区地下水资源比较丰富，其特点是埋藏浅、易成井、水量大、水质好。地下水补给来源主要是大气降水。保护区降水丰沛，河网密布，地下水补给来源充足，而且地下径流较通畅，在水的强烈交替过程中，涌水量大，水质优良。

1.2　自然资源状况

1.2.1　植被概况

内蒙古额尔古纳国家级自然保护区属大兴安岭岭北植物区，植物区系成分以东西伯利亚植物区系为主，如兴安落叶松、樟子松、白桦、越桔等；次为蒙古植物区系成分，本保护区为蒙古高原气候最严寒的地区之一，但降水量较多，湿润度较高，属于山地半湿润气候。地带性植被为兴安落叶松林，由于兴安落叶松生态幅度较宽，分布遍及全境，成为本保护区最主要的优势植被类型。在植被的垂直分布上，大体有 3 种类型：海拔 850m 以上地带性植被为兴安落叶松、偃松灌木林，地带内风冷湿润为主要特色；海拔 500~850m 为兴安落叶松针叶林带，其间樟子松、白桦、山杨占有一定比例，并有零散柞树、黑桦分布，地带性植被以兴安杜鹃—落叶松林为主，此外尚有草类—落叶松林及分布在阳坡上部的越桔—杜鹃—落叶松林；海拔 500m 以下，植被多为草本植物组成的草甸及灌木林带，草本植物主要有薹草、红花鹿蹄草，多数地面覆盖有苔藓层。河流沿岸地带分布有带状的朝鲜柳、甜杨及落叶松纯林。在水平分布上，施业区东部、东南部的森林较为茂密，草地和干旱光秃的阳坡较少；中部地域及莫尔道嘎河一带的草地和干旱光秃阳坡的面积有所增加；随着地势从东南向西北逐渐降低，有向森林草原带过渡的明显趋势，其特点是在同一山上阴坡为森林，阳坡为少林草类植物荒坡，且林木组成中阔叶树的比例较大。沼泽化草甸常分布在河漫滩或下湿地，以薹草属植物为主，形成塔头；还有少量的草原、中生灌丛和水生植被。本保护区植被划分为 6 个植被型，14 个植被亚型，41 个群系，52 个群丛。

1.2.2　野生动、植物资源

保护区动物地理区系隶属于古北界、东北区、大兴安岭亚区，和蒙新区相邻，蒙新区的一些物种向本区渗透，同时，本保护区区域狭长，东北部为典型寒温带针叶林地貌，西南部靠近呼伦贝尔草原，这使得本区生物组成复杂，多样性较高，保护区珍稀动物较多。额尔古纳自然保护区经调查研究确定，迄今有339种野生脊椎动物，占内蒙古脊椎动物总数的46.2%。其中兽类48种，隶属于6目16科，占内蒙古兽类总数的34.78%，占全国兽类种数511种的9.4%；鸟类238种，隶属于18目44科，占内蒙古鸟类总数的55.42%，占全国鸟类总数的18.54%；两栖动物2目4科6种，爬行动物2目3科6种；鱼类包括圆口纲1目1科1种、鱼纲6目12科40种，占内蒙古自治区鱼类种数（100种）的41.0%。

保护区被列入国家重点保护动物的兽类有9种，占所有兽类种数的16.07%，即其中貂熊、紫貂、原麝为国家Ⅰ级重点保护动物，猞猁、棕熊、水獭、马鹿、驼鹿和雪兔为国家Ⅱ级重点保护动物。列入濒危野生动植物种国际贸易公约附录Ⅰ兽类有 2 种；列入CITES 附录Ⅱ兽类有 3 种，在兽类中，有大兴安岭寒温带针叶林（泰加林）特有种 8 种，它们也是大兴安岭寒温带针叶林稀有种或濒危种。

额尔古纳国家级自然保护区鸟类保护种类较多，在《国家重点保护野生动物名录》中属于国家级重点保护的鸟类有43种，占本区鸟类种数的18.07%。属于国家Ⅰ级重点保护的鸟类有6种，即黑鹳（*Ciconia nigra*）、金雕（*Aquila chrysaetos*）、白尾海雕（*Haliaeetus albicilla*）、黑嘴松鸡（*Tetrao parvirostris*）、丹顶鹤（*Grus japonensis*）、大鸨（*Otis tarda*）；属于国家Ⅱ级重点保护的鸟类有37种。

本区内列入《国家保护的有益的或者有重要经济、科学研究价值的陆生野生动物名录》种类有 177 种，占本区鸟类的 74.37%；列入《中日保护候鸟及栖息环境协定》共同保护鸟类有 138 种，占 57.98%；列入《中澳保护候鸟及栖息环境协定》共同保护鸟类有 29 种，占 12.18%；列入 CITES 附录Ⅰ种类有白尾海雕、丹顶鹤、小杓鹬（*Numenius minutus*）等 3 种，占保护区鸟类种数的 1.26%；列入 CITES 附录Ⅱ种类有 28 种，占 11.76%；列入 CITES 附录Ⅲ种类有 7 种，占 2.94%；列入 IUCN 红皮书濒危种类有 7 种，占 2.94%（表 7-7）。

值得注意的是 2012 年 6 月对保护区生物多样性进行调查时，在保护区南部卡官墓附近观察到灰斑鸠、紫翅椋鸟个体各 1 只，确认附近没有放生鸟类现象，认为属于自然分布种类，为这两种鸟类在东北地区分布区北缘新纪录。

保护区属大兴安岭北部山地原始寒温带针叶林森林生态系统。据初步调查，保护区共有野生植物921种，隶属于157科444属，其中地衣植物68种，隶属于15科32属；高等植物 853 种，隶属于 142 科 412 属，包括苔藓植物（199 种）、蕨类植物（24 种）、裸子植物（5 种）、被子植物（625 种）。高等植物新记录 9 种，其中被子植物 2 种，苔藓植物 7 种（表 1-2）。保护区国家重点保护植物 3 种，即钻天柳（*Chosenia arbutifolia*）、野大豆（*Glycine soja*）、浮叶慈姑（*Sagittaria natans*）；自治区重点保护植物 20 种：偃松（*Pinus pumila*）、樟子松（*Pinus sylvestris* var. *mongolica*）、西伯利亚刺柏（*Juniperus sibirica*）、兴安圆柏（*Juniperus sabina* var. *davurica*）、兴安翠雀（*Delphinium hsinganense*）、兴安升麻（*Cimicifuga dahurica*）、芍药（*Paeonia lactiflora*）、刺叶小檗（*Berberis sibirica*）、水葡萄茶藨子（*Ribes procumbens*）、光叶山楂（*Crataegus dahurica*）、兴安百里香（*Thymus dahuricus*）、山丹（*Lilium pumilum*）、越桔（*Vaccinium vitis-idaea*）、笃斯越桔（*Vaccinium uliginosum*）、北极花（*Linnaea borealis*）、桔梗（*Platycodon grandiflorus*）、东亚岩高兰（*Empetrum nigrum* var. *japonicum*）、黄耆（*Astragalus membranaceus*）、草苁蓉（*Boschniakia rossia*）、斑花杓兰（*Cypripedium guttatum*）。另外，根据本次科考调查，发现一些额尔古纳国家级自然保护区珍稀类群，如白杜（*Euonymus maackii*）、圆叶茅膏菜（*Drosera rotundifolia*）等，这些珍贵的种质资源具有重要的保护价值。

保护区内主要树种有兴安落叶松、白桦、樟子松、山杨等近 10 个树种，兴安落叶松是组成保护区山地针叶林的主要建群种。

保护区有大型真菌总计 2 门 39 科 110 属 322 种。根据大型真菌的经济价值，可分为食用菌、药用菌（药用和抗癌）、毒菌、木材腐朽菌和外生菌根菌 5 大类。

表 1-2　额尔古纳自然保护区高等植物新分布名录

科　名	中文名	学　名	分布类型
虎耳草科 Saxifragaceae	臭茶藨子	*Ribes graveolens*	东北新分布
百合科 Liliaceae	四叶重楼	*Paris quadrifolia*	大兴安岭新分布
青藓科 Brachytheciaceae	尖叶青藓	*Brachythecium coreanum*	东北新分布
	赤根青藓	*Brachythecium erythrorrhizon*	东北新分布
	宽叶青藓	*Brachythecium curtum*	东北新分布
	羽枝美喙藓	*Eurhynchium longirameum*	东北新分布
灰藓科 Hypnaceae	毛尖金灰藓	*Pylaisia steerei*	东北新分布
	多毛灰藓	*Hypnum recurvatum*	东北新分布
	密枝灰藓	*Hypnum densirameum*	东北新分布

1.3　社会经济状况

1.3.1　社区人口

内蒙古额尔古纳国家级自然保护区位于大兴安岭林业管理局莫尔道嘎林业局的西北部，行政区划属额尔古纳市莫尔道嘎镇。保护区管理局局址在莫尔道嘎镇。莫尔道嘎镇全镇辖 1 个自然村屯，5 个社区，206 个居民小组，共有 6698 户 16 538 人，居住有汉、蒙古、鄂伦春、鄂温克、满、俄罗斯、朝鲜、达斡尔、藏、高山、白、土家、回、苗共 14 个民族，为呼伦贝尔市少数民族最多的乡镇。早在 20 世纪初，古纳、太平等地就有一定数量的居民定居。20 世纪 20 年代初，古纳、太平两村人口有了相当大的发展，沿额尔古纳河东岸的毕拉尔河、西牛耳河等地也逐渐发展成为村落。1929 年，额尔古纳河东岸的沿河村落毁于战火，相当一部分居民迁至古纳、太平一代，形成了以古纳—太平为中心的村落社区。在这些村落之中，古纳、太平两村的社会、经济较为发达，人口占绝大多数。此外，加疙瘩、毛格拉两处金场在 20 世纪 20~30 年代也曾有人定居。1967 年，莫尔道嘎林业局成立，局址设在现莫尔道嘎镇，此后，随着企业生产建设的发展和林场的设置，居民点逐步以局址为中心，以阿太干线为依托，主要分布在莫尔道嘎河谷地带。目前，莫尔道嘎林业局的居民点主要包括：胜利林场、永红林场、新青林场、红旗林场、丰林林场、长青林场及太平林场等。截至 2011 年年末，全局人口为 11 799 人，其中职工人数为 3819 人。

1.3.2　经济状况

保护区管理局局址所在地莫尔道嘎林业局于 1967 年筹建，1970 年正式投产，1997 年改制为国有独资公司。现有林业人口近 1.2 万人，其中职工 3819 人。企业拥有各类生产设备 8000 多台（套），固定资产净值为 4.1 亿元，各类建筑的建筑面积总和为 25.5 万 m^2，公路总长度为 1351km，路网密度为 2.33m/hm²。莫尔道嘎林业局森林总蓄积量为 4675 万 m^2，现年产木材 18.1 万 m^3 以上，另有雪糕把、地板块、原木棒、卫生筷子、木笔文具、酿酒厂等多种林副和多种经营产业。莫尔道嘎林业局建局 40 多年来，共为国家生产商品材 1151 万 m^3，主营产品销售收入实现 40.2 亿元，利润 4.6 亿元，上缴利税 7.5 亿，林业产业总产值累计完成 53 亿元。连续十年成为内蒙古林区上缴利税最多的企业。莫尔道嘎国家森林公园是全国林业旅游示范点和国家 AAA 级旅游景区。中共"十八大"以来，国家非常重视林业生态建设，把某几个树种抚育转变为整个生态系统保护培育。同时，从 2015 年起内蒙古额尔古纳国家级自然保护区将停止一切商品性采伐。

1.3.3　文化教育

保护区局址所在地莫尔道嘎林业局十分重视文化教育工作，全民"尊师重教"、"科教兴林"意识日益增强，林业局采取一系列得力措施，促进教育工作的健康发展：强化教育管理，加大教育投入力度，建楼房，购设备，改善办学条件；加强师资队伍建设，制定优惠政策提高教师待遇，组织教师内培外训，教学质量显著提高；全面推进素质教育和职业教育，实施新课改，教学质量进一步提高。林业局现有普通中学校 1 所，在校生 368 人，均为初中在校生；小学校 1 所，在校生 472 人；幼儿园 1 所，198 人。中小学生辍学率分别控制在 1.58%和 0.02%。

莫尔道嘎林业局文化生活十分丰富，局内大批文艺爱好者出自对林业现代化建设和对大森林的热爱，以繁荣企业文化，促进企业精神文明建设为出发点，用多种艺术形式，热情讴歌改革开放，讴歌大兴安岭和大兴安岭人的精神，逐步发展成为林区文坛上一支活跃的力量，并加强了对外文化交流和宣传活动，在文学作品（书画、摄影、歌曲创作）、群众文化活动、广播、电视、电影等方面均取得了不错的成绩。

2　植物多样性

2.1　地衣植物多样性

2.1.1　地衣植物的科、属、种组成

内蒙古额尔古纳国家级自然保护区地衣共有 15 科 32 属 68 种（含 1 变种和 1 亚种）。

2.1.2　优势科属的统计分析

以种、属的多少为依据判断优势科（表 2-1），额尔古纳国家级自然保护区地衣植物的优势科共有 6 个，占总科数的 40%，共包括 21 属 57 种，分别占额尔古纳国家级自然保护区地衣植物总属数的 65.63% 和总种数的 83.82%，为额尔古纳国家级自然保护区地衣植物区系的主体。

表 2-1　额尔古纳国家级自然保护区地衣植物优势科的属、种统计

序号	科　名	属数	占总属比例	种数	占总种比例
1	石蕊科 Cladoniaceae	1	3.12%	15	22.06%
2	梅衣科 Parmeliaceae	13	40.62%	19	27.94%
3	地卷科 Peltigeraceae	1	3.12%	7	10.29%
4	蜈蚣衣科 Physciaceae	3	9.38%	7	10.29%
5	珊瑚枝科 Stereocaulaceae	1	3.12%	4	5.88%
6	黄枝衣科 Teloschistaceae	2	6.25%	5	7.35%
	总　计	21	65.63%	57	83.82%

2.1.3　额尔古纳国家级自然保护区地衣植物名录

1. 腊肠衣科 Catillariaceae
　1）腊肠衣属 *Catillaria*（Ach.）Th. Fr.
　　（1）银灰腊肠衣 *Catillaria chalybeia*（Borrer）A. Massal.
2. 黄烛衣科 Candelariaceae
　1）黄烛衣属 *Candelaria* Massal.
　　（1）同色黄烛衣 *Candelaria concolor*（Dicks.）Stein.
3. 石蕊科 Cladoniaceae
　1）石蕊属 *Cladonia* Wigg.
　　（1）黑穗石蕊 *Cladonia amaurocraea*（Flörke）Schaer.

（2）葡萄石蕊 *Cladonia botrytes*（Hag.）Willd.

（3）腐石蕊 *Cladonia cariosa*（Ach.）Spreng.

（4）千层石蕊 *Cladonia cervicornis*（Ach.）Flot.

（5）千层石蕊（小叶变种）*Cladonia cervicornis*（Ach.）Flot. var. *verticillata*（Hoffm.）Ahti

（6）枪石蕊 *Cladonia coniocraea*（Flk.）Spreng

（7）分枝石蕊 *Cladonia furcata*（Huds.）Schrad.

（8）细石蕊（陀螺亚种）*Cladonia gracilis* ssp. *turbinata*（Ach.）Ahti

（9）瘦柄红石蕊 *Cladonia macilenta* Hoffm.

（10）小葱石蕊 *Cladonia maxima*（Asahina）Ahti

（11）黄绿石蕊 *Cladonia ochrochlora* Flk.

（12）喇叭石蕊 *Cladonia pyxidata*（L.）Hoffm.

（13）雀鹿蕊 *Cladonia stellaris*（Opiz）Pouzar & Vězda

（14）鹿蕊 *Cladonia rangiferina*（L.）Weber ex F. H. Wigg.

（15）寸石蕊 *Cladonia uncialis*（L.）F. H. Wigg.

4. 瓦衣科 Coccocarpiaceae

1）瓦衣属 Coccocarpia Pers.

（1）粗瓦衣 *Coccocarpia palmicola*（Spreng.）Arv. & D. J. Galloway

5. 胶衣科 Collemataceae

1）猫耳衣属 *Leptogium*（Ach.）S. F. Gray

（1）变兰猫耳衣 *Leptogium cyanescens*（Pers.）Körb.

6. 茶渍科 Lecanoraceae

1）茶渍属 *Lecanora* Ach.

（1）墙茶渍 *Lecanora muralis*（Schreb.）Rabh.

2）脐鳞属 *Rhizoplaca* Zopf

（1）异脐鳞 *Rhizoplaca subdiscrepans*（Nyl.）R. Sant.

7. 巨孢衣科 Megasporaceae

1）平茶渍属 *Aspicilia* A. Massal.

（1）灰平茶渍 *Aspicilia cinerea*（L.）Körb.

8. 肾盘衣科 Nephromataceae

1）肾盘衣属 *Nephroma* Ach.

（1）瑞士肾盘衣 *Nephroma helveticum* Ach.

9. 梅衣科 Parmeliaceae

1）小孢发属 *Bryoria* Brodo & D. Hawksw.

（1）叉小孢发 *Bryoria furcellata*（Fr.）Brodo & D. Hawksw.

（2）暗褐小孢发 *Bryoria fuscescens*（Gyeln.）Brodo & D. Hawksw.

2）裸腹叶属 *Asahinea* Culb. & C. Culb.

（1）金黄裸腹叶 *Asahinea chrysantha*（Tuck.）Culb. & C. Culb.

3）扁枝衣属 *Evernia* Ach.

　　（1）裸扁枝衣 *Evernia esorediosa*（Müll. Arg.）Du Rietz

　　（2）扁枝衣 *Evernia mesomorpha* Nyl.

4）袋衣属 *Hypogymnia*（Nyl.）Nyl.

　　（1）硬袋衣 *Hypogymnia austerodes*（Nyl.）Ras.

　　（2）袋衣 *Hypogymnia physodes*（L.）Nyl.

5）梅衣属 *Parmelia* Ach.

　　（1）高山岩生梅衣 *Parmelia omphalodes*（L.）Ach.

　　（2）羽根梅衣 *Parmelia squarrosa* Hale

　　（3）槽梅衣 *Parmelia sulcata* Tayl.

6）*Imshaugia* S. L. F. Mey.

　　（1）小梅衣 *Imshaugia aleurites*（Ach.）S. L. F. Mey.

7）大叶梅属 *Parmotrema* Massal.

　　（1）大叶梅 *Parmotrema dilatatum*（Vain.）Hale

8）星点梅属 *Punctelia* Krog

　　（1）粗星点梅 *Punctelia rudecta*（Ach.）Krog

9）松萝属 *Usnea* P. Browne ex Adans

　　（1）脆松萝 *Usnea fragilescens* Hav. ex Lynge

10）狼岛衣属 *Vulpicida* J.-E. Mattsson & M. J. Lai

　　（1）羽叶丽黄岛衣 *Vulpicida pinastri*（Scop.）J.-E. Mattsson

11）点黄梅属 *Flavopunctelia*（Krog）Hale

　　（1）卷叶点黄梅 *Flavopunctelia soredica*（Nyl.）Hale

12）褐梅属 *Melanelia* Essl.

　　（1）托敏氏褐梅 *Melanelia tominii*（Oxner）Essl.

13）黄梅属 *Xanthoparmelia*（Vain.）Hale

　　（1）散生黄梅 *Xanthoparmelia conspersa*（Ehrh.）Hale

　　（2）怀俄明黄衣 *Xanthoparmelia wyomingcia*（Gyelnik）Hale

10. 地卷科 Peltigeraceae

1）地卷属 *Peltigera* Willd.

　　（1）绿皮地卷 *Peltigera aphthosa*（L.）Willd.

　　（2）分指地卷 *Peltigera didactyla*（With.）Laundon

　　（3）平盘地卷 *Peltigera horizontalis*（Huds.）Baumg.

　　（4）白腹地卷 *Peltigera leucophlebia*（Nyl.）Gyeln.

　　（5）膜地卷 *Peltigera membratacea*（Ach.）Nyl.

　　（6）白脉地卷 *Peltigera ponojensis* Gyeln.

　　（7）地卷 *Peltigera rufescens*（Weis）Humb.

11. 蜈蚣衣科 Physciaceae

1）黑蜈蚣衣属 *Phaeophyscia* Moberg

（1）睫毛黑蜈蚣衣 *Phaeophyscia ciliata*（Hoffom.）Moberg
（2）毛边黑蜈蚣衣 *Phaeophyscia hispidula*（Ach.）Moberg
（3）暗裂芽黑蜈蚣衣 *Phaeophyscia sciastra*（Ach.）Moberg
2）蜈蚣衣属 *Physcia*（Ach.）Vain.
（1）斑面蜈蚣衣 *Physcia aipolia*（Ehrh. ex Humb.）Fuernr.
（2）蓝灰蜈蚣衣 *Physcia caesia*（Hoffm.）Hampe apud Fuernr.
（3）蜈蚣衣 *Physcia stellaris*（L.）Nyl.
3）大孢蜈蚣衣属 *Physconia* Poelt
（1）亚灰大孢蜈蚣衣 *Physconia perisidiosa*（Erichs.）Moberg

12. 树花科 Ramalinaceae
1）树花属 *Ramalina* Ach.
（1）粉粒树花 *Ramalina pollinaria*（Westr.）Ach.

13. 珊瑚枝科 Stereocaulaceae
1）珊瑚枝属 *Stereocaulon* Hoffm.
（1）群生珊瑚枝 *Stereocaulon apocalypticum* Nyl. ex Middendorff
（2）东方珊瑚枝 *Stereocaulon paschale*（L.）Hoffm.
（3）衍珊瑚枝 *Stereocaulon rivulorum* H. Magn.
（4）佐木氏珊瑚枝 *Stereocaulon sasakii* Zahlbr.

14. 黄枝衣科 Teloschistaceae
1）石黄衣属 *Xanthoria*（Fr.）Th. Fr.
（1）丽石黄衣 *Xanthoria elegans*（Link.）Th. Fr.
（2）细片石黄衣 *Xanthoria candelaria*（L.）Th. Fr.
（3）粉芽石黄衣 *Xanthoria sorediata*（Vain.）Poelt
2）橙衣属 *Caloplaca* Th. Fr.
（1）蜡黄橙衣 *Caloplaca cerina*（Vain.）Zahlbr.
（2）柠檬橙衣 *Caloplaca citrina*（Hoffm.）Th. Fr.

15. 石耳科 Umbilicariaceae
1）疱脐衣属 *Lasallia* Mérat em. Wei
（1）宾州疱脐衣 *Lasallia pensylvanica*（Hoffm.）Llano
2）石耳属 *Umbilicaria* Hoffm. em. Wei
（1）放射盘石耳 *Umbilicaria muehlenbergii*（Ach.）Tuck.

2.2　苔藓类植物多样性

2.2.1　苔藓类植物的科、属、种组成

额尔古纳国家级自然保护区共有苔藓植物 52 科 97 属 199 种，包括苔纲植物 19 科 22 属 30 种及藓纲植物 33 科 75 属 169 种。

2.2.2　优势科属的统计分析

以种属的多少为依据判断优势科（表 2-2），额尔古纳国家级自然保护区苔藓植物的种数超过 5 个种的优势科共有 10 个，占总科数的 19.23%，共包括 44 属 123 种，占额尔古纳国家级自然保护区苔藓植物总属数的 45.4%，占额尔古纳国家级自然保护区苔藓植物总种数的 61.8%，为额尔古纳国家级自然保护区苔藓植物区系的主体。

表 2-2　额尔古纳国家级自然保护区苔藓植物优势科的种、属统计

序号	科　名	属数	占总属数的比例	种数	占总种数的比例
1	泥炭藓科 Sphagaceae	1	1.0%	13	6.5%
2	曲尾藓科 Dicranaceae	5	5.2%	17	8.5%
3	丛藓科 Pottiaceae	6	6.2%	9	4.5%
4	真藓科 Bryaceae	3	3.1%	14	7.0%
5	提灯藓科 Mniaceae	4	4.1%	9	4.5%
6	羽藓科 Thuidiaceae	5	5.2%	7	3.5%
7	柳叶藓科 Amblystegiaceae	8	8.2%	20	10.1%
8	青藓科 Brachytheciaceae	3	5.2%	14	7.0%
9	灰藓科 Hypnaceae	6	6.2%	13	6.5%
10	金灰藓科 Pylaisiaceae	3	3.1%	7	3.5%
	总　计	44	47.5%	123	61.6%

2.2.3　区系成分分析

按照植物区系的一般概念，参考种子植物属分布类型的划分观点（吴征镒，1991），结合额尔古纳国家级自然保护区苔藓植物区系成分自身特点及种的现代地理分布范围，将该地区苔藓植物区系成分划分为十大类（表 2-3）。

表 2-3　额尔古纳国家级自然保护区地区苔藓植物区系成分

区系成分	种数	占总数比例/%
北温带成分	124	70.9
泛热带成分	5	2.9
旧世界温带成分	7	4.0
热带亚洲至大洋洲成分	3	1.7
热带亚洲成分	2	1.1
东亚-北美洲成分	9	5.1
温带亚洲成分	5	2.9
中国特有种	5	2.9
东亚成分	15	8.6
*世界广布种	24	——
总　计	175	100

注：*不计入区系成分

根据世界植物区系划分的一般概念和吴征镒对中国植物区系的划分（吴征镒，1991），额尔古纳国家级自然保护区隶属于泛北极区系成分，其中以北温带成分为主。从额尔古纳国家级自然保护区苔藓植物区系成分统计（表2-3）可以明显看出，除了世界广布种（24种，占总数的13.7%）以外，剩余成分均以北温带成分（124种，占总数的70.9%）占绝对优势，反映出额尔古纳国家级自然保护区所处地理位置的特点。

额尔古纳国家级自然保护区的苔藓植物隶属于泛北极区系成分。在各类地理成分中，北温带成分占总种数（不包括世界广布种）的70.9%，占有绝对优势，其次为东亚成分（8.6%）和东亚-北美洲成分（5.1%）。在地理位置上，额尔古纳国家级自然保护区位置接近中国东北端，较为接近北美洲和日本，实际苔藓植物区系分布情况与地理位置相符合。

2.2.4　额尔古纳国家级自然保护区苔藓类植物名录

苔类 Hepaticae

1. 壶苞苔科 Blasiaceae

1）壶苞苔属 *Blasia* L.

（1）壶苞苔 *Blasia pusilla* L.

2. 疣冠苔科 Aytoniaceae

1）紫背苔属 *Plagiochasma* Lehm. & Lindenb.

（1）紫背苔 *Plagiochasma cordatum* Lehm. & Lindenb.

2）疣冠苔属 *Mannia* Opiz

（1）无隔疣冠苔 *Mannia fragrans*（Balbis.）Fry & Clark

3. 蛇苔科 Conocephalaceae

1）蛇苔属 *Conocephalum* F. H. Wigg.

（1）蛇苔 *Conocephalum conicum*（L.）Dumort.

4. 地钱科 Marchantiaceae

1）地钱属 *Marchantia* L.

（1）地钱 *Marchantia polymorpha* L.

5. 毛地钱科 Dumortieraceae

1）毛地钱属 *Dumortiera* Nees

（1）毛地钱 *Dumortiera hirsute*（Sw.）Nees

6. 皮叶苔科 Targioniaceae

1）皮叶苔属 *Targionia* Dumort.

（1）皮叶苔 *Targionia hypophylla* L.

7. 钱苔科 Ricciaceae

1）钱苔属 *Riccia* L.

（1）片叶钱苔 *Riccia crystallina* L.

8. 溪苔科 Pelliaceae

1）溪苔属 *Pellia* Raddi

（1）溪苔 *Pellia epiphylla*（L.）Corda

9. 护蒴苔科 Calypogeiaceae

1）护蒴苔属 *Calypogeia* Raddi

（1）钝叶护蒴苔 *Calypogeia neesiana*（Mass. & Carest.）K. Müeller ex Loeske

10. 圆叶苔科 Jamesoniellaceae

1）对耳苔属 *Syzygiella* Spruce

（1）筒萼对耳苔 *Syzygiella autumnalis*（DC.）K. Feldberg

11. 拟大萼苔科 Cephaloziellaceae

1）拟大萼苔属 *Cephaloziella*（Spruce）Schiffn.

（1）红色拟大萼苔 *Cephaloziella rubella*（Nees）Warnst.

12. 裂叶苔科 Lophoziaceae

1）裂叶苔属 *Lophozia*（Dumort.）Dumort.

（1）阔瓣裂叶苔 *Lophozia excisa*（Dicks.）Dumort.

（2）裂叶苔 *Lophozia ventricosa*（Dicks.）Dumort.

（3）倾立裂叶苔 *Lophozia ascendens*（Warnst.）R. M. Schust.

2）无褶苔属 *Leiocolea*（K. Müller）H. Buch

（1）秃瓣无褶苔 *Leiocolea obtusa*（Lindb.）H. Buch

3）细裂瓣苔属 *Barbilophozia* Loeske

（1）细裂瓣苔 *Barbilophozia barbata*（Schmid.）Loeske

13. 合叶苔科 Scapaniaceae

1）合叶苔属 *Scapania*（Dumort.）Dumort.

（1）湿生合叶苔 *Scapania irrigua*（Nees）Dumort.

（2）厚边合叶苔 *Scapania carinthiaca* Jack. ex Lindb.

（3）腐木合叶苔 *Scapania massalongii* K. Müller

（4）大合叶苔 *Scapania paludicola*（K. Müller）K. Müller

14. 指叶苔科 Lepidoziaceae

1）指叶苔属 *Lepidozia*（Dumort.）Dumort.

（1）指叶苔 *Lepidozia reptans*（L.）Dumort.

15. 齿萼苔科 Lophocoleaceae

1）裂萼苔属 *Chiloscyphus* Corda *in* Opiz

（1）异叶裂萼苔 *Chiloscyphus profundus*（Nees）J. J. Engel & R. M. Schust.

（2）芽胞裂萼苔 *Chiloscyphus minor*（Nees）J. J. Engel & R. M. Schust.

（3）圆叶裂萼苔 *Chiloscyphus horikawana*（S. Hatt.）J. J. Engel & R. M. Schust.

16. 毛叶苔科 Ptilidiaceae

1）毛叶苔属 *Ptilidium* Nees

（1）毛叶苔 *Ptilidium ciliare*（L.）Hampe

（2）深裂毛叶苔 *Ptilidium pulcherrimum*（F. Weber）Hampe

17. 耳叶苔科 Frullaniaceae

1）耳叶苔属 *Frullania* Raddi

（1）盔瓣耳叶苔 *Frullania muscicola* Steph.

18. 绿片苔科 Aneuraceae

1）绿片苔属 *Aneura* Dumort.

（1）绿片苔 *Aneura pinguis*（L.）Dumort.

19. 叉苔科 Metzgeriaceae

1）叉苔属 *Metzgeria* Raddi

（1）平叉苔 *Metzgeria conjugata* Lindb.

藓类 Musci

20. 泥炭藓科 Sphagaceae

1）泥炭藓属 *Sphagnum* L.

（1）粗叶泥炭藓 *Sphagnum squarrosum* Crome in Hoppe

（2）截叶泥炭藓 *Sphagnum aongstroemii* C. Hartm.

（3）红叶泥炭藓 *Sphagnum rubellum* Wilson

（4）狭叶泥炭藓 *Sphagnum cuspidatum* Ehrh.ex Hoffm.

（5）喙叶泥炭藓钝叶变种 *Sphagnum recurvum* var. *brevifolium*（Lindb. ex Braiyh.）Warnst.

（6）长叶泥炭藓 *Sphagnum falcatulum* Besch.

（7）舌叶泥炭藓 *Sphagnum botusum* Warnst.

（8）锈色泥炭藓 *Sphagnum fuscum*（Schimp.）H. Klinggr.

（9）喙叶泥炭藓 *Sphagnum recurvum* P. Beauv.

（10）尖叶泥炭藓 *Sphagnum capillifolium*（Ehrh.）Hedw.

（11）拟宽叶泥炭藓 *Sphagnum platyphylloides* Warnst.

（12）细叶泥炭藓 *Sphagnum teres*（Schimp.）Aongstr.

（13）偏叶泥炭藓 *Sphagnum subsecundum* Nees *in* Sturm

（14）白齿泥炭藓 *Sphagnum girgensohnii* Russow

21. 金发藓科 Polytrichaceae

1）金发藓属 *Polytrichum* Hedw.

（1）桧叶金发藓 *Polytrichum juniperinum* Hedw.

（2）大金发藓 *Polytrichum commune* Hedw.

22. 大帽藓科 Encalyptaceae

1）大帽藓属 *Encalypta* Schimp.

（1）尖叶大帽藓 *Encalypta rhabdocarpa* Schwägr.

23. 葫芦藓科 Funariaceae

1）葫芦藓属 *Funaria* Hedw.

（1）葫芦藓 *Funaria hygrometrica* Hedw.

（2）狭叶葫芦藓 *Funaria attenuata*（Dicks.）Lindb.

24. 紫萼藓科 Grimmiaceae

1）紫萼藓属 *Grimmia* Hedw.

（1）毛尖紫萼藓 *Grimmia pilifera* P. Beauv.

（2）近缘紫萼藓 *Grimmia longirostris* Hook.

（3）高山紫萼藓 *Grimmia montana* Bruch & Schimp.

（4）长枝紫萼藓 *Grimmia elongata* Kaulf. *in* Sturm

2）长齿藓属 *Niphotrichum*（Bednarek-Ochyra）Bednarek-Ochyra & Ochyra

（1）东亚长齿藓 *Niphotrichum japonicum*（Dozy & Molk.）Bednarek-Ochyra & Ochyra

25. 牛毛藓科 Ditrichaceae

1）牛毛藓属 *Ditrichum* Hampe

（1）黄牛毛藓 *Ditrichum pallidum*（Hedw.）Hampe

（2）细叶牛毛藓 *Ditrichum pusillum*（Hedw.）Hampe

（3）扭叶牛毛藓 *Ditrichum gracile*（Mitt.）O. Kuntze

2）角齿藓属 *Ceratodon* Brid.

（1）角齿藓 *Ceratodon purpureus*（Hedw.）Brid.

26. 曲尾藓科 Dicranaceae

1）粗石藓属 *Rhabdoweisia* Bruch & Schimp.

（1）微齿粗石藓 *Rhabdoweisia crispata*（Dicks. ex With.）Lindb.

2）曲背藓属 *Oncophorus*（Brid.）Brid.

（1）曲背藓 *Oncophorus wahlenbergii* Bird.

3）曲尾藓属 *Dicranum* Hedw.

（1）波叶曲尾藓 *Dicranum polysetum* Swartz

（2）皱叶曲尾藓 *Dicranum undulatum* Schrad. ex Brid.

（3）折叶曲尾藓 *Dicranum fragilifolium* Lindb.

（4）全缘曲尾藓 *Dicranum scottianum* Turner ex Scott

（5）多蒴曲尾藓 *Dicranum japonicum* Mitt.

（6）格陵兰曲尾藓 *Dicranum groenlanicum* Brid.

（7）细肋曲尾藓 *Dicranum bonjeanii* De Not.

（8）细叶曲尾藓 *Dicranum muehlenbeckii* B. S. G.

（9）棕色曲尾藓 *Dicranum fuscescens* Turner

（10）直毛曲尾藓 *Dicranum montanum* Hedw.

（11）鞭枝曲尾藓 *Dicranum flagellare* Hedw.

（12）日本曲尾藓 *Dicranum japonicum* Mitt.

（13）大曲尾藓 *Dicranum drummondii* Müll. Hal.

4）卷毛藓属 *Dicranoweisia* Lindb.ex Mild.

（1）卷毛藓 *Dicranoweisia crispula*（Hedw.）Lindb. ex Milde.

5）极地藓属 *Arctoa* B. S. G.

（1）北方极地藓 *Arctoa hyperborea*（Gunn. ex With）B. S. G.

27. 凤尾藓科 Fissidentaceae

1）凤尾藓属 *Fissidens* Hedw.

（1）欧洲凤尾藓 *Fissidens osmundoides* Hedw.

（2）卷叶凤尾藓 *Fissidens dubius* P. Beauv.

28. 丛藓科 Pottiaceae

1）对齿藓属 *Didymodon* Hedw.

（1）土生对齿藓 *Barbula vinealis*（Brid.）R. H. Zander

（2）灰生对齿藓 *Barbula tophaceus*（Brid.）Lisa

2）墙藓属 *Tortula* Hedw.

（1）北方墙藓 *Tortula leucostoma*（R.Brown）Hook. & Grev.

（2）球蒴墙藓 *Tortula acauln*（With.）R. H. Zander

3）毛口藓属 *Trichostomum* Bruch.

（1）皱叶毛口藓 *Trichostomum crispulum* Bruch. *in* F. A. Müll.

（2）旋齿毛口藓 *Oxystegus spirale* Grout

4）小石藓属 *Weissia* Hedw.

（1）小石藓 *Weissia controversa* Hedw.

5）红叶藓属 *Bryoerythrophyllum* P. C. Chen

（1）无齿红叶藓 *Bryoerythrophyllum gymnostomum*（Broth.）P. C. Chen

6）薄齿藓属 *Leptodontium*（Müll. Hal.）Hampe ex Lindb.

（1）厚壁薄齿藓 *Leptodontium flexifolium*（Dick.）Hampe *in* Lindb.

29. 虎尾藓科 Hedwigiaceae

1）虎尾藓属 *Hedwigia* P. Beauv.

（1）虎尾藓 *Hedwigia ciliata*（Hedw.）Ehrh. ex P. Beauv.

30. 珠藓科 Bartramiaceae

1）泽藓属 *Philonotis* Brid.

（1）泽藓 *Philonotis fontana*（Hedw.）Brid.

（2）粗尖泽藓 *Philonotis yezoana* Besch. & Cardot

31. 壶藓科 Sphlachnaceae

1）并齿藓属 *Tetraplodon* Bruch & Schimp.

（1）狭叶并齿藓 *Tetraplodon angustatus*（Hedw.）B. S. G.

2）壶藓属 *Sphlachnum* Hedw.

（1）卵叶壶藓 *Splachnum sphaericum* Hedw.

32. 寒藓科 Meesiaceae

1）寒藓属 *Meesia* Schimp.

（1）三叶寒藓 *Meesia triquetra*（Richt.）Angstr.

33. 真藓科 Bryaceae

1）丝瓜藓属 *Pohlia* Hedw.

（1）黄丝瓜藓 *Pohlia nutans*（Hedw.）Lindb.

（2）泛生丝瓜藓 *Pohlia cruda*（Hedw.）Lindb.

（3）丝瓜藓 *Pohlia elongata* Hedw.

（4）大丝瓜藓 *Pohlia sphagnicola*（Bruch & Schimp.）Broth.

（5）拟长蒴丝瓜藓 *Pohlia longicolla*（Hedw.）Lindb.

2）真藓属 *Bryum* Dill.

（1）极地真藓 *Bryum arcticum*（R. Brown）Bruch & Schimp.

（2）真藓 *Bryum argenteum* Hedw.

（3）丛生真藓 *Bryum caespiticium* Hedw.

（4）垂蒴真藓 *Bryum uliginosum*（Brid.）Bruch & Schimp.

（5）刺叶真藓 *Bryum lonchocaulon* Müll. Hal.

（6）拟三列叶真藓 *Bryum pseudotriquetrum*（Hedw.）Gaertn.

（7）黄色真藓 *Bryum pallescens* Schleich. ex Schwägr.

（8）圆叶真藓 *Bryum cyclophyllum*（Schwägr.）Bruch & Schimp.

3）大叶藓属 *Rhodobryum*（Schimp.）Hampe

（1）大叶藓 *Rhodobryum roseum*（Hedw.）Limpr.

34. 提灯藓科 Mniaceae

1）匍灯藓属 *Plagiomnium* T. J. Kop.

（1）尖叶匍灯藓 *Plagiomnium acutum*（Lindb.）T. J. Kop.

（2）皱叶匍灯藓 *Plagiomnium arbusculum*（Müll. Hal.）T. J. Kop.

（3）圆叶匍灯藓 *Plagiomnium vesicatum*（Besch.）T. J. Kop.

（4）阔边匍灯藓 *Plagiomnium ellipticum*（Brid.）T. J. Kop.

（5）多蒴匍灯藓 *Plagiomnium medium*（Bruch & Schimp.）T. J. Kop.

（6）全缘匍灯藓 *Plagiomnium integrum*（Bosch & Sande Lac.）T. J. Kop.

2）提灯藓属 *Mnium* Hedw.

（1）具缘提灯藓 *Mnium marginatum*（With.）P. Beauv.

3）疣灯藓属 *Trachycystis* Lindb.

（1）树形疣灯藓 *Trachycystis ussuriensis*（Maack & Regel.）T. J. Kop.

4）拟真藓属 *Pseudobryum*（Kindb.）T. J. Kop.

（1）拟真藓 *Pseudobryum cinclidioides*（Huebener）T. J. Kop.

35. 木灵藓科 Orthotrichaceae

1）木灵藓属 *Orthotrichum* Hedw.

（1）条纹木灵藓 *Orthotrichum striatum* Hedw.

（2）钝叶木灵藓 *Orthotrichum obtusifolium* Brid.

36. 皱蒴藓科 Aulacomniaceae

1）皱蒴藓属 *Aulacomnium* Schwägr.

（1）皱蒴藓 *Aulacomnium palustre*（Hedw.）Schwägr.

（2）大皱蒴藓 *Aulacomnium turgidum*（Walenb.）Schwägr.

（3）沼泽皱蒴藓 *Aulacomnium androgynum*（Hedw.）Schwägr.

（4）异枝皱蒴藓 *Aulacomnium heterostichum*（Hedw.）Bruch & Schimp.

37. 水藓科 Fontinalaceae

1）水藓属 *Fontinalis* Hedw.

（1）水藓 *Fontinalis antipyretica* Hedw.

38. 棉藓科 Plagiotheciaceae

1）棉藓属 *Plagiothecium* Bruch & Schimp.

（1）圆条棉藓 *Plagiothecium cavifolium*（Brid.）Z. Iwats.

39. 碎米藓科 Fabroniaceae

1）碎米藓属 *Fabronia* Raddi

（1）碎米藓 *Fabronia ciliaris*（Brid.）Brid.

40. 万年藓科 Climaciaceae

1）万年藓属 *Climacium* F. Weber & D. Mohr

（1）万年藓 *Climacium dendroides*（Hedw.）F. Weber & Mohr.

41. 柳叶藓科 Amblystegiaceae

1）柳叶藓属 *Amblystegium* Bruch & Schimp.

（1）柳叶藓 *Amblystegium serpens*（Hedw.）Bruch & Schimp.

（2）柳叶藓长叶变种 *Amblystegium serpens* var. *juratzkanum*（Schimp.）Rau & Herv.

（3）多姿柳叶藓 *Amblystegium varium*（Hedw.）Lindb.

2）拟细湿藓属 *Campyliadelphus*（Kindb.）R. S. Chopra

（1）多态拟细湿藓 *Campyliadelphus protensus*（Brid.）Kanda

（2）仰叶拟细湿藓 *Campyliadelphus stellatum*（Hedw.）Kanda

3）细湿藓属 *Campylium*（Sull.）Mitt.

（1）细湿藓 *Campylium hispidulum*（Brid.）Mitt.

（2）细湿藓稀齿变种 *Campylium hispidulum* var. *sommerfeltii*（Myrin）Lindb.

（3）黄叶细湿藓 *Campylium chrysophyllum*（Brid.）J. Lange

（4）粗肋细湿藓 *Campylium squarrulosum*（Besch. & Cardot）Kanda

4）牛角藓属 *Cratoneuron*（Sull.）Spruce

（1）牛角藓 *Cratoneuron filicinum*（Hedw.）Spruce

5）镰刀藓属 *Drepanocladus*（Müll. Hal.）G. Roth.

（1）粗肋镰刀藓 *Drepanocladus sendtneri*（Schimp.）Warnst.

（2）镰刀藓 *Drepanocladus aduncus*（Hedw.）Warnst.

（3）镰刀藓直叶变种 *Drepanocladus aduncus* var. *kneiffii*（Bruch & Schimp.）Mönk.

（4）扭叶镰刀藓 *Drepanocladus revolvens*（Sw.）Warnst.

（5）细肋镰刀藓 *Drepanocladus tenuinervis* Perss. ex T. J. Kop.

6）湿柳藓属 *Hygroamblystegium* Loeske

（1）湿柳藓 *Hygroamblystegium tenax*（Hedw.）Jenn.

7）水灰藓属 *Hygrohypnum* Lindb.

（1）扭叶水灰藓 *Hygrohypnum eugyrium*（Bruch & Schimp.）Broth.

（2）褐黄水灰藓 *Hygrohypnum ochraceum*（Wilson）Loeske

（3）长枝水灰藓 *Hygrohypnum fontinalioides* P.C. Chen

　8）薄网藓属 *Leptodictyum*（Schimp.）Warnst.

　　（1）薄网藓 *Leptodictyum riparium*（Hedw.）Warnst.

42. 湿原藓科 Calliergonaceae

　1）湿原藓属 *Calliergon*（Sull.）Kindb.

　　（1）草黄湿原藓 *Calliergon stramineum*（Brid.）Kindb.

　　（2）大叶湿原藓 *Calliergon giganteum*（Schimp.）Kindb.

　　（3）湿原藓 *Calliergon cordifolium*（Hedw.）Kindb.

　2）范式藓属 *Warnstorfia*（Broth.）Loeske

　　（1）范式藓 *Warnstorfia exannulata*（Bruch & Schimp.）Loeske *in* Nitardy

　　（2）浮生范式藓 *Warnstorfia fluitans*（Hedw.）Loeske

43. 蝎尾藓科 Scorpidiaceae

　1）三洋藓属 *Sanionia* Loeske

　　（1）三洋藓 *Sanionia uncinata*（Hedw.）Loeske

44. 羽藓科 Thuidiaceae

　1）小羽藓属 *Haplocladium*（Müll. Hal.）Müll. Hal.

　　（1）狭叶小羽藓 *Haplocladium angustifolium*（Hampe & Müll. Hall.）Broth.

　2）硬羽藓属 *Rauiella* Reimers

　　（1）东亚硬羽藓 *Rauiella fujisana*（Paris）Reimers

　3）羽藓属 *Thuidium* Bruch & Schimp.

　　（1）大羽藓 *Thuidium cymbifolium*（Dozy & Molk.）Dozy & Molk.

　　（2）绿羽藓 *Thuidium assimile*（Mitt.）Jaeg.

　4）沼羽藓属 *Helodium* Warnst.

　　（1）狭叶沼羽藓 *Helodium paludosum*（Austin）Broth.

　　（2）沼羽藓 *Helodium blandowii*（F. Weber & Mohr）Warnst.

　5）山羽藓属 *Abietinella* Müll. Hal.

　　（1）山羽藓 *Abietinella abietina*（Hedw.）M. Fleisch.

45. 青藓科 Brachytheciaceae

　1）青藓属 *Brachythecium* Bruch & Schimp.

　　（1）灰白青藓 *Brachythecium albicans*（Hedw.）Bruch & Schimp.

　　（2）多褶青藓 *Brachythecium buchananii*（Hook.）A. Jaeger

　　（3）斜枝青藓 *Brachythecium campylothallum* Müll. Hal.

　　（4）尖叶青藓 *Brachythecium coreanum* Cardot

　　（5）赤根青藓 *Brachythecium erythrorrhizon* Bruch & Schimp.

　　（6）宽叶青藓 *Brachythecium oedipodium*（Mitt.）A. Jaeger

　　（7）毛尖青藓 *Brachythecium piligerum* Cardot

　　（8）羽枝青藓 *Brachythecium plumosum*（Hedw.）Bruch & Schimp.

　　（9）卵叶青藓 *Brachythecium rutabulum*（Hedw.）Bruch & Schimp.

（10）小青藓 *Brachythecium perminusculum* Müll. Hal.

（11）圆枝青藓 *Brachythecium garovaglioides* Müll. Hal.

2）美喙藓属 *Eurhynchium* Bruch & Schimp.

（1）尖叶美喙藓 *Eurhynchium eustegium*（Besch.）Dixon

（2）羽枝美喙藓 *Eurhynchium longirameum*（Müll. Hal.）Y. F. Wang & R. L. Hu

3）鼠尾藓属 *Myuroclada* Besch.

（1）鼠尾藓 *Myuroclada maximowiczii*（G. G. Borshch.）Steere & W. B. Schofield

46. 灰藓科 Hypnaceae

1）偏叶藓属 *Campylophyllum*（Hedw.）M. Fleisch.

（1）偏叶细湿藓 *Campylophyllum halleri*（Hedw.）M. Fleisch.

2）毛青藓属 *Tomentypnum* Loeske

（1）毛青藓 *Tomentypnum nitens*（Hedw.）Loeske

3）灰藓属 *Hypnum* Hedw.

（1）灰藓 *Hypnum cupressiforme* Hedw.

（2）密枝灰藓 *Hypnum densirameum* Ando

（3）弯叶灰藓 *Hypnum hamulosum* Schimp.

（4）美灰藓 *Hypnum leptothallum*（Müll. Hal.）Paris

（5）黄灰藓 *Hypnum pallescens*（Hedw.）P. Beauv.

（6）多毛灰藓 *Hypnum recurvatum*（Lindb. & Arnell）Kindb.

（7）卷叶灰藓 *Hypnum revolutum*（Mitt.）Lindb.

4）扁灰藓属 *Breidleria* Loeske

（1）扁灰藓 *Breidleria pretensis*（Koch ex Spruce）Loeske

5）毛梳藓属 *Ptilium* De Not.

（1）毛梳藓 *Ptilium crista-castrensis*（Hedw.）De Not.

6）鳞叶藓属 *Taxiphyllum* M. Fleisch.

（1）长叶鳞叶藓 *Taxiphyllum taxirameum*（Mitt.）Fleisch.

（2）鳞叶藓 *Taxiphyllum giraldii*（Müll. Hall）M. Fleisch.

47. 金灰藓科 Pylaisiaceae

1）大湿原藓属 *Calliergonella* Loeske

（1）大湿原藓 *Calliergonella cuspidata*（Hedw.）Loeske

（2）弯叶大湿原藓 *Calliergonella lindbergii*（Mitt.）Hedenäs

2）毛灰藓属 *Homomallium*（Schimp.）Loeske

（1）毛灰藓 *Homomallium incurvatum*（Brid.）Loeske

（2）东亚毛灰藓 *Homomallium connexum*（Cardot）Broth.

3）金灰藓属 *Pylaisiella* Bruch & Schimp.

（1）金灰藓 *Pylaisiella polyantha*（Hedw.）Bruch & Schimp.

（2）东亚金灰藓 *Pylaisiella brotheri* Besch.

（3）毛尖金灰藓 *Pylaisia steerei*（Ando & Higuchi）Ignatov

48. 毛锦藓科 Pylaisiadelphaceae

1）毛锦藓属 *Pylaisisdelpha* Cardot

（1）弯叶毛锦藓 *Pylaisisdelpha tenuirostris*（Bruch & Schimp. ex Sull.）W. R. Buck

2）小锦藓属 *Brotherella* Loeske ex M. Fleisch.

（1）东亚小锦藓 *Brotherella fauriei*（Cardot）Broth.

49. 塔藓科 Hylocomiaceae

1）拟垂枝藓属 *Rhytidiadelphus*（Lindb. ex Limpr.）Warnst.

（1）拟垂枝藓 *Rhytidiadelphus triquetrus*（Hedw.）Warnst.

2）赤茎藓属 *Pleurozium* Mitt.

（1）赤茎藓 *Pleurozium schreberi*（Brid.）Mitt.

3）塔藓属 *Hylocomium* Bruch & Schimp.

（1）塔藓 *Hylocomium splendens*（Hedw.）Bruch & Schimp.

4）梳藓属 *Ctenidium*（Schimp.）Mitt.

（1）梳藓 *Ctenidium molluscum*（Hedw.）Mitt.

50. 垂枝藓科 Rhytidiaceae

1）垂枝藓属 *Rhytidium*（Sull.）Kindb.

（1）垂枝藓 *Rhytidium rugosum*（Hedw.）Kindb.

51. 绢藓科 Entodontaceae

1）绢藓属 *Entodon* Müll. Hal.

（1）柱蒴绢藓 *Entodon challengeri*（Paris）Cardot

52. 牛舌藓科 Anomodontaceae

1）牛舌藓属 *Anomodon* Hook. & Taylor

（1）小牛舌藓 *Anomodon minor*（Hedw.）Lindb.

吴征镒. 中国种子植物属的分布区类型. 云南植物研究，1991，增刊：1-139

2.3 维管植物的多样性

2012 年 5 月至 2013 年 10 月，项目组成员先后在春、夏、秋三个季节对额尔古纳国家级自然保护区的植物资源进行了全面的实地调查，采集制作植物腊叶标本 300 种 600 余份。在结合相关资料的基础上，全面整理了保护区维管植物名录（见 2.3.10 额尔古纳国家级自然保护区维管植物名录）。根据调查统计，保护区共有野生维管植物为 654 种（包括种下分类群），隶属于 90 科 315 属。其中蕨类植物 24 种，所占比例为 3.67%；裸子植物 5 种，所占比例为 0.76%；被子植物 625 种，所占比例为 95.57%（表 2-4）。保护区植物资源丰富，其中早春开花植物为 26 科 54 属 89 种。在野外调查过程中，发现新记录种 2 种，即东北地区新分布臭茶藨子（*Ribes graveolens*），大兴安岭地区新分布四叶重楼（*Paris quadrifolia*）。另外，在保护区内发现一些大兴安岭地区稀有植物类群，如白杜（*Euonymus maackii*）、圆叶茅膏菜（*Drosera rotundifolia*）等。

表 2-4 额尔古纳国家级自然保护区维管植物组成

类群	额尔古纳国家级自然保护区			内蒙古大兴安岭林管局			内蒙古自治区		
	科数	属数	种数	科数	属数	种数	科数	属数	种数
蕨类植物	12	16	24	13	21	42	17	28	62
裸子植物	2	3	5	3	6	9	3	7	23
被子植物	76	296	625	92	464	1288	114	646	2185
合计	90	315	654	108	491	1339	134	681	2270

从表 2-4 分析可知，额尔古纳自然保护区维管植物的科数占内蒙古大兴安岭林管局总科数的 83.33%，占内蒙古自治区总科数的 67.16%；属的数量占内蒙古大兴安岭林管局总属数的 64.15%，占内蒙古自治区总属数的 46.26%；种的数量占内蒙古大兴安岭林管局总种数的 48.84%，占内蒙古自治区总种数的 28.81%。这些充分表明额尔古纳自然保护区植物门类齐全，种类丰富，反映其植物组成的多样性。

2.3.1 种子植物科的多样性

在植物区系地理中，科作为高级分区的指标，反映了物种间较为广泛的亲缘关系，可以提供一定区域区系特征的总概念。额尔古纳国家级自然保护区种子植物包括 78 科，按科内所含属数的排序是：菊科（35 属）＞禾本科（31 属）＞蔷薇科（19 属）＞伞形科（15属）＞毛茛科（14 属）＞十字花科（12 属）、百合科（12 属）＞唇形科（11 属）＞豆科（10属）（表 2-5）。

表 2-5 额尔古纳国家级自然保护区种子植物组成科的多样性

科含属种	科数	种数
1 属	41	74
2 属	10	36
3 属	8	59
4 属	4	33
5 属	3	58
6 属	1	18
9 属	2	30
10 属	1	26
11 属	1	16
12 属	2	37
14 属	1	43
15 属	1	21
19 属	1	41
31 属	1	56
35 属	1	82
合计	78	630

　　按科内所含种数，额尔古纳自然保护区组成植物科的多样性是：其组成中含 40 种以上的大科有 4 个，即菊科（Compositae）（82 种）、禾本科（Gramineae）（56 种）、毛茛科（Ranunculaceae）（43 种）、蔷薇科（Rosaceae）（41 种），合计 222 种，占保护区种子植物总种数的 35.24%。

　　含 20～39 种的较大科为 5 个，即莎草科（Cyperaceae）（39 种）、豆科（Leguminosae）（26 种）、百合科（Liliaceae）（23 种）、伞形科（Umbellifecae）（21 种）、石竹科（Caryophyllaceae）（20 种），合计 129 种，所占比例为 20.48%。

　　含 10～19 种的中型科为 8 个，即玄参科（Scrophulariaceae）（18 种）、杨柳科（Salicaceae）（17 种）、唇形科（Labiatae）（16 种）、蓼科（Polygonaceae）（15 种）、十字花科（Cruciferae）（14 种）、虎耳草科（Saxifragaceae）（12 种）、兰科（Orchidaceae）（10 种）及桔梗科（Campanulaceae）（10 种），合计为 112 种，所占比例为 17.78%。

　　含 6～9 种的较小科为 11 个，即堇菜科（Violaceae）（9 种）、桦木科（Betulaceae）（7 种）、杜鹃花科（Ericaceae）（7 种）、报春花科（Primulaceae）（7 种）、龙胆科（Gentianaceae）（7 种）、景天科（Crassulaceae）（6 种）、牻牛儿苗科（Geraniaceae）（6 种）、鹿蹄草科（Pyrolaceae）（6 种）、茜草科（Rubiaceae）（6 种）、忍冬科（Caprifoliaceae）（6 种）及灯心草科（Juncaceae）（6 种），合计 73 种，所占比例为 11.59%。

　　含 2～5 种的小型科为 22 个，即罂粟科（Papaveraceae）、泽泻科（Alismataceae）、鸢尾科（Iridaceae）、柳叶菜科（Onagraceae）、紫草科（Boraginaceae）、松科（Pinaceae）、金丝桃科（Hypericaceae）、大戟科（Euphorbiaceae）、车前科（Plantaginaceae）、败酱科（Valerianaceae）、眼子菜科（Potamogetonaceae）、浮萍科（Lemnaceae）、黑三棱科（Sparganiaceae）、香蒲科（Typhaceae）、柏科（Cupressaceae）、榆科（Ulmaceae）、小二仙草科（Haloragidaceae）、睡菜科（Menyanthaceae）、花荵科（Polemoniaceae）、藜科（Chenopodiaceae）、茄科（Solanaceae）及列当科（Orobanchaceae），合计 66 种，所占比例为 10.48%。

　　区域单种科为 28 科，即壳斗科（Fagaceae）、荨麻科（Urticaceae）、檀香科（Santalaceae）、小檗科（Berberidaceae）、睡莲科（Nymphaeaceae）、芍药科（Paeoniaceae）、亚麻科（Linaceae）、芸香科（Rutaceae）、远志科（Polygalaceae）、凤仙花科（Balsaminaceae）、卫矛科（Celastraceae）、鼠李科（Rhamnaceae）、瑞香科（Thymelaeaceae）、杉叶藻科（Hippuridaceae）、山茱萸科（Cornaceae）、岩高兰科（Empetraceae）、萝藦科（Asclepiadaceae）、旋花科（Convolvulaceae）、狸藻科（Lentibulariaceae）、五福花科（Adoxaceae）、川续断科（Dipsacaceae）、花蔺科（Butomaceae）、水麦冬科（Juncaginaceae）、鸭跖草科（Commelinaceae）、天南星科（Araceae）、茨藻科（Najadaceae）、茅膏菜科（Droseraceae）、千屈菜科（Lythraceae），合计 28 种，所占比例为 4.44%。

　　额尔古纳自然保护区大科和较大的科为 9 个，所占保护区种子植物科数的比例仅为 11.54%，但含有的种数所占比例高达 55.71%，充分表明少量较大的科构成了本区植物组成的主体。另外，本区小型科及区域单种科合计为 50 个，构成了本区科组成的主体，丰富了保护区种子植物的多样性。其中包含很多学术价值和经济价值较高的分类群，如岩高兰科（Empetraceae）、小檗科（Berberidaceae）、芍药科（Paeoniaceae）、卫矛科（Celastraceae）

等，这充分表明这些科在本保护区植物区系中的重要意义。

2.3.2　种子植物科的分布类型多样性

根据吴征镒等（2006）《种子植物分布区类型及其起源和分化》，额尔古纳国家级自然保护区组成植物科的分布区类包括 3 个类型 4 个变型（表 2-6）。

表 2-6　额尔古纳国家级自然保护区种子植物科的分布区类型

序号	分布区类型及变型	科数	比例/%
1	世界分布	42	—
2	泛热带分布	10	27.78
8	北温带分布	10	27.78
8-1	环北极分布	1	2.78
8-4	北温带和南温带间断分布	13	36.11
8-5	欧亚和南美洲温带间断分布	1	2.78
10-3	欧亚和南非间断分布	1	2.78
	总　计	78	100

注：比例不含世界分布

世界分布类型指的是世界普遍分布的科。它们广泛分布于世界各大洲，但往往也有其主要分布区。额尔古纳国家级自然保护区世界分布的科有 42 科，包括兰科（Orchidaceae）、莎草科（Cyperaceae）、禾本科（Gramineae）、千屈菜科（Lythraceae）、眼子菜科（Potamogetonaceae）、菊科（Compositae）、玄参科（Scrophulariaceae）、唇形科（Labiatae）、龙胆科（Gentianaceae）、伞形科（Umbellifecae）、柳叶菜科（Onagraceae）、堇菜科（Violaceae）、豆科（Leguminosae）、蔷薇科（Rosaceae）、虎耳草科（Saxifragaceae）、毛茛科（Ranunculaceae）、石竹科（Caryophyllaceae）、蓼科（Polygonaceae）等；属于泛热带分布的有 10 科，占保护区种子植物科（不包括世界分布科，下同）的 27.78%，如荨麻科（Urticaceae）、檀香科（Santalaceae）、卫矛科（Celastraceae）、大戟科（Euphorbiaceae）、芸香科（Rutaceae）、小二仙草科（Haloragidaceae）、鸭跖草科（Commelinaceae）、茄科（Solanaceae）等；属于温带分布共有 26 科，占种子植物总科数的 72.22%，其中北温带和南温带间断分布 13 科，如柏科（Cupressaceae）、杨柳科（Salicaceae）、桦木科（Betulaceae）、罂粟科（Papaveraceae）、牻牛儿苗科（Geraniaceae）、鹿蹄草科（Pyrolaceae）、灯心草科（Juncaceae）等；北温带分布 10 科，如芍药科（Paeoniaceae）、金丝桃科（Hypericaceae）、杜鹃花科（Ericaceae）、忍冬科（Caprifoliaceae）、百合科（Liliaceae）、松科（Pinaceae）等；环北极分布的有 1 科，即岩高兰科（Empetraceae）；欧亚和南美洲温带间断分布 1 科，即小檗科（Berberidaceae）；欧亚和南非间断分布 1 科，即川续断科（Dipsacaceae）。

额尔古纳国家级自然保护区的种子植物中，也保存了一些古老的类群，如离生心皮类有毛茛科和小檗科；柔荑花序类有杨柳科、桦木科、壳斗科和榆科等；白垩纪就有分布记录的卫矛科和鼠李科等。

2.3.3　种子植物组成属的多样性

额尔古纳国家级自然保护区种子植物包括299属，按所含种数，保护区组成植物属的多样性是：含10种以上的属4个，占总属数的1.34%，所含植物种为70种，占保护区总种子植物种数的11.11%。即薹草属（*Carex*）＞蒿属（*Artemisia*）、柳属（*Salix*）＞早熟禾属（*Poa*）（表2-7）。

本保护区单种属172个，占总属数的57.53%，占总种数的27.30%。寡属种繁多，充分反映出额尔古纳国家级自然保护区植物组成中属的多样性。

表 2-7　额尔古纳国家级自然保护区种子植物属的统计

属的类别	属数	种数
含 1 个种的属	172	172
含 2 个种的属	69	138
含 3 个种的属	25	75
含 4 个种的属	6	24
含 5 个种的属	8	40
含 6 个种的属	6	36
含 7 个种的属	2	14
含 8 个种的属	2	16
含 9 个种的属	5	45
含 11 个种的属	1	11
含 14 个种的属	2	28
含 31 个种的属	1	31
合　计	299	630

2.3.4　属的分布区类型

通常认为属的分类特征相对稳定，并占有较稳定的分布区，在进化过程中可能随地理环境条件的变化而产生分化，并表现出明显的地区性差异。同时，一个属所包含的种常具有同一起源和相似的进化趋势。所以属比科更能反映植物系统发育过程中的进化情况和地区性特征。根据吴征镒等（2006）关于中国种子植物属的分布区类型系统，将额尔古纳国家级自然保护区种子植物299个属划分为12个类型及11个亚型（表2-8）。

表 2-8　额尔古纳国家级自然保护区种子植物属分布区类型统计

序号	种子植物属分布区类型及亚型	属数	比例/%
1	世界分布	56	—
2	泛热带分布	7	2.88
2-2	热带亚洲、非洲和中至南美洲间断分布	1	0.42

序号	种子植物属分布区类型及亚型	属数	比例/%
3	热带亚洲和热带美洲间断分布	1	0.42
4	旧世界热带分布	1	0.42
4-1	热带亚洲、非洲和大洋洲间断分布	1	0.42
5	热带亚洲至热带大洋洲分布	2	0.83
7	热带亚洲分布	1	0.42
8	北温带分布	61	25.10
8-1	环极分布	4	1.65
8-2	北极-高山分布	3	1.23
8-4	北温带和南温带间断分布	68	27.98
8-5	欧亚和温带南美洲间断分布	12	4.94
9	东亚和北美洲间断分布	12	4.94
10	旧世界温带分布	38	15.64
10-1	地中海区、西亚和东亚间断分布	2	0.83
10-2	地中海和喜马拉雅间断分布	1	0.42
10-3	欧亚和南部非洲间断分布	5	2.06
11	温带亚洲分布	18	7.41
12	地中海区、西亚和东亚间断分布	1	0.42
12-1	地中海区至中亚和南美洲、大洋洲间断分布	1	0.42
13-2	中亚至喜马拉雅和华西南分布	1	0.42
14	东亚分布	2	0.83
	合　计	299	100

注：比例不含世界分布

2.3.4.1　世界分布属

世界分布类型是指几乎分布于世界各大洲的属。额尔古纳国家级自然保护区植物组成种子植物中含世界分布属 56 个，主要包括蓼属（*Polygonum*）、酸模属（*Rumex*）、藜属（*Chenopodium*）、繁缕属（*Stellaria*）、毛茛属（*Ranunculus*）、铁线莲属（*Clematis*）、银莲花属（*Anemone*）、碎米荠属（*Cardamine*）、悬钩子属（*Rubus*）、黄耆属（*Astragalus*）、老鹳草属（*Geranium*）、千屈菜属（*Lythrum*）、鼠李属（*Rhamnus*）、车前属（*Plantago*）、堇菜属（*Viola*）、拉拉藤属（*Galium*）、泽芹属（*Sium*）、地杨梅属（*Luzula*）、千里光属（*Senecio*）、茅膏菜属（*Drosera*）、金丝桃属（*Hypericum*）、剪股颖属（*Agrostis*）、芦苇属（*Phragmites*）、莎草属（*Cyperus*）、薹草属（*Carex*）、香蒲属（*Typha*）、眼子菜属（*Potamogeton*）、浮萍属（*Lemna*）、紫萍属（*Spirodela*）、斑叶兰属（*Goodyera*）等。

2.3.4.2　热带分布属

额尔古纳国家级自然保护区种子植物属的分布区类型中，热带分布属（2～7 类型）

共 14 属，占种子植物总属数（不含世界分布属，下同）的 5.76%。

泛热带分布类型包括分布遍及东西半球热带地区的属，有不少属分布到亚热带，甚至温带，但共同的分布中心或原始类型仍在热带范围。泛热带及其亚型包括 8 属，即大戟属（*Euphorbia*）、卫矛属（*Euonymus*）、打碗花属（*Calystegia*）、鸭跖草属（*Commelina*）、虎尾草属（*Chloris*）、狗尾草属（*Setaria*）等；热带亚洲和热带美洲间断分布有 1 属，即地榆属（*Sanguisorba*）；旧世界热带分布 1 属，即天门冬属（*Asparagus*）；热带亚洲、非洲和大洋洲间断分布 1 属，即百蕊草属（*Thesium*）；热带亚洲至热带大洋洲分布 2 属，即通泉草属（*Mazus*）、大豆属（*Glycine*）；热带亚洲分布 1 属，即苦荬菜属（*Ixeris*）。

2.3.4.3　温带分布属

温带分布属是指分布于欧、亚、北美洲温带地区的属。保护区种子植物温带属（8～14型）有 229 属，占总属数的 94.24%，占据绝对优势。温带分布类型的属由于本身的发展历史和自然条件的变化，特别是海陆变迁和气候巨变引起了它们在分布类型上的差异，其中北温带分布属、北温带和南温带间断分布属、旧世界温带分布属及温带亚洲分布属在本种子植物区系中占具明显优势。其中北温带分布的属有 61 个，占 25.10%，主要包括松属（*Pinus*）、落叶松属（*Larix*）、刺柏属（*Juniperus*）、柳属（*Salix*）、杨属（*Populus*）、赤杨属（*Alnus*）、桦木属（*Betula*）、榆属（*Ulmus*）、乌头属（*Aconitum*）、耧斗菜属（*Aquilegia*）、翠雀属（*Delphinium*）、白头翁属（*Pulsatilla*）、五福花属（*Adoxa*）、点地梅属（*Androsace*）、芍药属（*Paeonia*）、播娘蒿属（*Descurainia*）、鹿蹄草属（*Pyrola*）、罂粟属（*Papaver*）、柳穿鱼属（*Linaria*）、列当属（*Orobanche*）、紫堇属（*Corydalis*）、茶藨子属（*Ribes*）、虎耳草属（*Saxifraga*）、绣线菊属（*Spiraea*）、假升麻属（*Aruncus*）、草莓属（*Fragaria*）、毒芹属（*Cicuta*）、牛防风属（*Heracleum*）、风铃草属（*Campanula*）、忍冬属（*Lonicera*）、蒿属（*Artemisia*）、菊蒿属（*Tanacetum*）、蓟属（*Cirsium*）、紫菀属（*Aster*）、蒲公英属（*Taraxacum*）、狗舌草属（*Tephroseris*）、蓍属（*Achillea*）、针茅属（*Stipa*）、披碱草属（*Elymus*）、百合属（*Lilium*）、舞鹤草属（*Maianthemum*）、贝母属（*Fritillaria*）、黄精属（*Polygonatum*）、鸢尾属（*Iris*）、红门兰属（*Orchis*）、手参属（*Gymnadenia*）、兜被兰属（*Neottianthe*）、绶草属（*Spiranthes*）、杓兰属（*Cypripedium*）、假龙胆属（*Gentianella*）、扁蕾属（*Gentianopsis*）和獐牙菜属（*Swertia*）等；含北温带和南温带间断分布的属 68 个，占 27.98%，主要包括唐松草属（*Thalictrum*）、驴蹄草属（*Caltha*）、金腰属（*Chrysosplenium*）、亚麻属（*Linum*）、勿忘草属（*Myosotis*）、柳叶菜属（*Epilobium*）、薄荷属（*Mentha*）、茜草属（*Rubia*）、荨麻属（*Urtica*）、景天属（*Sedum*）、山黧豆属（*Lathyrus*）、野豌豆属（*Vicia*）、当归属（*Angelica*）、柴胡属（*Bupleurum*）、路边青属（*Geum*）、越桔属（*Vaccinium*）、婆婆纳属（*Veronica*）、接骨木属（*Sambucus*）、缬草属（*Valeriana*）、山柳菊属（*Hieracium*）、慈姑属（*Sagittaria*）、黑三棱属（*Sparganium*）等；含旧世界温带分布的属 38 个；占 15.64%，主要包括侧金盏花属（*Adonis*）、白屈菜属（*Chelidonium*）、石竹属（*Dianthus*）、剪秋萝属（*Lychnis*）、草木樨属（*Melilotus*）、白鲜属（*Dictamnus*）、百里香属（*Thymus*）、野芝麻属（*Lamium*）、鼬瓣花属（*Galeopsis*）、益母草属（*Leonurus*）、青兰属（*Dracocephalum*）、沙参属（*Adenophora*）、菊属（*Dendranthema*）、蓝刺头属（*Echinops*）、麻花头属（*Serratula*）、橐吾属（*Ligularia*）、

毛连菜属（*Picris*）、重楼属（*Paris*）、萱草属（*Hemerocallis*）、芨芨草属（*Achnatherum*）等；温带亚洲分布的属 18 个，占 7.41%，主要包括钻天柳属（*Chosenia*）、大黄属（*Rheum*）、轴藜属（*Axyris*）、蓝堇草属（*Leptopyrum*）、瓦松属（*Orostachys*）、狼毒属（*Stellera*）、防风属（*Saposhnikovia*）、柳叶芹属（*Czernaevia*）、胀果芹属（*Phlojodicarpus*）、钝背草属（*Amblynotus*）、马兰属（*Kalimeris*）、线叶菊属（*Filifolium*）、山牛蒡属（*Synurus*）等。

在额尔古纳国家级自然保护区植物组成中还含有属于温带分布的环极分布的属 4 个，即岩高兰属（*Empetrum*）、北极花属（*Linnaea*）、杜香属（*Ledum*）、毛蒿豆属（*Oxycoccus*）；北极-高山分布 3 属，即金莲花属（*Trollius*）、单侧花属（*Orthilia*）。这些成分的出现反映出额尔古纳自然保护区海拔高的地段适于环极-高山植物生存，这也充分表明本保护区植物组成属的多样性。

额尔古纳国家级自然保护区种子植物中，温带成分占有绝对优势，反映了其典型的温带性质。

2.3.5　额尔古纳国家级自然保护区种的分布区类型

根据《中国东北部种子植物种的分布区类型》（傅沛云，2003），按额尔古纳国家级自然保护区植物的调查统计，其种的分布区类型及亚型为 22 种（表 2-9）。

表 2-9　额尔古纳国家级自然保护区种子植物种分布区类型的系统排列

编号	分布区类型	区内总数	比例/%
1	世界分布	19	—
2	北温带-北极分布	78	12.77
3	西伯利亚分布	116	18.99
4	北温带分布	63	10.31
5	旧世界温带分布	72	11.78
6	亚洲-北美分布	7	1.15
7	温带亚洲分布	66	10.80
8	东亚分布	13	2.13
10	中国-日本分布	49	8.02
11	中国东北部分布	8	1.31
12	东北-华北分布	20	3.27
14	东北分布	48	7.86
15	华北分布	4	0.65
16	大兴安岭分布	12	1.96
18	阿尔泰-蒙古-达乌里分布	5	0.82
19	达乌里-蒙古分布	32	5.24
20	蒙古草原分布	4	0.65
22	北温带-热带分布	14	2.29
合　计		630	100

注：比例中不含世界分布

Ⅰ 世界分布种

额尔古纳自然保护区植物组成中世界分布类型为 19 种，主要包括千屈菜（*Lythrum salicaria*）、浮萍（*Lemna minor*）、紫萍（*Spirodela polyrrhiza*）、䅟草（*Beckmannia syzigachne*）、黎（*Chenopodium album*）、穗状狐尾藻（*Myriophyllum spicatum*）、益母草（*Leonurus japonicus*）、狼巴草（*Bidens tripartita*）、芦苇（*Phragmites australis*）、狗尾草（*Setaria viridis*）、茨藻（*Najas marina*）、狭叶香蒲（*Typha angustifolia*）、篦齿眼子菜（*Potamogeton pectinatus*）等。

Ⅱ 亚寒带-寒带性质分布的种

由于额尔古纳国家级自然保护区地处中国北部，所以亚寒带-寒带性质分布种较丰富，包括 194 种，所占比例为 31.76%（不含世界分布种，下同），主要包括北温带-北极分布 78 种，如越桔柳（*Salix myrtilloides*）、簇茎石竹（*Dianthus repens*）、臭茶藨子（*Ribes graveolens*）、五福花（*Adoxa moschatellina*）、杉叶藻（*Hippuris vulgaris*）、北极花（*Linnaea borealis*）、睡菜（*Menyanthes trifoliata*）、种阜草（*Moehringia lateriflora*）、菊蒿（*Tanacetum vulgare*）、石生悬钩子（*Rubus saxatilis*）、七瓣莲（*Trientalis europaea*）、广布野豌豆（*Vicia cracca*）、细叶杜香（*Ledum palustre*）、松叶毛茛（*Ranunculus reptans*）、互叶金腰（*Chrysosplenium alternifolium*）、越桔（*Vaccinium vitis-idaea*）等；西伯利亚分布 116 种，主要有北侧金盏花（*Adonis sibirica*）、野韭（*Allium ramosum*）、二歧银莲花（*Anemone dichotoma*）、北紫堇（*Corydalis sibirica*）、矮山黧豆（*Lathyrus humilis*）、大叶龙胆（*Gentiana macrophylla*）、蓝堇草（*Leptopyrum fumarioides*）、野罂粟（*Papaver nudicaule*）、细叶白头翁（*Pulsatilla turczaninovii*）、三叶鹿药（*Smilacina trifolia*）、乌拉薹草（*Carex meyeriana*）、散穗早熟禾（*Poa subfastigiata*）、小黄花菜（*Hemerocallis minor*）、柳蒿（*Artemisia integrifolia*）、返顾马先蒿（*Pedicularis resupinata*）、多裂叶荆芥（*Schizonepeta multifida*）、兴安落叶松（*Larix gmelini*）、卷边柳（*Salix siuzerii*）、岳桦（*Betula ermanii*）、狐尾蓼（*Polygonum alopecuroides*）、石米努草（*Minuartia laricina*）、东方草莓（*Fragaria orientalis*）、山刺玫（*Rosa davurica*）、大活（*Angelica dahurica*）、兴安杜鹃（*Rhododendron dauricum*）等。

Ⅲ 温带分布的种

温带分布种共 403 种，占保护区种子植物总数的 65.96%，温带性质的植物占绝对优势。其中包括北温带分布种 63 种，主要包括圆叶茅膏菜（*Drosera rotundifolia*）、卷茎蓼（*Fallopia convolvulus*）、皱叶酸模（*Rumex crispus*）、伞繁缕（*Stellaria longifolia*）、石龙芮毛茛（*Ranunculus sceleratus*）、亚麻荠（*Camelina sativa*）、紫八宝（*Hylotelephium purpureum*）、地榆（*Sanguisorba officinalis*）、柳兰（*Chamaenerion angustifolium*）、单侧花（*Orthilia obtusata*）、黄花蒿（*Artemisia annua*）、看麦娘（*Alopecurus aequalis*）、斑花杓兰（*Cypripedium guttatum*）等；旧世界温带分布为 72 种，主要包括细叶沼柳（*Salix rosmarinifolia*）、三蕊柳（*Salix triandra*）、兴安蓼（*Polygonum alpinum*）、大花银莲花（*Anemone silvestris*）、长叶水毛茛（*Batrachium kauffmanii*）、箭头唐松草（*Thalictrum simplex*）、稠李（*Padus avium*）、长尾婆婆纳（*Veronica longifolia*）、聚花风铃草（*Campanula glomerata*）、欧亚旋覆花（*Inula britannica*）、拂子茅（*Calamagrostis epigejos*）、羊胡子草

（*Eriophorum vaginatum*）、大穗薹草（*Carex rhynchophysa*）、大花杓兰（*Cypripedium macranthum*）、手掌参（*Gymnadenia conopsea*）等；亚洲-北美分布为 7 种，如尖叶假龙胆（*Gentianella acuta*）、花锚（*Halenia corniculata*）、泽芹（*Sium suave*）、长柱金丝桃（*Hypericum ascyron*）等；温带亚洲分布为 66 种，主要种类有白桦（*Betula platyphylla*）、黑桦（*Betula davurica*）、女娄菜（*Melandrium apricum*）、翠雀（*Delphinium grandiflorum*）、白八宝（*Hylotelephium paliescens*）、假升麻（*Aruncus sylvester*）、黄芪（*Astragalus membranaceus*）、毛蕊老鹳草（*Geranium eriostemon*）、狼毒（*Stellera chamaejasme*）、大婆婆纳（*Veronica dahurica*）、万年蒿（*Artemisia sacrorum*）、线叶菊（*Filifolium sibiricum*）、祁洲漏芦（*Rhaponticum uniflorum*）、铃兰（*Convallaria keiskei*）、凸脉薹草（*Carex lanceolata*）、广布红门兰（*Orchis chusua*）等；东亚分布为 13 种，主要种类有桔梗（*Platycodon grandiflorus*）、蒙古栎（*Quercus mongolica*）、徐长卿（*Cynanchum paniculatum*）、轮叶沙参（*Adenophora tetraphylla*）、接骨木（*Sambucus williamsii*）、蹄叶橐吾（*Ligularia fischeri*）、大叶柴胡（*Bupleurum longiradiatum*）等；中国-日本分布有 49 种，主要种类有朝鲜柳（*Salix koreensis*）、春榆（*Ulmus japonica*）、大花剪秋萝（*Lychnis fulgens*）、小白花地榆（*Sanguisorba tenuifolia* var. *alba*）、野大豆（*Glycine soja*）、鸡腿堇菜（*Viola acuminata*）、日本鹿蹄草（*Pyrola japonica*）、芒小米草（*Euphrasia maximowiczii*）、轮叶腹水草（*Veronicastrum sibiricum*）、裂叶马兰（*Kalimeris incisa*）、黑三棱（*Sparganium coreanum*）、翼果薹草（*Carex neurocarpa*）等；东北-华北分布有 20 种，主要种类有展枝沙参（*Adenophora divaricata*）、苦参（*Sophora flavescens*）、山牛蒡（*Synurus deltoides*）、紫菀（*Aster tataricus*）、花楸（*Sorbus pohuashanensis*）等；东北分布有 48 种，主要种类有黑水当归（*Angelica amurensis*）、小叶章（*Calamagrostis angustifolia*）、驴蹄草（*Caltha palustris*）、楔叶菊（*Chrysanthemum naktongense*）、绒背蓟（*Cirsium vlassovianum*）、耳叶蓼（*Polygonum manshuriense*）、额穆尔堇菜（*Viola amurica*）等。

达乌里-蒙古分布有 32 种，主要种类包括狭叶沙参（*Adenophora gmelinii*）、波叶大黄（*Rheum franzenbuchii*）、北丝石竹（*Gypsophila davurica*）、细叶白头翁（*Pulsatilla turczaninovii*）、草木樨黄芪（*Astragalus melilotoides*）、狼毒大戟（*Euphorbia pallasii*）、防风（*Saposhnikovia divaricata*）、兴安天门冬（*Asparagus dauricus*）、羊草（*Leymus chinensis*）、叉分蓼（*Polygonum divaricatum*）、展枝唐松草（*Thalictrum squarrosum*）、长叶百蕊草（*Thesium longifolium*）、柳穿鱼（*Linaria vulgaris* subsp. *sinensis*）、窄叶绣线菊（*Spiraea dahurica*）等。

Ⅳ　热带性质分布种

热带性质分布种共有 14 种，占种子植物种数的 2.29%，包括有水蓼（*Polygonum hydropiper*）、香薷（*Elsholtzia ciliata*）、菖蒲（*Acorus calamus*）、睡莲（*Nymphaea tetragona*）、酸模叶蓼（*Polygonum lapathifolium*）、鸭跖草（*Commelina communis*）、车前（*Plantago asiatica*）等。

综上分析，额尔古纳国家级自然保护区组成植物与很多地区均有联系，在植物发生发展的过程中，与热带有一定的渊源，受高山及地理位置的影响，亚寒带-寒带的植物占有较高的比例。

2.3.6 种子植物种的分布区类型及每种在东北地区内的分布

根据《中国东北部种子植物种的分布区类型》（傅沛云，2003），按每种在东北地区内的5个植物区的分布情况，每个植物区与亚区均以其英文名称略写的大写字母表示，即DA——大兴安岭植物区系地区；NE——东北植物区系地区；NC——华北植物区系地区；EMS——东蒙古草原区系亚区；NEP——东北平原区系亚区。

额尔古纳自然保护区种子植物为630种，保护区种子植物按植物分布的植物区系地区可分为31类，其组成种按涉及的分布数可分为五大类别（表2-10）。

表2-10 额尔古纳国家级自然保护区种子植物区系地区类

类别	区系名称					种数	小计	占总数/%
单区成分			DA			21		
			NE			17		
			NC			11	60	9.52
			EMS			8		
			NEP			3		
两区共有成分		DA	NE			60		
		DA	NC			3		
		DA	EMS			18		
		DA	NEP			3		
		NE	NC			12	106	16.83
		NE	EMS			3		
		NE	NEP			1		
		NC	EMS			2		
		EMS	NEP			4		
三区共有成分		DA	NE	NC		16		
		DA	NE	EMS		21		
		DA	NE	NEP		23		
		DA	NC	NEP		2		
		NE	NC	EMS		1	105	16.67
		NE	NC	NEP		14		
		NE	EMS	NEP		5		
		NC	EMS	NEP		2		
		DA	EMS	NEP		21		
四区共有成分	DA	NE	NC	EMS		24		
	NE	NC	EMS	NEP		17		
	DA	NC	EMS	NEP		19	155	24.60
	DA	NE	EMS	NEP		50		
	DA	NE	NC	NEP		45		
五区共有成分	DA	NE	NC	EMS	NEP	204	204	32.38
		合 计				630	630	100.00

单区成分共60种，占种子植物总数的9.52%。从单区成分看，大兴安岭植物区最多，为21种，其次是东北植物区17种，华北植物区11种，东蒙古草原区8种，东北平原亚区3种，反映大兴安岭植物区占有一定优势。

大兴安岭植物区（DA）21种，占种子植物总数的3.33%，常见种为扇叶桦（*Betula middendorffii*）、兴安乌头（*Aconitum ambiguum*）、北侧金盏花（*Adonis sibirica*）、翠雀（*Delphinium grandiflorum*）、浮毛茛（*Ranunculus natans*）、兴安景天（*Sedum hsinganicum*）

窄叶绣线菊（*Spiraea dahurica*）等。

东北植物区（NE）17 种，占种子植物总数的 2.70%，常见种有白八宝（*Hylotelephium pallescens*）、矮茶藨子（*Ribes triste*）、鼠掌老鹳草（*Geranium sibirum*）、柳兰（*Chamaenerion angustifolium*）、毛金腰（*Chrysosplenium pilosum*）、三花龙胆（*Gentiana triflora*）、东亚岩高兰（*Empetrum nigrum* var. *japonicum*）等。

华北植物区（NC）11 种，占种子植物总数的 1.75%，主要有西伯利亚铁线莲（*Clematis sibirica*）、兴安蛇床（*Cnidium dahuricum*）、北方拉拉藤（*Galium boreale*）、宽叶蓝刺头（*Echinops latifolius*）等。

东蒙古草原区系亚区（EMS）共 8 种，占种子植物总数的 1.27%，主要代表种有细叶白头翁（*Pulsatilla turczaninovii*）、水湿柳叶菜（*Epilobium palustre*）、兴安石防风（*Peucedanum baicalense*）、泡囊草（*Physochlaina physaloides*）等。

东北平原区系亚区（NEP）共 3 种，占种子植物总数的 0.48%，包括光萼青兰（*Dracocephalum argunense*）、北泽薹草（*Caldesia parnassifolia*）、粗脉薹草（*Carex rugurosa*）等。

两区共有成分 106 种，占种子植物总数的 16.83%，其中大兴安岭、东北植物区（DA、NE）60 种，主要有偃松（*Pinus pumila*）、西伯利亚刺柏（*Juniperus sibirica*）、甜杨（*Populus suaveolens*）、越桔柳（*Salix myrtilloides*）、东北赤杨（*Alnus mandshurica*）、岳桦（*Betula ermanii*）、唢呐草（*Mitella nuda*）、北悬钩子（*Rubus arcticus*）、柳叶野豌豆（*Vicia venosa*）、黑水当归（*Angelica amurensis*）、细叶杜香（*Ledum palustre*）、毛接骨木（*Sambucus buergeriana*）等；大兴安岭、华北植物区（DA、NC）有 3 种，即刺叶小檗（*Berberis sibirica*）、北方庭荠（*Alyssum lenense*）、羊胡子草（*Eriophorum vaginatum*）；大兴安岭、东蒙古草原亚区（DA、EMS）共有 18 种，主要有樟子松（*Pinus sylvestris* var. *mongolica*）、细叶蓼（*Polygonum angustifolium*）、兴安繁缕（*Stellaria cherleriae*）、波叶大黄（*Rheum franzenbuchii*）、大花银莲花（*Anemone silvestris*）、亚欧唐松草（*Thalictrum minus*）、兴安柴胡（*Bupleurum sibiricum*）、香薷（*Elsholtzia ciliata*）等；大兴安岭、东北平原亚区（DA、NEP）共 3 种，包括变蒿（*Artemisia commutata*）、大花千里光（*Senecio ambraceus*）、北风毛菊（*Saussurea discolor*）等；东北植物区、华北植物区（NE、NC）共 12 种，主要包括兴安升麻（*Cimicifuga dahurica*）、棉团铁线莲（*Clematis hexapetala*）、北紫堇（*Corydalis sibirica*）、东方草莓（*Fragaria orientalis*）、楔叶菊（*Chrysanthemum naktongense*）、小红菊（*Chrysanthemum chanetii*）、画眉草（*Eragrostis pilosa*）等；东北植物区、东蒙古草原亚区（NE、EMS）3 种，即轮叶马先蒿（*Pedicularis verticillata*）、沼繁缕（*Stellaria palustris*）、中间型荸荠（*Eleocharis intersita*）；东北植物区、东北平原亚区（NE、NEP）1 种，即蓬子菜（*Galium verum*）；华北植物区、东蒙古草原亚区（NC、EMS）2 种，即乳浆大戟（*Euphorbia esula*）、红瑞木（*Cornus alba*）；东蒙古草原亚区、东北平原亚区（EMS、NEP）共 4 种，即燥原荠（*Ptilotrichum cretaceum*）、草泽泻（*Alisma gramineum*）、褐毛蓝刺头（*Echinops dissectus*）、东北眼子菜（*Potamogeton mandshuriensis*）。

三区共有成分 105 种，占种子植物总数的 16.67%，其中包括大兴安岭植物区、东北植物区、华北植物区（DA、NE、NC）16 种，主要有大花剪秋萝（*Lychnis fulgens*）、西伯利亚远志（*Polygala sibirica*）、长白沙参（*Adenophora pereskiifolia*）、硬皮葱（*Allium ledebonrianum*）、兴安鹿药（*Smilacina davurica*）等；大兴安岭植物区、东北植物区、东蒙古草原亚区（DA、NE、EMS）21 种，如兴安落叶松（*Larix gmelini*）、兴安柳（*Salix hsinganica*）、白桦（*Betula platyphylla*）、小掌叶毛茛（*Ranunculus gmelinii*）、欧亚绣线菊（*Spiraea media*）、绢毛绣线菊（*Spiraea sericea*）、金露梅（*Potentilla fruticosa*）、刺蔷薇（*Rosa acicularis*）、石生悬钩子（*Rubus saxatilis*）、粗根老鹳草（*Geranium dahuricum*）等；大兴安岭植物区、东北植物区、东北平原植物亚区（DA、NE、NEP）共 23 种，如多叶棘豆（*Oxytropis myriophulla*）、兴安蓼（*Polygonum alpinum*）、毛脉酸模（*Rumex gmelinii*）、长叶水毛茛（*Batrachium kauffmanii*）、齿叶蓍（*Achillea acuminata*）、锯齿沙参（*Adenophora tricuspidata*）、龙江风毛菊（*Saussurea amurensis*）等；大兴安岭植物区、华北植物区、东北平原亚区（DA、NC、NEP）2 种，即睡菜（*Menyanthes trifoliata*）、兴安百里香（*Thymus dahuricus*）；东北植物区、华北植物区、东蒙古草原亚区（NE、NC、EMS）1 种，即高山露珠草（*Circaea alpina*）；东北植物区、华北植物区、东北平原亚区（NE、NC、NEP）共 14 种，主要代表种有皱叶酸模（*Rumex crispus*）、兴安石竹（*Dianthus versicolor*）、灰背老鹳草（*Geranium vlassowianum*）、东北牛防风（*Heracleum moellendorffii*）、小米草（*Euphrasia tatarica*）、茨藻（*Najas marina*）等；东北植物区、东蒙古草原亚区、东北平原亚区（NE、EMS、NEP）5 种，如小酸模（*Rumex acetosella*）、蒙古糖芥（*Erysimum flavum*）、大叶龙胆（*Gentiana macrophylla*）等；华北植物区、东蒙古草原亚区、东北平原亚区（NC、EMS、NEP）2 种，即穗状狐尾藻（*Myriophyllum spicatum*）、多叶隐子草（*Cleistogenes polyphylla*）；大兴安岭植物区、东蒙古草原亚区、东北平原亚区（DA、EMS、NEP）21 种，主要代表种有兴安鹅不食（*Arenaria capillaris*）、细叶白头翁（*Pulsatilla turczaninovii*）、山岩黄耆（*Hedysarum alpinum*）、多叶棘豆（*Oxytropis myriophylla*）、多茎野豌豆（*Vicia multicaulis*）、兴安老鹳草（*Geranium maximowiczii*）、贝加尔亚麻（*Linum baicalense*）等。

四区共有成分 155 种，占种子植物总数的 24.60%，其中包括大兴安岭植物区、东北植物区、华北植物区、东蒙古草原植物亚区（DA、NE、NC、EMS）24 种，主要有山杨（*Populus davidiana*）、卷边柳（*Salix siuzerii*）、黑桦（*Betula davurica*）、楼斗菜（*Aquilegia viridiflora*）、白八宝（*Hylotelephium pallescens*）、矮山黧豆（*Lathyrus humilis*）、东方野豌豆（*Vicia japonica*）、东北羊角芹（*Aegopodium alpestre*）、红花鹿蹄草（*Pyrola incarnata*）、聚花风铃草（*Campanula glomerata*）等；大兴安岭植物区、东北植物区、东蒙古草原亚区、东北平原亚区（DA、NE、EMS、NEP）共有 50 种，主要代表种如垂梗繁缕（*Stellaria radians*）、簇茎石竹（*Dianthus repens*）、旱麦瓶草（*Silene jenisseensis*）、二歧银莲花（*Anemone dichotoma*）、亚麻荠（*Camelina sativa*）、紫八宝（*Hylotelephium purpureum*）、绣线菊（*Spiraea salicifolia*）等；大兴安岭植物区、华北植物区、东蒙古草原植物亚区、东北平原植物亚区（DA、NC、EMS、NEP）共有 19 种，主要种如狼毒（*Stellera chamaejasme*）、鼬瓣花（*Galeopsis bifida*）、麻花头（*Serratula centauroides*）、铃兰（*Convallaria keiskei*）、硬质早熟禾（*Poa sphondylodes*）、狼针草（*Stipa baicalensis*）、额尔古纳早熟禾（*Poa argunensis*）等；东北植物区、华北植物区、东蒙古草原植物亚区、东北平原植物亚区（NE、NC、EMS、NEP）共有 17 种，主要有两栖蓼（*Polygonum amphibium*）、狼毒大戟（*Euphorbia pallasii*）、龙葵（*Solanum nigrum*）、

返顾马先蒿（*Pedicularis resupinata*）、野大豆（*Glycine soja*）、列当（*Orobanche coerulescens*）等；大兴安岭植物区、东北植物区、华北植物区、东北平原植物亚区（DA、NE、NC、NEP）共有 45 种，主要代表种如：蜻蜓兰（*Tulotis fuscescens*）、斑花杓兰（*Cypripedium guttatum*）、大穗薹草（*Carex rhynchophysa*）、密穗莎草（*Cyperus fuscus*）、浮萍（*Lemna minor*）、鸭跖草（*Commelina communis*）、伪泥胡菜（*Serratula coronata*）、兔儿伞（*Syneilesis aconitifolia*）、五福花（*Adoxa moschatellina*）、莓叶委陵菜（*Potentilla fragarioides*）、珍珠梅（*Sorbaria sorbifolia*）、乌腺金丝桃（*Hypericum attenuatum*）、翼果唐松草（*Thalictrum aquilegifolium* var. *sibiricum*）等。

五区共有 204 种，占种子植物总数的 32.38%，即大兴安岭植物区、东北植物区、华北植物区、东蒙古草原植物亚区、东北平原植物亚区（DA、NE、NC、EMS、NEP），主要代表种有钻天柳（*Chosenia arbutifolia*）、大黄柳（*Salix raddeana*）、三蕊柳（*Salix triandra*）、细柱柳（*Salix gracilistyla*）、朝鲜柳（*Salix koreensis*）、粉枝柳（*Salix rorida*）、细叶沼柳（*Salix rosmarinifolia*）、谷柳（*Salix taraikensis*）、蒿柳（*Salix viminalis*）、狭叶荨麻（*Urtica angustifolia*）、酸模（*Rumex acetosa*）、萹蓄蓼（*Polygonum aviculare*）、叉分蓼（*Polygonum divaricatum*）、种阜草（*Moehringia lateriflora*）、女娄菜（*Melandrium apricum*）、细叶繁缕（*Stellaria filicaulis*）、叉繁缕（*Stellaria dichotoma*）、千屈菜（*Lythrum salicaria*）、藜（*Chenopodium album*）、毛茛（*Ranunculus japonicus*）、石龙芮毛茛（*Ranunculus sceleratus*）、箭头唐松草（*Thalictrum simplex*）、芍药（*Paeonia lactiflora*）、白屈菜（*Chelidonium majus*）、垂果南芥（*Arabis pendula*）、葶苈（*Draba nemorosa*）、梅花草（*Parnassia palustris*）、龙牙草（*Agrimonia pilosa*）、毛山楂（*Crataegus maximowiczii*）、大果榆（*Ulmus macrocarpa*）、东北沼委陵菜（*Comarum palustre*）、山野豌豆（*Vicia amoena*）、山杏（*Armeniaca sibirica*）、地榆（*Sanguisorba officinalis*）、小白花地榆（*Sanguisorba tenuifolia* var. *alba*）、花楸（*Sorbus pohuashanensis*）、斜茎黄耆（*Astragalus adsurgens*）、草木樨黄耆（*Astragalus melilotoides*）、山黧豆（*Lathyrus quinquenervius*）、细叶益母草（*Leonurus sibiricus*）、轮叶腹水草（*Veronicastrum sibiricum*）等。

综上所述，额尔古纳国家级自然保护区组成植物在 5 个植物区中，分为 31 个地区类型，充分说明额尔古纳国家级自然保护区植物区系的复杂性与多样性。

2.3.7　与邻近地区分布区类型的比较

任何植物区系的形成和发展都与其邻近地区的植物区系存在着不同程度的联系。通过不同区域植物区系的比较分析，才能更深入地揭示其性质特征，进而把握植物区系的空间分布及演化规律。本书选择了与额尔古纳自然保护区邻近的其他 4 个保护区，即乌玛自然保护区、奎勒河自然保护区、毕拉河自然保护区及牛耳河自然保护区进行种子植物区系的比较分析。R/T 值即热带性质与温带性质属的比例，R/T 值越小，温带性质越强；反之，热带性质愈强；R/T 值 <1，说明该区系成分组成以温带成分为主。根据表 2-11，R/T 值由小到大的排列顺序为额尔古纳国家级自然保护区、乌玛自然保护区、牛耳河自然保护区、奎勒河自然保护区及毕拉河自然保护区，其中额尔古纳国家级自然保护区与乌玛自然保护

区的 R/T 值最为接近，这与两地地理位置相近有着直接的关系。同时，随着纬度的降低，R/T 值基本呈上升趋势，表现出较明显的纬度地带性规律。

表2-11 额尔古纳自然保护区与临近地区4个自然保护区种子植物区系比较

地区	地理位置	面积/km²	种类	属的区系成分	R/T
额尔古纳	120°00′26″E～120°58′02″E 51°29′25″N～52°06′00″N	1245	630	$R=14$；$T=299$	0.0468
乌玛	120°01′20″E～121°49′00″E 52°27′52″N～53°20′00″N	6593	724	$R=13$；$T=230$	0.0565
牛耳河	122°00′00″E～122°32′36″E 51°22′00″N～51°42′04″N	680	559	$R=11$；$T=183$	0.0601
奎勒河	123°27′E～123°52′E 50°08′N～50°25′N	696	764	$R=22$；$T=226$	0.0974
毕拉河	123°04′28.9″E～123°29′16.1″E 49°19′39.5″N～49°38′29.7″N	566	568	$R=32$；$T=200$	0.1600

注：R 为热带成分；T 为温带成分

2.3.8 额尔古纳国家级自然保护区种子植物生活型多样性

生活型是植物对环境条件适应方式和能力在其生理、结构尤其是外部形态上的具体反映，是植物群落研究中植物功能群划分的基础，植物群落的外貌在很大程度上是由优势植物种类的生活型决定的，群落的结构也与植物生活型的多样化程度有很大关系，另外，环境综合因素的改变必然也会反过来导致群落生活型谱的改变，受高纬度、高海拔山区植物生长季节短、湿度大等环境条件的影响，额尔古纳国家级自然保护区植物组成中居第一位的是草本地面芽植物；第二位的是草本地下芽植物；第三位的是高位芽植物，但其盖度大，决定了群落的外貌；第四位的是一年生植物；第五位的是地上芽植物；第六位的是寄生植物（表2-12）。

表2-12 额尔古纳国家级自然保护区种子植物生活型谱

生活型	种数	占种子植物/%
高位芽植物	57	9.05
地上芽植物	6	0.95
地面芽植物	479	76.03
地下芽植物	63	10.00
寄生植物	2	0.32
一年生植物	23	3.65
合 计	630	100

2.3.9 额尔古纳国家级自然保护区种子植物生态型多样性

生态型是指种内个体对某一特定生境发生因基因反应产生的类型，它是同一种生物对不同环境条件趋异适应的结果，是种内的分化定型过程。根据调查统计分析，额尔古纳国家级自然保护区种子植物中居第一位的是中生植物，第二位的是湿生植物，第三位的是旱生植物，第四位的是沼生植物，第五位的是水生植物（表 2-13）。

表 2-13　额尔古纳国家级自然保护区种子植物生态型谱

生态型	种数	占种子植物/%
水生植物	26	4.13
沼生植物	30	4.76
湿生植物	137	21.75
中生植物	390	61.90
旱生植物	47	7.46
合　计	630	100

2.3.10　珍稀濒危及重点保护植物

1. 国家级珍稀濒危植物

按 1999 年 9 月 4 日国务院批准颁布的《国家重点保护野生植物名录（第一批）》规定的保护种类，本保护区属于国家 II 级珍稀濒危植物的有 3 种，分别是钻天柳（*Chosenia arbutifolia*）、浮叶慈姑（*Sagittaria natans*）和野大豆（*Glycine soja*），占国家重点保护植物 297 种的 1.01%。

（1）钻天柳 *Chosenia arbutifolia*（Pall.）A. Skv.

杨柳科，钻天柳属，国家 II 级重点保护野生植物。

形态特征：落叶乔木，高可达 20～30m，胸径达 0.5～1m。树冠圆柱形，树皮褐灰色。小枝无毛，黄色带红色或紫红色，有白粉。芽扁卵形，长 2～5mm，有光泽，有 1 枚鳞片。叶长圆状披针形至披针形，长 5～8cm，宽 1.5～2.3cm，先端渐尖，基部楔形，两面无毛，上面灰绿色，下面苍白色，常有白粉，边缘稍有锯齿或近全缘；叶柄长 5～7mm；无托叶。花序先叶开放；雄花序开放时下垂，长 1～（3）cm，轴无毛，雄蕊 5，短于苞片，着生于苞片基部，花药球形，黄色；苞片倒卵形，不脱落，外面无毛，边缘有长缘毛，无腺体；雌花序直立或斜展，长 1～2.5cm，轴无毛；子房近卵状长圆形，有短柄，无毛，花柱 2，明显，每花柱具有 2 裂的柱头；苞片倒卵状椭圆形，外面无毛，边缘有长毛，脱落。花期 5 月，果期 6 月。

生境：喜光，耐寒。生于河边、沙石滩中。

地理分布：内蒙古、黑龙江、吉林、辽宁及河北；朝鲜、俄罗斯（远东地区）、日本也有分布。在额尔古纳国家级自然保护区的河流两岸广泛分布。

保护价值：该属全世界只有 1 种，其进化上介于柳属和杨属之间，对杨柳科植物进化的研究具有重要价值。木材质软，褐色，供建筑材、家具、造纸等用，在东北林区常供作菜墩用；也是树姿优美的观赏树种，目前在东北山区蓄积量较少。一般只用种子繁殖，插条不易成活。

（2）浮叶慈姑 *Sagittaria natans* Pall.

泽泻科，慈姑属，国家 II 级重点保护野生植物。

形态特征：水生草本。根状茎匍匐。沉水叶披针形，或叶柄状；浮水叶宽披针形、椭圆形、箭形，长 5~17cm；箭形叶在顶裂片与侧裂片之间溢缩，或否，顶裂片长 4.5~12cm，宽 0.7~7cm，先端急尖、钝圆或微凹，叶脉 3~7 条，平行，侧裂片稍不等长，长 1.2~6cm，向后直伸或多少向两侧斜展，末端钝圆或渐尖，叶脉 3 条；叶柄长 20~50cm，或更长，基部鞘状，下部具横脉，向上渐无。花葶高 30~50cm，粗壮，直立，挺水。花序总状，长 5~25cm，具花 2~6 轮，每轮（2~）3 花，苞片基部多少合生，膜质，长 3~10mm，先端钝圆或渐尖。花单性，稀两性；外轮花被片长 3~4mm，宽约 3mm，广卵形，先端近圆形，边缘膜质，不反折，内轮花被片白色，长 8~10mm，宽约 5.5mm，倒卵形，基部缢缩；雌花 1~2 轮，花梗长 0.6~1cm，粗壮，心皮多数，两侧压扁，分离，密集呈球形；花柱自腹侧伸出，斜上；雄花多轮，有时具不孕雌蕊，雄蕊多数，不等长；花丝长 0.5~1mm，或稍长，通常外轮较短，花药长 1~1.5mm，黄色，椭圆形至矩圆形。瘦果两侧压扁，背翅边缘不整齐，斜倒卵形，长 2~3mm，宽 1~2.2mm，果喙位于腹侧，直立或斜上。花果期 6~9 月。

生境：生于池塘、水甸子、小溪及沟渠等静水或缓流水体中。

地理分布：黑龙江、吉林、辽宁、内蒙古、新疆等省区；欧洲、日本、朝鲜、俄罗斯（西伯利亚和远东地区）亦有分布。在额尔古纳国家级自然保护区有些河流的河湾处、泡沼的浅水环境中可见其生长，呈零星分布。

保护价值：浮叶慈姑（小慈姑）的球茎可食用，其叶可作家畜饲料。除了经济价值外，更重要的是浮叶慈姑作为慈姑属分布的狭域种，对研究该属植物的种系发展和系统演化方面均具有重要意义。

（3）野大豆 *Glycine soja* Sieb. *et* Zucc.

豆科，大豆属，国家 II 级重点保护野生植物。

形态特征：一年生缠绕草本，茎细弱，各部有黄色长硬毛；叶具 3 小叶，顶生小叶卵状披针形，长 1~5cm，宽 1~2.5cm，先端急尖，基部圆形，两面生白色短柔毛，侧生小叶斜卵状披针形；托叶卵状披针形，急尖，有黄色柔毛，小托叶狭披针形，有毛。总状花序腋生；花梗密生黄色长硬毛；萼钟状，密生黄色长硬毛，5 齿裂，裂片三角状披针形，先端锐尖；花冠紫红色，长约 4mm，旗瓣近圆形，先端微凹，基部具短爪，翼瓣歪倒卵形，有耳，龙骨瓣较旗瓣及翼瓣短；荚果矩形，长约 3cm，密生黄色长硬毛；种子 2~4粒，黑色。

生境：灌丛、河边或湖边湿草地，稀见于林下。

地理分布：分布于东北、河北、山东、甘肃、陕西、四川、安徽、湖南、湖北；朝鲜、俄罗斯（远东地区）、日本也有分布。在额尔古纳国家级自然保护区仅在额尔古纳河边有零散分布。

保护价值：种子富含蛋白质、油脂，除供食用外，还可榨油及药用，有强壮利尿、平肝敛汗之效；茎叶、油粕是优良饲料；也是栽培大豆育种工作的重要种源。

2. 省级（自治区级）野生保护植物

根据赵一之教授提出的内蒙古自治区内珍稀濒危植物名录统计,保护区内内蒙古自治区级保护植物有 20 种,占保护区种子植物的 3.17%。

（1）偃松 *Pinus pumila*（Pall.）Regel.

松科,松属。

形态特征:灌木,高达 3～6m,树干通常伏卧状,基部多分枝,匍匐的大枝可长达 10m 或更长,生于山顶则近直立丛生状;树皮灰褐色,裂成片状脱落;一年生枝褐色,密被柔毛,二、三年生枝暗红褐色;冬芽红褐色,圆锥状卵圆形,先端尖,微被树脂。针叶 5 针一束,较细短,硬直而微弯,长 4～6cm,径约 1mm,边缘锯齿不明显或近全缘,背面无气孔线,腹面每侧具 3～6 条灰白色气孔线;横切面近梯形,皮下层细胞单层,树脂道通常 2 个,生于背面,很少 1 个,腹面无树脂道;叶鞘早落。雄球花椭圆形,黄色,长约 1cm;雌球花及小球果单生或 2～3 个集生,卵圆形,紫色或红紫色。球果直立,圆锥状卵圆形或卵圆形,成熟时淡紫褐色或红褐色,长 3～4.5cm,径 2.5～3cm;成熟后种鳞不张开或微张开;种鳞近宽菱形或斜方状宽倒卵形,鳞盾宽三角形,上部圆,背部厚隆起,边缘微向外反曲,下部底边近截形,鳞脐明显,紫黑色,先端具突尖,微反曲;种子生于种鳞腹面下部的凹槽中,不脱落,暗褐色,三角状倒卵圆形,微扁,长 7～10mm,径 5～7mm,无翅,仅周围有微隆起的棱脊。花期 6～7 月,球果第 2 年 9 月成熟。

生境:阳性树种,但稍耐庇荫,耐寒,抗风。在大兴安岭地区生于海拔 700m 以上的山坡或山顶。

地理分布:大兴安岭、小兴安岭及张广才岭高海拔地带;吉林（长白山）、内蒙古。朝鲜、俄罗斯（东西伯利亚和远东地区）和日本。额尔古纳国家级自然保护区在海拔 800m 以上地区有分布。

保护价值:种子可食,含油率达 60%,可榨油,供食用及工业用;其顶芽可入药,另外,其对水土保持有积极作用。

（2）樟子松 *Pinus sylvestris* L. var. *mongolica* Litv.

松科,松属。

形态特征:乔木,高达 25m,胸径可达 80cm;大树树皮厚,树干下部灰褐色或黑褐色,深裂成不规则的鳞片状脱落,上部树皮及枝皮黄色至褐黄色,内侧金黄色,裂成薄片脱落;枝斜展或平展,幼树树冠尖塔形,老则呈圆顶或平顶,树冠稀疏;一年生枝淡黄褐色,无毛,二、三年生枝呈灰褐色;冬芽褐色或淡黄褐色,长卵圆形,有树脂。针叶 2 针一束,硬直,常扭曲,长 4～9cm,径 1.5～2mm,先端尖,边缘有细锯齿,两面均有气孔线;横切面半圆形,微扁,皮下层细胞单层,树脂道 6～11 个,边生;叶鞘基部宿存,黑褐色。雄球花圆柱状卵圆形,长 5～10mm,聚生新枝下部;雌球花有短梗,淡紫褐色,当年生小球果长约 1cm,下垂。球果卵圆形或长卵圆形,长 3～6cm,径 2～3cm,成熟前绿色,熟时淡褐灰色,熟后开始脱落;中部种鳞的鳞盾多呈斜方形,纵脊横脊显著,肥厚隆起,多反曲,鳞脐呈瘤状突起;种子黑褐色,长卵圆形或倒卵圆形,微扁,长 4.5～5.5mm,连翅长 1.1～1.5cm;子叶 6～7 枚,长 1.3～2.4cm;初生叶条形,长 1.8～2.4cm,上面有凹槽，边缘有较密的细锯齿，叶面上亦有疏生齿毛。花期5～6月，球果第2年9～10月成熟。

生境：生于山脊、向阳山坡、较干旱的沙地及石砾沙质地。

地理分布：主要分布在大兴安岭海拔400～1000m的山地阳坡或山脊。在海拉尔以西的嵯岗经海拉尔西山向南，经红花尔基至伊尔施，呈断断续续块状或带状分布，最南可达内蒙古锡林郭勒盟的宝格达山。此外在小兴安岭的爱辉、逊克、汤旺河等地有少量分布，蒙古、俄罗斯（西伯利亚）也有分布。在额尔古纳自然保护区生于海拔450m以上的山地。

保护价值：材质较硬，纹理直，可供建筑、家具等用材、树干可割树脂，提取松香及松节油，树皮可提取栲胶。树形及树干均较美观，可作庭园观赏和绿化树种。由于具有耐旱、抗旱、耐瘠薄及抗风等特性，可作三北地区防护林及固沙造林的主要树种。由于人为采伐和天然火灾，种群逐渐缩小，成渐危种。

（3）西伯利亚刺柏 *Juniperus sibirica* Burgsd.

柏科，刺柏属。

形态特征：匍匐灌木，高30～70cm；枝皮灰色，小枝密，粗壮，径约2mm。刺状叶三叶轮生，斜伸，通常稍成镰状弯曲，披针形或椭圆状披针形，先端急尖或上部渐窄成锐尖头，长7～10mm，宽1～1.5mm，上面稍凹，中间有1条较绿色边带为宽的白粉带，间或中下部有微明显的绿色中脉，下面具棱脊。球果圆球形或近球形，径5～7mm，熟时褐黑色，被白粉，通常有3粒种子，间或1～2粒；种子卵圆形，顶端尖，有棱角，长约5mm。

生境：阳性树种，耐寒，耐干旱及薄层土壤、抗风力强，生于砾石山地及疏林下。

地理分布：分布于内蒙古的大兴安岭山区，黑龙江、吉林（长白山）、新疆（阿尔泰山）、西藏。朝鲜、俄罗斯（中亚地区及西伯利亚）等地、日本、阿富汗至喜马拉雅山也有分布。在额尔古纳国家级自然保护区海拔800m以上的碎石块山顶有分布。

保护价值：分散生于满布碎石的山顶部。成为大兴安岭山区亚高山矮曲林的少数组成树种之一。该种目前保护较好，破坏不大，为稀有树种，又是观赏和药用树种。

（4）兴安圆柏 *Juniperus sabina* var. *davurica*

柏科，刺柏属。

形态特征：常绿匍匐灌木；树皮紫褐色，裂为薄片脱落；叶两型，常同时出现在生殖枝上，刺形叶交叉对生，常较细长，斜展或近直立，排列疏松，窄披针形，先端渐尖；鳞叶交叉对生，排列紧密，菱状卵形或斜方形，叶背中部有腺体；雄球花卵圆形，雌球花着生于向下弯曲的小枝顶端，球果常呈不规则扁球形，成熟时暗褐色至蓝紫色，被白粉，种子卵圆形，棱脊不明显。花期6月，果期第2年8月。

生境：耐寒、抗风力强、耐贫瘠，喜生于多石山地或山峰岩缝中，或生于砂丘。

地理分布：在黑龙江、吉林（长白山）有分布。朝鲜北部、蒙古、俄罗斯（东西伯利亚和远东地区）也有分布。

保护价值：虽为喜光树种，但稍耐阴，生于林下或单独或为灌丛。兴安圆柏为濒危种，分布区狭窄，在基因保存方面具有重要保护价值。它是山地保持水土树种。

（5）兴安翠雀 *Delphinium hsinganense* S. H. Li *et* Z. F. Fang

毛茛科，翠雀属。

形态特征：高 75～95cm，近无毛或有稀疏的反曲短柔毛，等距地生叶，上部分枝。基生叶及茎下部叶在开花时枯萎。茎中部叶有较长柄；叶片五角形，长 4.5～5.5cm，宽 6.5～10cm，三深裂至距基部 2～4mm 处，中深裂片菱形，渐尖，三浅裂，二回裂片有不等大的粗牙齿，侧深裂片不等三深裂，两面疏被短曲毛；叶柄长 5.5～7.5cm。总状花序长约 20cm，约有 9 花；轴及花梗被曲柔毛，在上部毛较密；下部苞片叶状，上部的长圆形至钻形；花梗长 2.5～7cm；小苞片距花 3～18mm，多为钻形，长 3～5mm，少数线形，长达 8mm；萼片蓝色，狭卵形或狭椭圆形，长 1.4～1.7cm，外面有短柔毛，距圆筒状钻形或钻形，长 1.6～1.8cm，基部粗 3～4mm，直或末端稍向下弧状弯曲；花瓣紫蓝色，无毛；退化雄蕊蓝色，瓣片宽椭圆形，长约 5mm，顶端微凹，腹面有淡黄色髯毛，爪长约 6mm；雄蕊无毛或花丝有短毛；心皮 3，子房密被开展的短柔毛。蓇葖果长 1.7～2cm；种子近四面体形，长 1.5～2mm，沿棱有翅。6～7 月开花。

生境：生于河边、林缘。

地理分布：兴安翠雀是中国特有种，分布于黑龙江及内蒙古东部地区。在额尔古纳国家级自然保护区零散分布。

保护价值：该种是近代发现的新类群，产于内蒙古东部及黑龙江，为本区域特产种，是稀有植物，故应加以保护。

（6）兴安升麻 *Cimicifuga dahurica*（Turcz. ex Fischer *et* C. A. Meyer）Maxim.

毛茛科，升麻属。

形态特征：雌雄异株。根状茎粗壮，多弯曲，表面黑色，有许多下陷圆洞状的老茎残基。茎高达 1m 余，微有纵槽，无毛或微被毛。下部茎生叶为二回或三回三出复叶；叶片三角形，宽达 22cm；顶生小叶宽菱形，长 5～10cm，宽 3.5～9cm，三深裂，基部通常微心形或圆形，边缘有锯齿，侧生小叶长椭圆状卵形，稍斜，表面无毛，背面沿脉疏被柔毛；叶柄长达 17cm。茎上部叶似下部叶，但较小，具短柄。花序复总状，雄株花序大，长达 30cm，具分枝 7～20 余条，雌株花序稍小，分枝也少；轴和花梗被灰色腺毛和短毛；苞片钻形，渐尖；萼片宽椭圆形至宽倒卵形，长 3～3.5mm；退化雄蕊叉状二深裂，先端有 2 个乳白色的空花药；花药长约 1mm，花丝丝状，长 4～5mm；心皮 4～7，疏被灰色柔毛或近无毛，无柄或有短柄。蓇葖果生于长 1～2mm 的心皮柄上，长 7～8mm，宽 4mm，顶端近截形被贴伏的白色柔毛；种子 3～4 粒，椭圆形，长约 3mm，褐色，四周生膜质鳞翅，中央生横鳞翅。7～8 月开花，8～9 月结果。

生境：生于林下及林缘。

地理分布：黑龙江、吉林、辽宁、内蒙古、河北、山西。朝鲜、蒙古、俄罗斯（东西伯利亚和远东地区）。在额尔古纳国家级自然保护区有一定分布。

保护价值：具有较高的药用价值，但资源储量较小。

（7）芍药 *Paeonia lactiflora* Pall.

芍药科，芍药属。

形态特征：多年生草本。茎高 60～80cm，无毛。茎下部叶为二回三出复叶；小叶狭卵形、披针形或椭圆形，长 7.5～12cm，边缘密生骨质白色小齿，下面沿脉疏生短柔毛；叶柄长 6～10cm。花顶生并腋生，直径 5.5～10cm；苞片 4～5，披针形，长 3～6.5cm；

萼片 4，长 1.5～2cm；花瓣白色或粉红色，9～13，倒卵形，长 3～5cm，宽 1～2.5cm；雄蕊多数；花盘浅杯状，包裹心皮基部，顶端裂片钝圆，心皮 4～5，无毛；蓇葖果顶端具喙。花期 5～6 月，果期 8 月。

生境：生于草甸、沟谷、山坡草地及杂木林中。

地理分布：黑龙江、吉林、辽宁、内蒙古、河北、陕西、甘肃。朝鲜、日本、蒙古、俄罗斯（东西伯利亚和远东地区）。在额尔古纳国家级自然保护区有零散分布。

保护价值：具有较高的观赏及药用价值。

（8）刺叶小檗 *Berberis sibirica* Pall.

小檗科，小檗属。

形态特征：落叶灌木，高 0.5～1m。老枝暗灰色，无毛，幼枝被微柔毛，具条棱，带红褐色；茎刺 3～7 分叉，细弱，长 3～11mm，有时刺基部增宽略呈叶状。叶纸质，倒卵形，倒披针形或倒卵状长圆形，长 1～2.5cm，宽 5～8mm，先端圆钝，具刺尖，基部楔形，上面深绿色，背面淡黄绿色，不被白粉，两面中脉、侧脉和网脉明显隆起，侧脉 4～5 对，斜上至近叶缘联结，叶缘有时略呈波状，每边具 4～7 硬直刺状牙齿；叶柄长 3～5mm。花单生；花梗长 7～12mm，无毛；萼片 2 轮，外萼片长圆状卵形，长约 4mm，宽 2mm，内萼片倒卵形，长约 4.5mm，宽约 2.5mm；花瓣倒卵形，长约 4.5mm，宽约 2.5mm，先端浅缺裂，基部具 2 枚分离的腺体；雄蕊长 2.5～3mm，药隔先端平截；胚珠 5～8 枚。浆果倒卵形，红色，长 7～9mm，直径 6～7mm，顶端无宿存花柱，不被白粉。花期 5～7 月，果期 8～9 月。

生境：为阳性、耐寒、耐旱、耐贫瘠树种，常生于石砾多的山坡林缘或空旷地。

地理分布：分布于内蒙古、黑龙江大兴安岭山区。蒙古、俄罗斯（西伯利亚）也有分布。在额尔古纳国家级自然保护区内少量分布。

保护价值：该种为稀有树种，又是重要的药用植物，其根皮可替代小檗（*Berberis amurensis*）。根皮入药，主治痢疾、肠炎、角膜炎、口疮、气管炎等症，也可外用治疮毒湿疹，该种是小檗属在我国分布最北的一种，有着重要的研究价值。

（9）水葡萄茶藨子 *Ribes procumbens* Pall.

虎耳草科，茶藨子属。

形态特征：落叶蔓性小灌木，高仅 20～40cm；枝斜生或横生，常蔓延生根，小枝灰褐色，皮稍呈条状剥裂，嫩枝黄褐色或棕色，无柔毛，疏生黄色腺点，无刺；芽长圆形或椭圆形，长 4～7mm，先端急尖或稍圆钝，具数枚浅褐色或棕色鳞片，边缘有柔毛。叶圆状肾形，长 2.5～6cm，宽达 8cm，基部截形至浅心脏形，上面暗绿色，光滑无毛，下面散生黄色芳香腺体，无毛，稀沿叶脉微具柔毛，掌状 3～5 裂，裂片卵圆形，先端圆钝，顶生裂片与侧生裂片近等长，边缘具粗大钝锯齿；叶柄长 2～4cm，无毛或幼时疏生柔毛，具黄色腺体，有时混生疏腺毛。花两性；总状花序长 2～4cm，具花 6～12 朵；花序轴和花梗无毛；花梗长 2～6mm；苞片短小，宽三角状卵圆形，长 0.7～1.5mm，宽稍大于长，先端圆钝，边缘微具柔毛或无毛，有时无苞片；花萼外面具柔毛，稀混生少数腺体；萼筒盆形，长 1～1.5mm，宽 1.5～2mm，浅绿色；萼片卵圆形或卵状椭圆形，长 2～3.5mm，宽 1.5～2.5mm，先端圆钝，紫红色，具 3 脉，常反折；花瓣近扇形或倒卵圆形，长 1～1.5mm，宽稍大于长，先端平截，无毛；雄蕊几与花瓣近等长，花丝稍长于花药，花药近圆形；子房无柔毛或疏生黄色腺体；花柱不分裂或仅柱头 2 裂。果实卵球形，直径 1～1.3cm，未熟时绿色，熟时紫褐色，无柔毛，疏生黄色腺体。花期 5～6 月，果期 7～8 月。

生境：喜湿润，耐寒，生于山地溪流旁。

地理分布：分布于内蒙古境内大兴安岭，黑龙江省呼玛、漠河、塔河也有分布。朝鲜北部、蒙古、俄罗斯（远东地区）也有分布。在额尔古纳保护区内常成片分布。

保护价值：果实酸甜、可食或制果酱、果汁或酿酒，并入药。

（10）光叶山楂 *Crataegus dahurica* Koehne ex Schneid.

蔷薇科，山楂属。

形态特征：落叶灌木或小乔木，高达 6m，枝条开展；刺细长，长 1～2.5cm，有时无刺；小枝细弱，微屈曲，圆柱形，无毛，紫褐色，有光泽，散生长圆形皮孔；冬芽近圆形或三角卵形，先端急尖，无毛，有光泽；叶片菱状卵形。稀椭圆卵形至倒卵形，长 3～5cm，宽 2.5～4cm，先端渐尖，基部下延，呈楔形至宽楔形，边缘有细锐重锯齿，基部锯齿少或近全缘，在上半部或 2/3 部分有 3～5 对浅裂，裂片卵形，先端短渐尖或急尖，两面均无毛，上面有光泽；叶柄长 7～10mm，有窄叶翼，无毛；托叶草质，披针形或卵状披针形，长 6～8mm，先端渐尖，边缘有锯齿，齿尖有腺体，两面无毛。复伞房花序，直径 3～5cm，多花，总花梗和花梗均无毛，花梗长 8～10mm；苞片膜质，线状披针形，长约 6mm，边缘有齿，无毛；花直径约 1cm；萼筒钟状，外面无毛；萼片线状披针形，长约 3mm，先端渐尖，全缘或有 1～2 对锯齿，两面均无毛；花瓣近圆形或倒卵形，长 4～5mm，宽 3～4mm，白色；雄蕊20，花药红色；花柱 2～4，基部无毛，柱头头状；果实近球形或长圆形，直径 6～8mm，橘红色或橘黄色；萼片宿存，反折；小核 2～4，两面有凹痕。花期 5 月，果期 8 月。

生境：该种耐寒，是偏阳性树种，但耐庇荫，常散生于河岸、山麓的兴安落叶松、白桦混交林或阔叶林中。

地理分布：分布于黑龙江和内蒙古。蒙古、俄罗斯（东西伯利亚和远东地区）也有分布。在额尔古纳国家级自然保护区内呈零散分布。

保护价值：果实可食，又可入药。有健脾消食、生津止渴、扩张血管之功效，又是观赏绿化树种，属渐危树种。

（11）兴安百里香 *Thymus dahuricus* Serg.

唇形科，百里香属。

形态特征：矮小灌木；茎多分枝，斜升或匍匐，有疏柔毛；不育枝生自基部或末端或直接从根茎中生出，近直立或匍匐，四棱，带紫色，有密柔毛，常多少在节间两面交互对生；节间短，常较叶短。叶线状披针形或线状倒披针形，先端钝头，基部渐狭成窄楔形，边缘全缘，常有密短缘毛，下部或基部混有疏长缘毛，上面绿色，有疏短柔毛或近无毛，下面淡绿色，无毛，两面有淡褐绿色腺点；近无柄。轮伞花序紧密排成头状；苞叶与叶同形；花柄短，有密白长柔毛；花萼管状钟形，带紫色，有黄色腺点及明显隆起的脉，上部近无毛，下部有长柔毛，上唇的齿宽披针状，边缘有疏长缘毛；花冠粉红色或淡紫色，外面有长柔毛，内面有疏长柔毛，两面有疏黄色腺点。小坚果近球形，暗褐色，光滑。花期

7月，果期9月。

生境：喜光，耐寒，耐干旱及瘠薄土壤，生于干旱的砾石坡地上。

地理分布：分布于内蒙古东部（大兴安岭），在吉林、辽宁西部、黑龙江省呼玛县（大兴安岭北部）也有分布。俄罗斯（西伯利亚和远东地区）、蒙古也有分布。在额尔古纳国家级自然保护区干旱山坡上广泛分布。

保护价值：该种为芳香油植物，可供香料和食品工业用；又是砾石坡地的先锋植物，为稀有种。

（12）越桔 *Vaccinium vitis-idaea* L.

杜鹃花科，越桔属。

形态特征：匍匐小灌木，地下茎长，地上茎高10cm左右，直立，有白微柔毛。芽椭圆形，淡褐色，有毛。叶革质，椭圆形或倒卵形，长1～2cm，宽8～10mm，顶端圆，常微缺，基部楔形，边缘有细睫毛，上部具微波状锯齿，下面淡绿色，散生腺体，叶柄短，有微毛。花2～8朵成短总状花序，生于去年生的枝顶，稍下垂；小苞片2，卵形，脱落；总轴和花梗密生微毛；花萼短，钟状，4裂，无毛；花冠钟状，白色或水红色，直径5mm，4裂；雄蕊8，花丝有毛，花药不具距；子房下位。浆果球形，直径约7mm，红色。花期6～7月，果熟期8月。

生境：高山草甸及疏林下。

地理分布：黑龙江、吉林、辽宁、内蒙古、新疆。朝鲜、日本、蒙古、俄罗斯、欧洲、北美也有分布。在额尔古纳国家级自然保护区内林下广泛分布。

保护价值：果实供食用，叶片供药用，也具有较高的观赏价值。

（13）笃斯越桔 *Vaccinium uliginosum* L.

杜鹃花科，越桔属。

形态特征：小灌木，高15～80cm；树皮紫褐色或带红褐色，有光泽，多分枝；叶互生，倒卵形、椭圆形或长卵形，先端钝或微凹，基部宽楔形，上面绿色，下面灰绿色，叶脉网状，全缘；叶柄极短。花1～3朵，着生于上年的小枝上，花下垂；花冠常呈坛形或铃形。花瓣基部联合，外缘4或5裂，白色或粉红色，雄蕊8～10个，短于花柱；子房下位，4～5室，花柱宿存。浆果，成熟时果实呈蓝黑色；果实有球形、椭圆形、扁圆形或梨形，具白霜。花期6月；果熟期7～8月。

生境：耐水湿，喜阳，常生于湿草甸或湿润山坡及疏林下，常集中成片生长。

地理分布：分布于内蒙古和黑龙江两省的大兴安岭，黑龙江小兴安岭及吉林山区也有分布。朝鲜北部、蒙古、俄罗斯、日本、欧洲、北美也有分布。在额尔古纳国家级自然保护区内，从低海拔可分布到亚高山矮曲林带，常聚集成片。

保护价值：笃斯越桔果实味美，酸甜，可食，或酿酒、制果酱、饮料、色素，为重要的珍贵野生小浆果，具有重要的经济价值。

（14）北极花 *Linnaea borealis* L.

忍冬科，北极花属。

形态特征：常绿、匍匐小灌木；茎细，被短柔毛。叶近圆形，有时呈倒卵形，长达12mm，边疏具浅齿，通常具睫毛，上面疏生柔毛。花序生于小枝顶端，具2花；花有长梗，白色至粉红色，芳香；萼筒具微毛和腺毛，裂片 5，钻状披针形，长约 2.5mm，有短柔毛；花冠钟状，长 7~9mm，内有柔毛，裂片 5；雄蕊 4，着生于花冠中部以下，稍有长短，不伸出花冠之外；子房 3 室，花柱细长，超出花冠。瘦果卵形，熟时黄色，长约 3mm，具 1 核。花期 6 月，果熟期 8 月。

生境：本种耐阴湿，生于寒温性暗针叶林或亚高山带针叶林下。北极花在内蒙古较少，对研究寒温带植物区系有重要的科研价值。

地理分布：分布于内蒙古、黑龙江、吉林、辽宁、新疆。朝鲜、蒙古、日本、俄罗斯、北欧、北美也有分布。在额尔古纳国家级自然保护区海拔 700m 以上有分布。

（15）东亚岩高兰 *Empetrum nigrum* L. var. *japonicum* K. Koch.

岩高兰科，岩高兰属。

形态特征：常绿小灌木，茎匍匐或斜生，高 20~50cm；分枝较多，枝红褐色，幼枝具黄色腺点及白色短卷毛；芽卵圆形，黄绿色。叶互生，有时交互对生或近轮生，线形至线状长圆形，革质，长 3~5mm，宽 1~1.5mm，幼时有疏腺毛，上面中脉凹陷，基部有关节，近无柄。花单性或两性，雌雄异株或同株，腋生，形小；雄花具短梗，小苞片 4，鳞片状；萼片 3，卵形或椭圆形，长 1mm，黄绿色；花瓣 3，紫红色，倒卵形，长约 2mm，上部边缘内卷，具齿，雄蕊 3。花丝线形，长 41mm，花药椭圆形，子房退化；雌花几无梗，小苞片 4，萼片 3，圆形，长约 1.5mm，花瓣长圆形，长约 2mm，具齿，雄蕊退化，子房上位，6~9 室，花柱短，柱头辐射状 6~9 裂。浆果状核果球形，直径 5~8mm，成熟时紫黑色，具 6~9 核，每核具 1 粒种子。花期 6~7 月，果熟期 7~8 月。

生境：本种仅分布在大兴安岭地区亚高山矮曲林带，为稀有矮小灌木，很少见。具有耐寒、耐旱、耐贫瘠、喜光和抗风等特性，生长期短，对土壤要求不苛，常生于碎石块裸露的山顶部，常与树木稀少的偃松矮曲林伴生。

地理分布：分布于黑龙江、吉林、内蒙古。朝鲜、日本、蒙古、俄罗斯等也有分布。在额尔古纳国家级自然保护区分布于海拔 800m 以上的矮曲林带。

保护价值：岩高兰科在我国仅有东亚岩高兰一个变种。它在研究植物区系、植物地理和植物系统发育等方面有一定的科学价值。此外，果味甜酸，可食，又可入药，为珍稀物种。

（16）黄耆 *Astragalus membranaceus*（Fisch.）Bunge. *in* Mem. Acad. Sci.

豆科，黄耆属。

形态特征：高大草本。茎高 60~150cm，有长柔毛。羽状复叶；小叶 21~31，卵状披针形或椭圆形，长 7~30mm，宽 4~10mm，两面有白色长柔毛；叶轴有长柔毛；托叶狭披针形，长约 6mm，有白色长柔毛。总状花序腋生；花下有条形苞片；花萼筒状，长约 5mm，萼齿短，有白色长柔毛；花冠白色，旗瓣无爪，较翼瓣和龙骨瓣长，翼瓣、龙骨瓣有长爪；子房有毛，有子房柄。荚果膜质，膨胀，卵状矩圆形，有长柄，有黑色短柔毛。花期 6~8 月，果期 7~9 月。

生境：本种为深根性植物，喜凉爽气候，有较强的抗旱、耐寒能力，不耐热、不耐涝。喜生于干旱阔叶林或中生灌丛中，以及林缘、林间草地、疏林下和草甸等处。

地理分布：该种主要分布于大兴安岭、小兴安岭、张广才岭、老爷岭及完达山脉等地区；在内蒙古、吉林、辽宁也有分布。朝鲜北部、俄罗斯（远东地区和西伯利亚）也有分布。在额尔古纳国家级自然保护区有分布，但储量较少。

保护价值：黄耆根是一种名贵的传统中药材。另外，它对于研究黄耆属的起源、进化及在研究欧亚大陆和北美洲黄耆属植物的关系上均具有重要的学术价值。其根茎水浸出液，对马铃薯晚疫病有抑制作用。长期大量采挖，野生药源急剧减少，为渐危种。

（17）草苁蓉 *Boschniakia rossica*（Cham *et* Schlecht.）**B. Fedtsch. *et* Flerov**

列当科，草苁蓉属。

形态特征：植株高 15～35cm，近无毛。根状茎横走，圆柱状，通常有 2～3 条直立的茎，茎不分枝，粗壮，中部直径 1.5～2cm，基部增粗。叶密集生于茎近基部，向上渐变稀疏，三角形或宽卵状三角形，长、宽为 6～8（～10）mm。花序穗状，圆柱形，长 7～22cm，直径 1.5～2.5cm；苞片 1 枚，宽卵形或近圆形，长 5～8mm，宽 5～10mm，外面无毛，边缘被短柔毛；小苞片无；花梗长 1～2mm，或几无梗，果期可伸长到 5～8mm。花萼杯状，长 5～7mm，顶端不整齐地 3～5 齿裂；裂片狭三角形或披针形，不等长，后面 2 枚常较小或近无，前面 3 枚长 2.5～3.5mm，边缘被短柔毛。花冠宽钟状，暗紫色或暗紫红色，筒膨大成囊状；上唇直立，近盔状，长 5～7mm，边缘被短柔毛，下唇极短，3 裂，裂片三角形或三角状披针形，长 2～2.5mm，常向外反折。雄蕊 4 枚，花丝着生于距筒基部 2.5～3.5mm 处，稍伸出花冠之外，长 5.5～6.5mm，基部疏被柔毛，向上渐变无毛，花药卵形，长约 1.2mm，无毛，药隔较宽。雌蕊由 2 合生心皮组成，子房近球形，直径 3～4mm，胎座 2，横切面"T"形，花柱长 5～7mm，无毛，柱头 2 浅裂。蒴果近球形，长 8～10mm，直径 6～8mm，2 瓣开裂，顶端常具宿存的花柱基部，斜喙状。种子椭圆球形，长约 0.4～0.5mm，直径约 0.2mm，种皮具网状纹饰，网眼多边形，不呈漏斗状，网眼内具规则的细网状纹饰。花期 5～7 月，果期 7～9 月。

生境：本种耐寒、耐瘠薄，常寄生于东北赤杨的根部，随寄主生于岩石缝隙或陡峭的山坡上。

地理分布：分布于黑龙江省大兴安岭、小兴安岭一带及东南部地区，内蒙古、吉林有分布。朝鲜、日本、俄罗斯（远东地区和西伯利亚）也有分布。在额尔古纳国家级自然保护区内有一定分布，但资源储量很小。

保护价值：本种是单种属植物，全草入药，有壮阳补肾之功效。它在研究列当科分类系统和保存种质资源等方面具有一定意义。由于大量采挖，已为渐危种。

（18）桔梗 *Platycodon grandiflorus*（Jacq.）A. DC.

桔梗科，桔梗属。

形态特征：多年生草本，有白色乳汁。根胡萝卜形，长达 20cm，皮黄褐色。茎高 40～120cm，无毛，通常不分枝或有时分枝。叶 3 枚轮生，对生或互生，无柄或有极短柄，无毛；叶片卵形至披针形，长 2～7cm，宽 0.5～3.2cm，顶端尖锐，基部宽楔形，边缘有尖锯齿，下面被白粉。花 1 至数朵生茎或分枝顶端；花萼无毛，有白粉，裂片 5，三角形至狭三角形，长 2～8mm；花冠蓝紫色，宽钟状，直径 4～6.5cm，长 2.5～4.5cm，无毛，5 浅裂；雄蕊 5，花丝基部变宽，内面有短柔毛；子房下位，5 室，胚珠多数，花柱 5 裂。

蒴果倒卵圆形，顶部 5 瓣裂。花期 7～9 月。

生境：生于山地草坡或林缘。

地理分布：自华南和云南至东北广布。朝鲜、俄罗斯（远东地区）、日本也有分布。在额尔古纳国家级自然保护区的山坡草地、林缘均有分布。

保护价值：桔梗的根既有药用价值又具食用价值，大量采挖对自然环境有一定的破坏作用。

（19）山丹 _Lilium pumilum_ DC.

百合科，百合属。

形态特征：多年生草本，株高 15～60cm，鳞茎卵形或圆锥形，鳞片矩圆形或长卵形。叶散生于茎中部，条形，中脉下面突出，边缘有乳头状突起。花单生或数朵排成总状花序，花鲜红色，通常无斑点，下垂；花被片长 3～4.5cm，宽 5～7mm，反卷，花药长椭圆形，黄色，具红色花粉；子房圆柱形。蒴果矩圆形。花期 6～8 月，果期 8～9 月。

生境：生于山坡灌丛或草丛间。

地理分布：分布于东北、内蒙古、河北、山东、河南、宁夏、陕西、甘肃、青海等地区。朝鲜、蒙古、俄罗斯（东西伯利亚和远东地区）也有分布。

保护价值：该种为优质花卉植物，鳞茎含淀粉，可食，为重要的种质资源。

（20）斑花杓兰 _Cypripedium guttatum_ Sw.

兰科，杓兰属。

形态特征：陆生兰，高 15～25cm。根状茎横走，纤细。茎直立，被短柔毛，在靠近中部具 2 枚叶。叶互生或近对生，椭圆形或卵状椭圆形，长 5～12cm，宽 2.5～4.5（～6）cm，急尖或渐尖，背脉上疏被短柔毛。花单生，白色而具紫色斑点，直径常不到 3cm；中萼片卵椭圆形，长 1.5～2.2cm，合萼片近条形或狭椭圆形，长 1.2～1.8cm，顶端 2 齿；背面被毛，边缘具细缘毛；花瓣几乎和合萼片等长，半卵形、近提琴形、花瓶形或斜卵状披针形，长 1.3～1.8cm，内面基部具毛；唇瓣几乎与中萼片等大，近球形，内折的侧裂片很小，囊几乎不具前面内弯边缘；退化雄蕊近椭圆形，顶端近截形或微凹；柱头近菱形；子房被短柔毛。花期 6～7 月，果期 8～9 月。

生境：生于林下、林间草甸或林缘。

地理分布：分布于内蒙古、东北、河北、山东、山西、四川、云南。朝鲜、日本、俄罗斯（西伯利亚地区）、北美也有分布。在额尔古纳国家级自然保护区内有零散分布。

保护价值：可供观赏，全草入药。

2.3.11　额尔古纳国家级自然保护区维管植物名录

1. 石松科 Lycopodiaceae

1）扁枝石松属 _Diphasiastrum_ Holub

（1）扁枝石松 _Diphasiastrum complanatum_（L.）Holub

2）石松属 _Lycopodium_ L.

（1）东北石松 _Lycopodium clavatum_ L. var. _rabustius_（Hook. _et_ Grev.）Nakai

2. 卷柏科 Selaginellaceae

　1）卷柏属 *Selaginella* Beauv.

　　（1）北方卷柏 *Selaginella borealis*（Kaulf.）Spring

　　（2）小卷柏 *Selaginella helvetica*（L.）Link

　　（3）西伯利亚卷柏 *Selaginella sibirica*（Milde）Hieron.

3. 木贼科 Equisetaceae

　1）木贼属 *Equisetum* L.

　　（1）问荆 *Equisetum arvense* L.

　　（2）水问荆 *Equisetum fluviatile* L.

　　（3）犬问荆 *Equisetum palustre* L.

　　（4）草问荆 *Equisetum pratense* Ehrh.

　　（5）林问荆 *Equisetum sylvaticum* L.

4. 阴地蕨科 Botrychiaceae

　1）阴地蕨属 *Botrychium* Swartz

　　（1）北方小阴地蕨 *Botrychium boreale*（Fries）Milde

5. 蕨科 Pteridiaceae

　1）蕨属 *Pteridium* Scop.

　　（1）蕨 *Pteridium aquilinum*（L.）Kuhn. var. *latiusculum*（Desv.）Undrerw. ex Heller

6. 中国蕨科 Sinopteridaceae

　1）粉背蕨属 *Aleuritopteris* Fée

　　（1）银粉背蕨 *Aleuritopteris argentea*（Gmel.）Fée

7. 蹄盖蕨科 Athyriaceae

　1）短肠蕨属 *Allantodia* R.Br.

　　（1）黑鳞短肠蕨 *Allantodia crenata*（Sommerf.）Ching

　2）蹄盖蕨属 *Athyrium* Roth.

　　（1）中华蹄盖蕨 *Athyrium sinense* Rupr.

　3）冷蕨属 *Cystopteris* Bernh.

　　（1）山冷蕨 *Cystopteris sudetica* A Braun *et* Milde

　4）羽节蕨属 *Gymnocarpium* Newm.

　　（1）鳞毛羽节蕨 *Gymnocarpium dryopteris*（L.）Newm.

　　（2）羽节蕨 *Gymnocarpium jessoense*（Koidz.）Koidz.

8. 铁角蕨科 Aspleniaceae

　1）过山蕨属 *Camptosorus* Link.

　　（1）过山蕨 *Camptosorus sibiricus* Rupr.

9. 岩蕨科 Woodsiaceae

　1）岩蕨属 *Woodsia* R.Br.

　　（1）岩蕨 *Woodsia ilvensis* R. Br.

10. 鳞毛蕨科 Dryopteridaceae

　1）鳞毛蕨属 *Dryopteris* Adans

　　（1）广布鳞毛蕨 *Dryopteris expansa*（Presl）Fraser-Jenkins ex Jermy

　　（2）香鳞毛蕨 *Dryopteris fragrans*（L.）Schott

11. 水龙骨科 Polypodiaceae

　1）多足蕨属 *Polypodium* L.

　　（1）东北多足蕨 *Polypodium virginianum* L.

12. 槐叶苹科 Salviniaceae

　1）槐叶苹属 *Salvinia* Adans.

　　（1）槐叶苹 *Salvinia natans*（L.）All.

13. 松科 Pinaceae

　1）落叶松属 *Larix* Mill.

　　（1）兴安落叶松 *Larix gmelini*（Rupr.）Rupr.

　2）松属 *Pinus* L.

　　（1）偃松 *Pinus pumila*（Pall.）Regel.

　　（2）樟子松 *Pinus sylvestris* L. var. *mongolica* Litv.

14. 柏科 Cupressaceae

　1）刺柏属 *Juniperus* L.

　　（1）西伯利亚刺柏 *Juniperus sibirica* Burgsd.

　　（2）兴安圆柏（兴安桧柏）*Juniperus sabina* var. *davurica*（Pall.）Ant.

15. 杨柳科 Salicaceae

　1）钻天柳属 *Chosenia* Nakai

　　（1）钻天柳 *Chosenia arbutifolia*（Pall.）A. Skv.

　2）杨属 *Populus* L.

　　（1）山杨 *Populus davidiana* Dode

　　（2）甜杨 *Populus suaveolens* Fisch.

　3）柳属 *Salix* L.

　　（1）崖柳 *Salix floderusii* Nakai

　　（2）细柱柳 *Salix gracilistyla* Mig.

　　（3）兴安柳 *Salix hsinganica* Y. L. Chang *et* Skv.

　　（4）朝鲜柳 *Salix koreensis* Anderss.

　　（5）越桔柳 *Salix myrtilloides* L.

　　（6）三蕊柳 *Salix triandra* L.

　　（7）五蕊柳 *Salix pentandra* L.

　　（8）大黄柳 *Salix raddeana* Laksch.

　　（9）粉枝柳 *Salix rorida* Laksch.

　　（10）细叶沼柳 *Salix rosmarinifolia* L.

　　（11）沼柳 *Salix rosmarinifolia* var. *brachypoda*（Trautv. *et* Mey.）Y. C. Chou

（12）卷边柳 *Salix siuzerii* Seemen.

（13）谷柳 *Salix taraikensis* Kimuta

（14）蒿柳 *Salix viminalis* L.

16. 桦木科 Betulaceae

1）桤木属（也称赤杨属）*Alnus* L.

（1）东北赤杨 *Alnus mandshurica*（Call.）Hand.-Mazz.

（2）水冬瓜赤杨 *Alnus sibirica* Fisch. ex Turcz.

2）桦木属 *Betula* L.

（1）黑桦 *Betula dahurica* Pall.

（2）岳桦 *Betula ermanii* Cham.

（3）柴桦 *Betula fruticosa* Pall.

（4）扇叶桦 *Betula middendorfii* Trautv. *et* Mey.

（5）白桦 *Betula platyphylla* Suk.

17. 壳斗科 Fagaceae

1）栎属 *Quercus* L.

（1）蒙古栎 *Quercus mongolica* Fisch. ex Turcz.

18. 榆科 Ulmaceae

1）榆属 *Ulmus* L.

（1）春榆 *Ulmus japonica*（Rehd.）Sarg.

（2）大果榆 *Ulmus macrocarpa* Hance

19. 荨麻科 Urticaceae

1）荨麻属 *Urtica* L.

（1）狭叶荨麻（螫麻子）*Urtica angustifolia* Fisch. ex Hornem.

20. 檀香科 Santalaceae

1）百蕊草属 *Thesium* L.

（1）长叶百蕊草 *Thesium longifolium* Turcz

21. 蓼科 Polygonaceae

1）首乌属 *Fallopia* Adans.

（1）卷茎蓼 *Fallopia convolvulus*（L.）A. Love

2）蓼属 *Polygonum* L.

（1）狐尾蓼 *Polygonum alopecuroides* Turcz. ex Bess.

（2）兴安蓼 *Polygonum alpinum* All.

（3）两栖蓼 *Polygonum amphibium* L.

（4）细叶蓼 *Polygonum angustifolium* Pall.

（5）萹蓄蓼 *Polygonum aviculare* L.

（6）叉分蓼 *Polygonum divaricatum* L.

（7）水蓼 *Polygonum hydropiper* L.

（8）酸模叶蓼 *Polygonum lapathifolium* L.

（9）耳叶蓼 *Polygonum manshuriense* V. Petr ex Kom.

3）大黄属 *Rheum* L.

（1）波叶大黄 *Rheum franzenbuchii* Munt.

4）酸模属 *Rumex* L.

（1）酸模 *Rumex acetosa* L.

（2）小酸模 *Rumex acetosella* L.

（3）皱叶酸模 *Rumex crispus* L.

（4）毛脉酸模 *Rumex gmelinii* Turcz.

22. 石竹科 Caryophyllaceae

1）蚤缀属 *Arenaria* L.

（1）兴安鹅不食 *Arenaria capillaris* Poiret

（2）毛轴鹅不食 *Arenaria juncea* Bieb.

2）石竹属 *Dianthus* L.

（1）簇茎石竹 *Dianthus repens* Willd.

（2）兴安石竹 *Dianthus versicolor* Franch. *et* Sav

3）石头花属 *Gypsophila* L.

（1）北丝石竹 *Gypsophila davurica* Turcz. ex Fenzl

4）剪秋萝属 *Lychnis* L.

（1）大花剪秋萝 *Lychnis fulgens* Fisch.

5）女娄菜属 *Melandrium* Roehl.

（1）女娄菜 *Melandrium apricum* Rohrb.

6）高山漆菇草属 *Minuartia* L.

（1）石米努草 *Minuartia laricina*（L.）Mattf.

7）种阜草属 *Moehringia* L.

（1）种阜草 *Moehringia lateriflora*（L.）Fensl

8）蝇子草属 *Silene* L.

（1）旱麦瓶草 *Silene jenisseensis* Willd.

（2）毛萼麦瓶草 *Silene repens* Prat.

（3）狗筋麦瓶草 *Silene vulgaris*（Moench.）Garcke

9）繁缕属 *Stellaria* L.

（1）兴安繁缕 *Stellaria cherleriae*（Fisch. ex Ser.）Will.

（2）叶苞繁缕 *Stellaria crassifolia* Ehrh. var. *linearis* Fenzl

（3）叉繁缕 *Stellaria dichotoma* L.

（4）翻白繁缕 *Stellaria discolor* Turcz. ex Fenzl

（5）细叶繁缕 *Stellaria filicaulis* Makino

（6）伞繁缕 *Stellaria longifolia* Muehl.

（7）沼繁缕 *Stellaria palustris* Ehrh. ex Ret.

（8）垂梗繁缕 *Stellaria radians* L.

23. 藜科 Chenopodiaceae

1）轴藜属 *Axyris* L.

（1）轴藜 *Axyris amaranthoides* L.

2）藜属 *Chenopodium* L.

（1）藜 *Chenopodium album* L.

24. 毛茛科 Ranunculaceae

1）乌头属 *Aconitum* L.

（1）兴安乌头 *Aconitum ambiguum* Rchb.

（2）牛扁 *Aconitum barbatum* var. *puberulum* Ledeb.

（3）薄叶乌头 *Aconitum fischeri* Rchb.

（4）北乌头 *Aconitum kusnezoffii* Rchb.

（5）细叶乌头 *Aconitum macrorhynchum* Turcz.

（6）卷毛蔓乌头 *Aconitum volubile* var. *pubescens* Regel.

2）侧金盏花属 *Adonis* L.

（1）北侧金盏花 *Adonis sibirica* Patr. *et* Ledeb.

3）银莲花属 *Anemone* L.

（1）二歧银莲花 *Anemone dichotoma* L.

（2）大花银莲花 *Anemone silvestris* L.

4）耧斗菜属 *Aquilegia* L.

（1）小花耧斗菜 *Aquilegia parviflora* Ledeb.

（2）耧斗菜 *Aquilegia viridiflora* Pall.

5）水毛茛属 *Batrachium* S. F. Gray

（1）长叶水毛茛 *Batrachium kauffmanii*（Clerc）Kreczetowicz

6）驴蹄草属 *Caltha* L.

（1）薄叶驴蹄草 *Caltha membranacea*（Turcz.）Schipcz.

（2）白花驴蹄草 *Caltha natans* Pall.

（3）驴蹄草 *Caltha palustris* L. var. *sibirica* Regel.

7）升麻属 *Cimicifuga* L.

（1）兴安升麻 *Cimicifuga dahurica*（Turcz. ex Fischer *et* C. A. Meyer）Maxim.

（2）单穗升麻 *Cimicifuga simplex* Wormsk.

8）铁线莲属 *Clematis* L.

（1）棉团铁线莲 *Clematis hexapetala* Pall.

（2）西伯利亚铁线莲 *Clematis sibirica*（L.）Mill.

9）翠雀属 *Delphinium* L.

（1）翠雀 *Delphinium grandiflorum* L.

（2）兴安翠雀 *Delphinium hsinganense* S. H. Li *et* Z. F. Fang

（3）东北高翠雀 *Delphinium korshinskyanum* Nevski

10）蓝堇草属 *Leptopyrum* Reichb.

（1）蓝堇草 *Leptopyrum fumarioides*（L.）Rchb.

11）白头翁属 *Pulsatilla* Mill.

（1）蒙古白头翁 *Pulsatilla ambigua* Turcz. ex Pritz.

（2）白头翁 *Pulsatilla chinensis* Mill.

（3）兴安白头翁 *Pulsatilla dahurica*（Fisch. ex DC.）Spreng

（4）掌叶白头翁 *Pulsatilla patens* var. *multifida*（Pritz.）S. H. Li.

（5）细叶白头翁 *Pulsatilla turczaninovii* Kryl. *et* Serg.

12）毛茛属 *Ranunculus* L.

（1）回回蒜毛茛 *Ranunculus chinensis* Bunge

（2）小掌叶毛茛 *Ranunculus gmelinii* DC.

（3）东北大叶毛茛 *Ranunculus grandis* var. *manshurica* Hara

（4）毛茛 *Ranunculus japonicus* Thunb.

（5）浮毛茛 *Ranunculus natans* C. M. Mey.

（6）葡枝毛茛 *Ranunculus repens* L.

（7）松叶毛茛 *Ranunculus reptans* L.

（8）石龙芮毛茛 *Ranunculus sceleratus* L.

（9）毛柄水毛茛 *Ranunculus trichophylus* Chaix.

13）唐松草属 *Thalictrum* L.

（1）翼果唐松草 *Thalictrum aquilegifolium* L. var. *sibiricum* Regel. *et* Tiling

（2）亚欧唐松草 *Thalictrum minus* L.

（3）肾叶唐松草 *Thalictrum petaloideum* L.

（4）箭头唐松草 *Thalictrum simplex* L.

（5）展枝唐松草 *Thalictrum squarrosum* Steph. ex Willd.

14）金莲花属 *Trollius* L.

（1）短瓣金莲花 *Trollius lesebouri* Rchb.

25. 小檗科 Berberidaceae

1）小檗属 *Berberis* L.

（1）刺叶小檗 *Berberis sibirica* Pall.

26. 睡莲科 Nymphaeaceae

1）睡莲属 *Nymphaea* L.

（1）睡莲 *Nymphaea tetragona* Georgi

27. 芍药科 Paeoniaceae

1）芍药属 *Paeonia* L.

（1）芍药 *Paeonia lactiflora* Pall.

28. 金丝桃科 Hypericaceae

1）金丝桃属 *Hypericum* L.

（1）长柱金丝桃 *Hypericum ascyron* L.

（2）短柱金丝桃 *Hypericum hookerianum* Ledeb.

（3）乌腺金丝桃 *Hypericum attenuatum* Choisy

29. 茅膏菜科 **Droseraceae**

1）茅膏菜属 *Drosera* L.

（1）圆叶茅膏菜 *Drosera rotundifolia* L.

30. 罂粟科 **Papaveraceae**

1）白屈菜属 *Chelidonium* L.

（1）白屈菜 *Chelidonium majus* L.

2）紫堇属 *Corydalis* Vent.

（1）北紫堇 *Corydalis sibirica*（L. f.）Pers.

（2）齿瓣延胡索 *Corydalis turtschaninovii* Bess.

3）罂粟属 *Papaver* L.

（1）野罂粟 *Papaver nudicaule* L.

（2）黑水罂粟 *Papaver nudicaule* var. *aquilegioides* f. *amurense*

31. 十字花科 **Cruciferae**

1）庭荠属 *Alyssum* L.

（1）北方庭荠 *Alyssum lenens*e Adama

2）南芥属 *Arabis* L.

（1）垂果南芥 *Arabis pendula* L.

3）山芥属 *Barbarea* R. Br.

（1）山芥菜 *Barbarea orthoceras* Ledeb.

4）亚麻荠属 *Camelina* Crantz.

（1）亚麻荠 *Camelina sativa*（L.）Crantz

5）荠属 *Capsella* Medic.

（1）荠菜 *Capsella bursa-pastoris*（L.）Medic.

6）碎米荠属 *Cardamine* L.

（1）伏水碎米荠 *Cardamine prorepens* Fisch. ex DC.

（2）细叶碎米荠 *Cardamine schulziana* Baehne

7）播娘蒿属 *Descurainia* Webb. *et* Berthel

（1）播娘蒿 *Descurainia sophia*（L.）Webb. ex Prantl

8）花旗杆属 *Dontostemon* Andrz.

（1）小花花旗杆 *Dontostemon micranthus* C. A. Mey.

9）葶苈属 *Draba* L.

（1）葶苈 *Draba nemorosa* L.

10）糖芥属 *Erysimum* L.

（1）蒙古糖芥 *Erysimum flavum*（Georgi）Bobr.

11）燥原荠属 *Ptilotricum* C. A. Mey.

（1）燥原荠 *Ptilotricum cretaceum*（Adams）Ledeb.

12）蔊菜属 *Rorippa* Scop.

　　（1）山芥叶蔊菜 *Rorippa barbareifolia*（DC.）Kitag.

　　（2）风花菜 *Rorippa islandica*（Oed.）Borb.

32. 景天科 Crassulaceae

　1）八宝属 *Hylotelephium* H. Ohba

　　（1）白八宝 *Hylotelephium pallescens*（Freyn）H. Ohba

　　（2）紫八宝 *Hylotelephium purpureum*（L.）Ohba

　2）瓦松属 *Orostachys*（DC.）Fich.

　　（1）钝叶瓦松 *Orostachys malacophyllus*（Pall.）Fisch.

　　（2）黄花瓦松 *Orostachys spinosus*（L.）C. A. Mey.

　3）景天属 *Sedum* L.

　　（1）费菜（土三七）*Sedum aizoon* L.

　　（2）兴安景天 *Sedum hsinganicum* Chu

33. 虎耳草科 Saxifragaceae

　1）金腰属 *Chrysosplenium* L.

　　（1）互叶金腰 *Chrysosplenium alternifolium* L.

　　（2）毛金腰 *Chrysosplenium pilosum* Maxim.

　2）唢呐草属 *Mitella* L.

　　（1）唢呐草 *Mitella nuda* L.

　3）梅花草属 *Parnassia* L.

　　（1）梅花草 *Parnassia palustris* L.

　4）茶藨子属 *Ribes* L.

　　（1）楔叶茶藨子 *Ribes diacantha* Pall

　　（2）黑果茶藨子 *Ribes nigrum* L.

　　（3）水葡萄茶藨子 *Ribes procumbens* Pall.

　　（4）英吉利茶藨子 *Ribes palczewskii*（Jancz.）Pojark

　　（5）毛茶藨子 *Ribes spicatum* Robs.

　　（6）矮茶藨子 *Ribes triste* Pall.

　　（7）臭茶藨子 *Ribes graveolens* Bunge

　5）虎耳草属 *Saxifraga* L.

　　（1）零余虎耳草 *Saxifraga cernua* L.

34. 蔷薇科 Rosaceae

　1）龙牙草属 *Agrimonia* L.

　　（1）龙牙草 *Agrimonia pilosa* Ledeb.

　2）假升麻属 *Aruncus* L.

　　（1）假升麻 *Aruncus sylvester* Kostel. ex Maxim.

　3）沼委陵菜属 *Comarum* L.

　　（1）东北沼委陵菜 *Comarum palustre* L.

　4）地蔷薇属 *Chamaerhodos* Bunge

（1）地蔷薇 *Chamaerhodos erecta*（L.）Bunge

5）枸子属 *Cotoneaster* B. Ehrh.

（1）全缘枸子木 *Cotoneaster integerrimus* Medic.

6）山楂属 *Crataegus* L.

（1）光叶山楂 *Crataegus dahurica* Koehne ex Schneid.

（2）毛山楂 *Crataegus maximowiczii* Schneid

7）蚊子草属 *Filipendula* Mill.

（1）细叶蚊子草 *Filipendula angustiloba*（Turcz）Maxim.

（2）翻白蚊子草 *Filipendula intemedia*（Glehn）Juz.

（3）蚊子草 *Filipendula palmata*（Pall.）Maxim.

8）草莓属 *Fragaria* L.

（1）东方草莓 *Fragaria orientalis* Losina.-Losinsk.

9）路边青属 *Geum* L.

（1）水杨梅 *Geum aleppicum* Jacq.

10）苹果属 *Malus* Mill.

（1）山荆子 *Malus baccata*（L.）Borkh.

11）委陵菜属 *Potentilla* L.

（1）星毛委陵菜 *Potentilla acaulis* L.

（2）鹅绒委陵菜 *Potentilla anserina* L.

（3）光叉叶委陵菜 *Potentilla bifurca* L. var. *glabrata* Lehm

（4）大头委陵菜 *Potentilla conferta* Bunge

（5）莓叶委陵菜 *Potentilla fragarioides* L.

（6）金露梅 *Potentilla fruticosa* L.

（7）白花委陵菜 *Potentilla inquinans* Turcz.

（8）白叶委陵菜 *Potentilla leucophulla* Pall.

12）稠李属 *Padus* Miller

（1）稠李 *Padus avium* Miller

13）杏属 *Armeniaca* Scopoli

（1）山杏 *Armeniaca sibirica* L.

14）蔷薇属 *Rosa* L.

（1）刺蔷薇 *Rosa acicularis* Lindl.

（2）山刺玫 *Rosa davurica* Pall.

15）悬钩子属 *Rubus* L.

（1）北悬钩子 *Rubus arcticus* L.

（2）绿叶悬钩子 *Rubus komarovi* Nakai

（3）库页悬钩子 *Rubus sachalinensis* Lévl.

（4）石生悬钩子 *Rubus saxatilis* L.

16）地榆属 *Sanguisorba* L.

（1）腺地榆 *Sanguisorba glandulosa* Kom.

（2）直穗粉花地榆 *Sanguisorba grandiflora*（Mauxm.）Makino

（3）地榆 *Sanguisorba officinalis* L.

（4）小白花地榆 *Sanguisorba tenuifolia* var. *alba* Trautv. *et* Mey.（Maxim.）Takeda

（5）垂穗粉花地榆 *Sanguisorba tenuifolia* Fish. ex Link.

17）珍珠梅属 *Sorbaria* A. Br.

（1）珍珠梅 *Sorbaria sorbifolia*（L.）Al. Br.

18）花楸属 *Sorbus* L.

（1）花楸 *Sorbus pohuashanensis*（Hance）Hedl.

19）绣线菊属 *Spiraea* L.

（1）窄叶绣线菊 *Spiraea dahurica* Maxim.

（2）美丽绣线菊 *Spiraea elegans* Pojark.

（3）欧亚绣线菊 *Spiraea media* Schmidt

（4）绣线菊 *Spiraea salicifolia* L.

（5）绢毛绣线菊 *Spiraea sericea* Turcz.

35. 豆科 Leguminosae

1）黄耆属 *Astragalus* L.

（1）斜茎黄耆 *Astragalus adsurgens* Pall.

（2）小叶黄耆 *Astragalus hulunensis* P. Y. Fu *et* Y. A. Chen

（3）草木樨黄耆 *Astragalus melilotoides* Pall.

（4）黄耆 *Astragalus membranaceus* Bunge

（5）蒙古黄耆 *Astragalus membranaceus* var. *mongholicus*（Bunge）Hsiao

（6）湿地黄耆 *Astragalus uliginosus* L.

2）大豆属 *Glycine* Willd.

（1）野大豆 *Glycine soja* Sieb. *et* Zucc.

3）岩黄耆属 *Hedysarum* L.

（1）山岩黄耆 *Hedysarum alpinum* L.

4）香豌豆属 *Lathyrus* L.

（1）矮山黧豆 *Lathyrus humilis* Fisch. ex DC.

（2）山黧豆 *Lathyrus quinquenervius*（Miq.）Litv.

5）胡枝子属 *Lespedeza* Michx.

（1）兴安胡枝子 *Lespedeza davurica*（Lacm.）Schindl.

（2）尖叶胡枝子 *Lespedeza juncea*（L. f.）Pers.

6）草木樨属 *Melilotus* Mill.

（1）细齿草木樨 *Melilotus dentatus*（Wald. *et* Kit.）Pers.

（2）草木樨 *Melilotus suaveolens* Ledeb.

7）棘豆属 *Oxytropis* DC.

（1）多叶棘豆 *Oxytropis myriophylla*（Pall.）DC.

8）槐属 *Sophora* L.

  （1）苦参 *Sophora flavescens* Ait.

9）车轴草属 *Trifolium* L.

  （1）野火球 *Trifolium lupinaster* L.

10）野豌豆属 *Vicia* L.

  （1）山野豌豆 *Vicia amoena* Fisch. ex DC.

  （2）广布野豌豆 *Vicia cracca* L.

  （3）东方野豌豆 *Vicia japonica* A. Gray

  （4）多茎野豌豆 *Vicia multicaulis* Ledeb.

  （5）大叶野豌豆 *Vicia pseudorobus* Fisch. *et* C. A. Mey.

  （6）北野豌豆 *Vicia ramuliflora*（Maxim.）Ohwi

  （7）贝加尔野豌豆 *Vicia ramuliflora* f. *baicalensis*（Turcz）P. Y. Fu. *et* Y. A. Chen

  （8）歪头菜 *Vicia unijuga* R. Br.

  （9）柳叶野豌豆 *Vicia venosa*（Willd.）Maxim.

36. 牻牛儿苗科 Geraniaceae

1）老鹳草属 *Geranium* L.

  （1）粗根老鹳草 *Geranium dahuricum* DC.

  （2）毛蕊老鹳草 *Geranium eriostemon* Fisch. ex DC.

  （3）兴安老鹳草 *Geranium maximowiczii* Regel. *et* Maack

  （4）草地老鹳草 *Geranium pratense* L.

  （5）鼠掌老鹳草 *Geranium sibiricum* L.

  （6）灰背老鹳草 *Geranium vlassowianum* Fisch. ex Link

37. 亚麻科 Linaceae

1）亚麻属 *Linum* L.

  （1）贝加尔亚麻 *Linum baicalense* Juz.

38. 大戟科 Euphorbiaceae

1）大戟属 *Euphorbia* L.

  （1）乳浆大戟 *Euphorbia esula* L.

  （2）狼毒大戟 *Euphorbia pallasii* Turcz.

  （3）猫眼大戟 *Euphorbia lunulata* Bunge

39. 芸香科 Rutaceae

1）白鲜属 *Dictamnus* L.

  （1）白鲜 *Dictamnus dasycarpus* Turcz.

40. 远志科 Polygalaceae

1）远志属 *Polygala* L.

  （1）西伯利亚远志 *Polygala sibirica* L.

41. 凤仙花科 Balsaminaceae

1）凤仙花属 *Impatiens* L.

（1）水金凤 *Impatiens noli-tangere* L.

42. 卫矛科 Celastraceae

1）卫矛属 *Euonymus* L.

（1）白杜 *Euonymus maackii*

43. 鼠李科 Rhamnaceae

1）鼠李属 *Rhamnus* L.

（1）乌苏里鼠李 *Rhamnus ussuriensis* J. Vass.

44. 瑞香科 Thymelaeaceae

1）狼毒属 *Stellera* L.

（1）狼毒（断肠草）*Stellera chamaejasme* L.

45. 堇菜科 Violaceae

1）堇菜属 *Viola* L.

（1）鸡腿堇菜 *Viola acuminata* Ledeb.

（2）额穆尔堇菜 *Viola amurica* W. Bckr.

（3）裂叶堇菜 *Viola dissecta* Ledeb.

（4）兴安堇菜 *Viola gmeliniana* Roem. *et* Schult.

（5）奇异堇菜 *Viola mirabilis* L.

（6）白花堇菜 *Viola patrinii* DC. ex Ging.

（7）库页堇菜 *Viola sacchalinensis* H. De Boiss

（8）斑叶堇菜 *Viola variegata* Fisch. ex Link

（9）紫花地丁 *Viola yedoensis* Makino

46. 千屈菜科 Lythraceae

1）千屈菜属 *Lythrum* L.

（1）千屈菜 *Lythrum salicaria* L.

47. 柳叶菜科 Onagraceae

1）柳兰属 *Chamaenerion* Adans.

（1）柳兰 *Chamaenerion angustifolium*（L.）Scop.

2）露珠草属 *Circaea* L.

（1）高山露珠草 *Circaea alpina* L.

3）柳叶菜属 *Epilobium* L.

（1）多枝柳叶菜 *Epilobium fastigiato-ramosum* Nakai

（2）水湿柳叶菜 *Epilobium palustre* L.

48. 小二仙草科 Haloragidaceae

1）雏属 *Myriophyllum* L.

（1）穗状狐尾藻 *Myriophyllum spicatum* L.

（2）狐尾藻 *Myriophyllum verticillatum* L.

49. 杉叶藻科 Hippuridaceae

1）杉叶藻属 *Hippuris* L.

（1）杉叶藻 *Hippuris vulgaris* L.

50. 山茱萸科 Cornaceae

1）山茱萸属 *Cornus* L.

（1）红瑞木 *Cornus alba* L.

51. 伞形科 Umbellifecae

1）羊角芹属 *Aegopodium* L.

（1）东北羊角芹 *Aegopodium alpestre* Ledeb.

2）当归属 *Angelica* L.

（1）黑水当归 *Angelica amurensis* Schischk.

（2）狭叶当归 *Angelica anomala* Lallem.

（3）大活 *Angelica dahurica*（Fisch.）Benth. *et* Hook. ex Franch. *et* Sav.

3）柴胡属 *Bupleurum* L.

（1）大叶柴胡 *Bupleurum longiradiatum* Turcz.

（2）细叶柴胡 *Bupleurum scorzoneaefolium* Willd.

（3）兴安柴胡 *Bupleurum sibiricum* De Vest

4）毒芹属 *Cicuta* L.

（1）毒芹 *Cicuta virosa* L.

（2）细叶毒芹 *Cicuta virosa* f. *angustifolia*（Kitaibel）Schube

5）蛇床属 *Cnidium* Cusson

（1）兴安蛇床 *Cnidium dahuricum*（Jacq.）Turcz.

6）柳叶芹属 *Czernaevia* Turcz.

（1）柳叶芹 *Czernaevia laevigata* Turcz.

7）牛防风属 *Heracleum* L.

（1）东北牛防风 *Heracleum moellendorffii* Hancc

8）岩风属 *Libanotis* Zinn.

（1）香芹 *Libanotis seseloides* Turcz.

9）山芹属 *Ostericum* Hoffm.

（1）全叶山芹 *Ostericum maximowiczii*（Fr. Schmidt ex Maxim.）Kitag.

10）前胡属 *Peucedanum* L.

（1）兴安石防风 *Peucedanum baicalense*（Redow.）Koch

（2）石防风 *Peucedanum terebinthaceum*（Fisch.）Fisch. ex Turcz.

11）胀果芹属 *Phlojodicarpus* Turcz. ex Ledeb.

（1）毛序燥芹 *Phlojodicarpus sibiricus* var. *villosus*（Turcz. ex Fisch. *et* C. A. Mey）Chu

12）茴芹属 *Pimpinella* L.

（1）东北茴芹 *Pimpinella thellungiana* Wolff

13）防风属 *Saposhnikovia* Schischk.

（1）防风 *Saposhnikovia divaricata*（Turcz.）Schischk.

14）泽芹属 *Sium* L.

（1）泽芹 *Sium suave* Walt.

15）迷果芹属 *Sphallerocarpus* Bess. ex DC.

（1）迷果芹 *Sphallerocarpus gracilis*（Bess.）K.-Pol.

52. 鹿蹄草科 Pyrolaceae

1）水晶兰属 *Monotropa* L.

（1）松下兰 *Monotropa hypopitys* L.

2）单侧花属 *Orthilia* Raf.

（1）团叶单侧花 *Orthilia obtusata*（Turcz.）Hara

3）鹿蹄草属 *Pyrola* L.

（1）兴安鹿蹄草 *Pyrola dahurica*（H. Andr.）Kom.

（2）红花鹿蹄草 *Pyrola incarnata* Fisch. ex DC.

（3）日本鹿蹄草 *Pyrola japonica* Klenze ex Alef.

（4）肾叶鹿蹄草 *Pyrola renifolia* Maxim.

53. 杜鹃花科 Ericaceae

1）杜香属 *Ledum* L.

（1）细叶杜香 *Ledum palustre* L.

2）毛蒿豆属 *Oxycoccus* Hill.

（1）毛蒿豆 *Oxycoccus microcarpus* Turcz.

3）杜鹃花属 *Rhododendron* L.

（1）兴安杜鹃 *Rhododendron dauricum* L.

（2）白花兴安杜鹃 *Rhododendron dauricum* L. f. *albiflorum*（Turcz.）C. F. Fang.

（3）小叶杜鹃 *Rhododendron parvifolium* Adams

4）越桔属 *Vaccinium* L.

（1）笃斯越桔 *Vaccinium uliginosum* L.

（2）越桔 *Vaccinium vitis-idaea* L.

54. 岩高兰科 Empetraceae

1）岩高兰属 *Empetrum* L.

（1）东亚岩高兰 *Empetrum nigrum* L. var. *japonicum* K. Koch.

55. 报春花科 Primulaceae

1）点地梅属 *Androsace* L.

（1）东北点地梅 *Androsace filiformis* Retz.

（2）雪山点地梅 *Androsace septentrionalis* L.

2）珍珠菜属 *Lysimachia* L.

（1）黄连花 *Lysimachia davurica* Ledeb.

（2）球尾花 *Lysimachia thyrsiflora* L.

3）报春花属 *Primula* L.

（1）胭脂花 *Primula maximowiczii* Regel.

（2）樱草 *Primula sieboldii* E. Morren

4）七瓣莲属 *Trientalis* L.

（1）七瓣莲 *Trientalis europaea* L.

56. 龙胆科 Gentianaceae

1）龙胆属 *Gentiana* L.

（1）大叶龙胆 *Gentiana macrophylla* Pall.

（2）鳞叶龙胆 *Gentiana squarrosa* Ledeb.

（3）三花龙胆 *Gentiana triflora* Pall.

2）假龙胆属 *Gentianella* Moench.

（1）尖叶假龙胆 *Gentianella acuta*（Michx.）Hulten

3）扁蕾属 *Gentianopsis* Ma

（1）扁蕾 *Gentianopsis barbata*（Froel.）Ma

4）花锚属 *Halenia* Borkh.

（1）花锚 *Halenia corniculata*（L.）Cornaz

5）獐牙菜属 *Swertia* L.

（1）瘤毛獐牙菜 *Swertia pseudochinensis* Hara

57. 睡菜科 Menyanthaceae

1）睡菜属 *Menyanthes* L.

（1）睡菜 *Menyanthes trifoliata* L.

2）荇菜属 *Nymphoides* Seguier

（1）荇菜 *Nymphoides peltatum*（S. G. Gmel.）O. Kuntze

58. 萝藦科 Asclepiadaceae

1）鹅绒藤属 *Cynanchum* L.

（1）徐长卿 *Cynanchum paniculatum*（Bunge）Kitag.

59. 茜草科 Rubiaceae

1）拉拉藤属 *Galium* L.

（1）北方拉拉藤 *Galium boreale* L.

（2）兴安拉拉藤 *Galium dahuricum* Turcz.

（3）花拉拉藤 *Galium tokyoense* Makino

（4）小叶拉拉藤（三瓣猪殃殃）*Galium trifidum* L.

（5）蓬子菜 *Galium verum* L.

2）茜草属 *Rubia* L.

（1）茜草 *Rubia cordifolia* L.

60. 花荵科 Polemoniaceae

1）花荵属 *Polemonium* L.

（1）花荵 *Polemonium caeruleum* V. Vassil.

（2）柔毛花荵 *Polemonium villosum* Rud. ex Georgi

61. 旋花科 Convolvulaceae

1）打碗花属 *Calystegia* R. Br.

（1）宽叶打碗花 *Calystegia sepium*（L.）R. Br. var. *communis*（Tryon.）Hara

62. 紫草科 Boraginaceae

1）钝背草属 *Amblynotus* Johnst.

（1）钝背草 *Amblynotus rupestris*（Pla. ex Georgi）M. Pop

2）鹤虱属 *Lappula* Gilib.

（1）鹤虱 *Lappula squarrosa*（Retz.）Dunmort.

3）附地菜属 *Trigonotis* Stev.

（1）附地菜 *Trigonotis peduncularis*（Tev.）Benth. ex Baktr *et* Moore

4）勿忘草属 *Myosotis* L.

（1）草原勿忘草 *Myosotis suaveolens* Wald. *et* Kit.

63. 唇形科 Labiatae

1）水棘针属 *Amethystea* L.

（1）水棘针 *Amethystea caerulea* L.

2）青兰属 *Dracocephalum* L.

（1）光萼青兰（北青兰）*Dracocephalum argunense* Fisch. ex Link

（2）青兰 *Dracocephalum ruyschiana* L.

3）香薷属 *Elsholtzia* Willd.

（1）香薷 *Elsholtzia ciliata*（Thunb.）Hyland.

4）鼬瓣花属 *Galeopsis* L.

（1）鼬瓣花 *Galeopsis bifida* Boenn.

5）野芝麻属 *Lamium* L.

（1）野芝麻 *Lamium album* L.

6）益母草属 *Leonurus* L.

（1）细叶益母草 *Leonurus sibiricus* L.

（2）兴安益母草 *Leonurus tataricus* L.

7）薄荷属 *Mentha* L.

（1）兴安薄荷 *Mentha dahurica* Fisch. ex Benth.

8）裂叶荆芥属 *Schizonepeta* Briq.

（1）多裂叶荆芥 *Schizonepeta multifida*（L.）Briq.

9）黄芩属 *Scutellaria* L.

（1）黄芩 *Scutellaria baicalensis* Georgi

（2）狭叶黄芩 *Scutellaria regeliana* Nakai

（3）并头黄芩 *Scutellaria scordifolia* Fisch. ex Schrank

10）水苏属 *Stachys* L.

（1）毛水苏 *Stachys baicalensis* Fisch. ex Benth.

（2）华水苏 *Stachys chinensis* Bunge ex Benth.

11）百里香属 *Thymus* L.

（1）兴安百里香 *Thymus dahuricus* Serg.

64. 茄科 Solanaceae

1）泡囊草属 *Physochlaina* G. Don

（1）泡囊草 *Physochlaina physaloides*（L.）G. Don

2）茄属 *Solanum* L.

（1）龙葵 *Solanum nigrum* L.

65. 玄参科 Scrophulariaceae

1）小米草属 *Euphrasia* L.

（1）芒小米草 *Euphrasia maximowiczii* Wetst.

（2）小米草 *Euphrasia tatarica* Fisch. ex Spr.

2）柳穿鱼属 *Linaria* Mill.

（1）柳穿鱼 *Linaria vulgaris* L. subsp. *sinensis* Bebeaux

3）通泉草属 *Mazus* Lour.

（1）弹刀子菜 *Mazus stachydifolius*（Turcz.）Maxim.

4）马先蒿属 *Pedicularis* L.

（1）大野苏子马先蒿 *Pedicularis grandiflora* Fisch.

（2）拉不拉多马先蒿 *Pedicularis labradorica* Wirsing

（3）小花沼地马先蒿 *Pedicularis palustris* L. subsp. *karoi*（Freyn）Tsoong

（4）返顾马先蒿 *Pedicularis resupinata* L.

（5）红色马先蒿（兴安马先蒿）*Pedicularis rubens* Steph. ex Willd.

（6）族节马先蒿 *Pedicularis sceptrum-carolinum* L.

（7）穗花马先蒿 *Pedicularis spicata* Pall.

（8）红纹马先蒿 *Pedicularis striata* Pall.

（9）轮叶马先蒿 *Pedicularis verticillata* L.

5）婆婆纳属 *Veronica* L.

（1）北水苦荬（水苦荬婆婆纳）*Veronica anagallis-aquatica* L.

（2）大婆婆纳 *Veronica dahurica* Stev.

（3）细叶婆婆纳 *Veronica linariifolia* Pall. ex Link

（4）长尾婆婆纳 *Veronica longifolia* L.

6）腹水草属 *Veronicastrum* Heist. ex Farbic.

（1）轮叶腹水草 *Veronicastrum sibiricum*（L.）Pennell

66. 列当科 Orobanchaceae

1）草苁蓉属 *Boschniakia* C. A. Mey.

（1）草苁蓉 *Boschniakia rossica*（Cham. *et* Schlecht.）B. Fedtsch. *et* Flerov

2）列当属 *Orobanche* L.

（1）列当 *Orobanche coerulescens* Steph.

67. 狸藻科 Lentibulariaceae

1）狸藻属 *Utricularia* L.

（1）狸藻 *Utricularia vulgaris* L.

68. 车前科 Plantaginaceae

　　1）车前属 *Plantago* L.

　　　（1）车前 *Plantago asiatica* L.

　　　（2）平车前 *Plantago depressa* Willd.

　　　（3）北车前 *Plantago media* L.

69. 忍冬科 Caprifoliaceae

　　1）北极花属 *Linnaea* Gronov ex L.

　　　（1）北极花（林奈草）*Linnaea borealis* L.

　　2）忍冬属 *Lonicera* L.

　　　（1）蓝靛果忍冬 *Lonicera edulis* Turcz.

　　　（2）金花忍冬 *Lonicera chrysantha* Turcz.

　　3）接骨木属 *Sambucus* L.

　　　（1）毛接骨木 *Sambucus buergeriana* Blume ex Nakai

　　　（2）东北接骨木 *Sambucus mandshurica* Kitag.

　　　（3）接骨木 *Sambucus williamsii* Hance

70. 五福花科 Adoxaceae

　　1）五福花属 *Adoxa* L.

　　　（1）五福花 *Adoxa moschatellina* L.

71. 败酱科 Valerianaceae

　　1）败酱属 *Patrinia* Juss.

　　　（1）岩败酱 *Patrinia rupestris*（Pall.）Dufr.

　　　（2）败酱 *Patrinia scabiosaefolia* Fisch. ex Trev.

　　2）缬草属 *Valeriana* L.

　　　（1）缬草 *Valeriana alternifolia* Bunge

72. 川续断科 Dipsacaceae

　　1）蓝盆花属 *Scabiosa* L.

　　　（1）窄叶蓝盆花 *Scabiosa comosa* Fisch. ex Roem. *et* Schult.

73. 桔梗科 Campanulaceae

　　1）沙参属 *Adenophora* Fisch.

　　　（1）展枝沙参 *Adenophora divaricata* Franch. *et* Sav

　　　（2）狭叶沙参 *Adenophora gmelinii*（Spreng.）Fisch.

　　　（3）长白沙参 *Adenophora pereskiifolia*（Fisch. ex Roem. *et* Schult）G. Don

　　　（4）长柱沙参 *Adenophora stenanthina*（Ledeb）Kitag.

　　　（5）扫帚沙参 *Adenophora stenophylla* Hemsl.

　　　（6）轮叶沙参 *Adenophora tetraphylla*（Thunb.）Fisch.

　　　（7）锯齿沙参 *Adenophora tricuspidata*（Fisch. ex Roem. *et* Schult.）A. DC.

　　2）风铃草属 *Campanula* L.

　　　（1）聚花风铃草 *Campanula glomerata* L.

（2）紫斑风铃草 *Campanula punctata* Lam.

3）桔梗属 *Platycodon* DC.

　　（1）桔梗 *Platycodon grandiflorus*（Jacq.）DC.

74. 菊科 **Compositae**

1）蓍属 *Achillea* L.

　　（1）齿叶蓍（单叶蓍）*Achillea acuminata*（Ledeb.）Sch.-Bip.

　　（2）高山蓍 *Achillea alpina* L.

　　（3）亚洲蓍 *Achillea asiatica* Serg.

　　（4）短瓣蓍 *Achillea ptarmicoides* Maxim.

2）猫儿菊属 *Hypochaeris* Adans.

　　（1）黄金菊 *Hypochaeris ciliata* Ledeb.

3）蒿属 *Artemisia* L.

　　（1）黄花蒿 *Artemisia annua* L.

　　（2）艾蒿 *Artemisia argyi* Levl. *et* Vant.

　　（3）变蒿 *Artemisia commutata* Bess.

　　（4）柳蒿 *Artemisia integrifolia* L.

　　（5）白山蒿 *Artemisia lagocephala*（Fisch. ex Bess.）DC.

　　（6）蒙古蒿 *Artemisia mongolica* Fisch. ex Bess.

　　（7）白毛蒿 *Artemisia mongolica* var. *leucophylla*（Turcz. ex Bess.）W. Wang *et* H. F. Ho
　　　　 ex F. C. Fu

　　（8）万年蒿 *Artemisia sacrorum* Ledeb.

　　（9）水蒿 *Artemisia selengensis* Turcz. ex Bess.

　　（10）绢毛蒿 *Artemisia sericea* Weber

　　（11）大籽蒿 *Artemisia sieversiana* Ehrh. ex Willd.

　　（12）线叶蒿 *Artemisia subulata* Nakai

　　（13）裂叶蒿 *Artemisia tanacetifolia* L.

　　（14）野艾蒿 *Artemisia umbrosa*（Bess.）Turcz.

4）紫菀属 *Aster* L.

　　（1）紫菀 *Aster tataricus* L. f.

5）鬼针草属 *Bidens* L.

　　（1）羽叶鬼针草 *Bidens cmaximowiczii* Oett.

　　（2）兴安鬼针草 *Bidens radiata* Thuill.

　　（3）狼巴草 *Bidens tripartita* L.

6）蟹甲草属 *Cacalia* L.

　　（1）山尖子 *Cacalia hastata* L.

7）菊属 *Dendranthema*（DC.）Des Moul.

　　（1）小红菊 *Chrysanthemum chanetii* Levl.

　　（2）楔叶菊 *Chrysanthemum naktongense* Nakai

8）蓟属 *Cirsium* Mill.

（1）莲座蓟 *Cirsium esculentum*（Sievers.）C. A. Mey.

（2）烟管蓟 *Cirsium pendulum* Fisch. ex DC.

（3）绒背蓟 *Cirsium vlassovianum* Fisch. ex DC.

9）还阳参属 *Crepis* L.

（1）还阳参 *Crepis crocea*（Lam.）Babc.

（2）屋根草 *Crepis tectorum* L.

10）蓝刺头属 *Echinops* L.

（1）褐毛蓝刺头 *Echinops dissectus* Kitag.

（2）宽叶蓝刺头 *Echinops latifolius* Tausch

11）飞蓬属 *Erigeron* L.

（1）长茎飞蓬 *Erigeron elongates* Ledeb. L.

12）线叶菊属 *Filifolium* Kitam.

（1）线叶菊 *Filifolium sibiricum*（L.）Kitam.

13）乳菀属 *Galatella* Cass.

（1）兴安乳菀 *Galatella dahurica* DC.

14）狗娃花属 *Heteropappus* Less.

（1）阿尔泰狗娃花 *Heteropappus altaicus*（Willd.）Novop.

（2）狗娃花 *Heteropappus hispidus*（Thunb.）Less.

15）山柳菊属 *Hieracium* L.

（1）伞花山柳菊 *Hieracium umbellatum* L.

16）旋覆花属 *Inula* L.

（1）欧亚旋覆花 *Inula britannica* L.

（2）旋覆花 *Inula japonica* Thunb.

（3）柳叶旋覆花 *Inula salicina* L.

17）苦荬菜属 *Ixeris* Cass.

（1）山苦菜 *Ixeris chinensis*（Thunb.）Nakai.

（2）抱茎苦荬菜 *Ixeris sonchifolia*（Bnnge）Hance

18）马兰属 *Kalimeris* Cass.

（1）裂叶马兰 *Kalimeris incisa*（Fisch.）DC.

（2）全叶马兰 *Kalimeris integrifolia* Turcz. ex DC.

（3）蒙古马兰 *Kalimeris mongolica*（Franch.）Kitam.

19）莴苣属 *Lactuca* L.

（1）山莴苣 *Lactuca indica* L.

20）火绒草属 *Leontopodium* R. Br. ex Cass.

（1）团球火绒草 *Leontopodium conglobatum*（Turcz.）Hand.-Mazz.

（2）火绒草 *Leontopodium leontopodioides*（Willd.）Beauv.

21）橐吾属 *Ligularia* Cass.

（1）蹄叶橐吾 *Ligularia fischeri*（Ledeb.）Turcz.

（2）橐吾 *Ligularia sibirica*（L.）Cass.

22）毛连菜属 *Picris* L.

（1）兴安毛连菜 *Picris dahurica* Fisch. ex Hornem.

23）漏芦属 *Rhaponticum* Ludw.

（1）祁洲漏芦 *Rhaponticum uniflorum*（L.）DC.

24）风毛菊属 *Saussurea* DC.

（1）龙江风毛菊 *Saussurea amurensis* Turcz. ex DC.

（2）羽叶风毛菊 *Saussurea maximowiczii* Herd.

（3）齿叶风毛菊 *Saussurea neoserrata* Nakai

（4）小花风毛菊 *Saussurea parviflora*（Poiret.）DC.

（5）球花风毛菊 *Saussurea pulchella* Fisch. ex DC.

（6）柳叶风毛菊 *Saussurea salicifolia*（L.）DC.

25）鸦葱属 *Scorzonera* L.

（1）笔管草（华北鸦葱）*Scorzonera albicaulis* Bunge

（2）鸦葱 *Scorzonera glabra* Rupr.

26）千里光属 *Senecio* L.

（1）大花千里光 *Senecio ambraceus* Turcz ex DC.

（2）羽叶千里光 *Senecio argunensis* Turcz.

（3）麻叶千里光 *Senecio cannabifolius* Less.

27）麻花头属 *Serratula* L.

（1）麻花头 *Serratula centauroides* L.

（2）伪泥胡菜 *Serratula coronata* L.

28）一枝黄花属 *Solidago* L.

（1）兴安一枝黄花 *Solidago virgaurea* L. var. *dahurica* Kitag.

29）苦苣菜属 *Sonchus* L.

（1）苣荬菜 *Sonchus brachyotus* DC.

30）兔儿伞属 *Syneilesis* Maxim.

（1）兔儿伞 *Syneilesis aconitifolia*（Bunge）Maxim.

31）山牛蒡属 *Synurus* Iljin

（1）山牛蒡 *Synurus deltoides*（Ait.）Nakai

32）菊蒿属 *Tanacetum* L.

（1）菊蒿 *Tanacetum vulgare* L.

33）蒲公英属 *Taraxacum* Weber.

（1）戟片蒲公英 *Taraxacum siaticum* Dahl.

（2）芥叶蒲公英 *Taraxacum brassicaefoliam* Kitag.

（3）红梗蒲公英 *Taraxacum erythopodium* Kitag.

（4）蒙古蒲公英 *Taraxacum mongolicum* Hand.-Mazz.

（5）东北蒲公英 *Taraxacum ohwianum* Kitam.

（6）凸尖蒲公英 *Taraxacum sinomongolicum* Kitag.

34）狗舌草属 *Tephroseris*（Rchb.）Rchb.

（1）狗舌草 *Tephroseris campestris*（Rutz.）Rchb.

（2）红轮狗舌草（红轮千里光）*Tephroseris flammeus*（Tutcz. ex DC.）Holub.

（3）湿生狗舌草（湿生千里光）*Tephroseris palustris*（L.）Four.

35）黄鹌菜属 *Youngia* Cass.

（1）细叶黄鹌菜 *Youngia tenuifolia*（Willd.）Babc. *et* Stebb.

75. 泽泻科 Alismataceae

1）泽泻属 *Alisma* L.

（1）泽泻 *Alisma plantago-aquatica* L.

（2）草泽泻 *Alisma gramineum* Lej.

2）慈姑属 *Sagittaria* L.

（1）慈姑 *Sagittaria trifolia* var. *sinensis*（Sims）Makino

（2）浮叶慈姑（小慈姑）*Sagittaria natans* Pall.

3）泽薹草属 *Caldesia* Parl.

（1）北泽薹草 *Caldesia parnassifolia*（Bassi ex L.）Parl.

76. 花蔺科 Butomaceae

1）花蔺属 *Butomus* L.

（1）花蔺 *Butomus umbellatus* L.

77. 水麦冬科 Juncaginaceae

1）水麦冬属 *Triglochin* L.

（1）水麦冬 *Triglochin palustre* L.

78. 眼子菜科 Potamogetonaceae

1）眼子菜属 *Potamogeton* L.

（1）东北眼子菜 *Potamogeton mandshuriensis* A. Benn.

（2）篦齿眼子菜 *Potamogeton pectinatus* L.

（3）小眼子菜 *Potamogeton pussillus* L.

79. 茨藻科 Najadaceae

1）茨藻属 *Najas* L.

（1）茨藻 *Najas marina* L.

80. 百合科 Liliaceae

1）葱属 *Allium* L.

（1）硬皮葱 *Allium ledebonrianum* Roem.

（2）长梗葱 *Allium neriniflorum* Baker

（3）野韭 *Allium ramosum* L.

（4）山韭 *Allium senescens* L.

（5）辉韭 *Allium strictum* Schrad.

2）天门冬属 *Asparagus* L.

　　（1）兴安天门冬 *Asparagus dauricus* Fisch. ex Link.

3）铃兰属 *Convallaria* L.

　　（1）铃兰 *Convallaria keiskei* Miq.

4）贝母属 *Fritillaria* L.

　　（1）轮叶贝母 *Fritillaria maximowiczii* Freyn

5）萱草属 *Hemerocallis* L.

　　（1）小黄花菜 *Hemerocallis minor* Mill.

　　（2）北黄花菜 *Hemerocallis lilioasphodelus* L.

6）百合属 *Lilium* L.

　　（1）毛百合 *Lilium dauricum* Ker-Gawl.

　　（2）山丹（细叶百合）*Lilium pumilum* DC.

7）舞鹤草属 *Maianthemum* Web.

　　（1）二叶舞鹤草 *Maianthemum bifolium*（L.）F. W. Schm.

8）重楼属 *Paris* L.

　　（1）北重楼 *Paris verticillata* M.-Bieb.

　　（2）四叶重楼 *Paris quadrifolia* L.

9）黄精属 *Polygonatum* Mill.

　　（1）小玉竹 *Polygonatum humile* Fisch. ex Maxim.

　　（2）玉竹 *Polygonatum odoratum*（Mill.）Druce

　　（3）黄精 *Polygonatum sibiricum* Redoute

10）鹿药属 *Smilacina* Desf.

　　（1）兴安鹿药 *Smilacina dahurica* Turcz. ex Fisch. *et* Mey.

　　（2）三叶鹿药 *Smilacina trifolia*（L.）Desf.

11）藜芦属 *Veratrum* L.

　　（1）兴安藜芦 *Veratrum dahuricum*（Turcz.）Loes. f.

　　（2）藜芦 *Veratrum nigrum* L.

12）棋盘花属 *Zigadenus* Michx.

　　（1）棋盘花 *Zigadenus sibiricus*（L.）A. Gray

81. 鸢尾科 Iridaceae

1）鸢尾属 *Iris* L.

　　（1）野鸢尾 *Iris dichotoma* Pall.

　　（2）溪荪 *Iris sanguinea* Donn ex Horn.

　　（3）粗根鸢尾 *Iris tigridia* Bunge

　　（4）单花鸢尾 *Iris uniflora* Pall. ex Link

　　（5）囊花鸢尾 *Iris vetricosa* Pall.

82. 灯心草科 Juncaceae

1）灯心草属 *Juncus* L.

（1）小灯心草 *Juncus bufonius* L.

（2）细灯心草 *Juncus gracillimus* V. Krecz. *et* Gontsch.

（3）栗花灯心草 *Juncus castaneus* Smith

（4）乳头灯心草 *Juncus papillosus franch* Fr. Sav.

2）地杨梅属 *Luzula* DC.

（1）淡花地杨梅 *Luzula pallescens* Swartz

（2）火红地杨梅 *Luzula rufescens* Fisch. ex E. Mey.

83. 鸭跖草科 Commelinaceae

1）鸭跖草属 *Commelina* L.

（1）鸭跖草 *Commelina communis* L.

84. 禾本科 Poaceae

1）芨芨草属 *Achnatherum* Beauv.

（1）毛颖芨芨草 *Achnatherum pubicalyx*（Ohwi）Keng.

2）剪股颖属 *Agrostis* L.

（1）小糠草 *Agrostis gigantea* Roth

（2）芒剪股颖 *Agrostis trinii* Turcz.

3）看麦娘属 *Alopecurus* L.

（1）看麦娘 *Alopecurus aequalis* Sobol.

（2）短穗看麦娘 *Alopecurus brachystachys* Bieb.

4）菵草属 *Beckmannia* Host

（1）菵草 *Beckmannia syzigachne*（Sterd.）Fern.

5）雀麦属 *Bromus* L.

（1）无芒雀麦 *Bromus inermis* Leyss.

6）拂子茅属 *Calamagrostis* Adans.

（1）小叶章 *Calamagrostis angustifolia* Kom.

（2）野青茅 *Calamagrostis arundinacea*（L.）Roth.

（3）拂子茅 *Calamagrostis epigejos*（L.）Roth.

（4）忽略野青茅 *Calamagrostis neglecta*（Ehrh.）Gaertn.，Mey *et* Schreb.

（5）假苇拂子茅 *Calamagrostis pseudophragmites*（Hall. f.）Koel.

（6）兴安野青茅 *Calamagrostis turczaninowii* Litv.

7）虎尾草属 *Chloris* Sw.

（1）虎尾草 *Chloris virgata* Swartz

8）隐子草属 *Cleistogenes* Keng

（1）多叶隐子草 *Cleistogenes polyphylla* Keng

9）发草属 *Deschampsia* Beauv.

（1）发草 *Deschampsia caespitosa*（L.）Beauv.

10）马唐属 *Digitaria* Hall.

（1）止血马唐 *Digitaria ischaemum*（Schreb.）Schreb.

11）稗属 *Echinochloa* Beauv.

　（1）野稗 *Echinochloa crusgalli*（L.）Beauv.

12）披碱草属 *Elymus* L.

　（1）肥披碱草 *Elymus excelsus* Turcz.

　（2）老芒麦 *Elymus sibiricus* L.

13）偃麦草属 *Elytrigia* Desv.

　（1）偃麦草 *Elytrigia repens*（L.）Desv. ex Nevski

14）画眉草属 *Eragrostis* Wolf.

　（1）大画眉草 *Eragrostis cilianensis*（All.）Link

　（2）小画眉草 *Eragrostis minor* Host

　（3）画眉草 *Eragrostis pilosa*（L.）Beauv.

15）羊茅属 *Festuca* L.

　（1）紫羊茅 *Festuca rubra* L.

16）甜茅属 *Glyceria* R. Br.

　（1）狭叶甜茅 *Glyceria spiculosa*（Fr. Schmidt）Rosh.

　（2）东北甜茅 *Glyceria triflora*（Korsh.）Kom.

17）异燕麦属 *Helictotrichon* Bess.

　（1）大穗异燕麦 *Helictotrichon dahuricum*（Kom.）Kitag.

　（2）异燕麦 *Helictotrichon schellianum*（Hack.）Kitag.

18）大麦属 *Hordeum* L.

　（1）短芒大麦草 *Hordeum brevisubulatum*（Trin.）Link

　（2）西伯利亚大麦 *Hordeum rosheviztii* Bowd.

19）溚草属 *Koeleria* Pers.

　（1）溚草 *Koeleria cristata*（L.）Pers.

20）银穗草属 *Leucopoa* Griseb.

　（1）银穗草 *Leucopoa albida*（Turcz. ex Trin.）Krecz. *et* Bobr.

21）赖草属 *Leymus* Hochst.

　（1）羊草 *Leymus chinensis*（Trin.）Tzvel.

22）臭草属 *Melica* L.

　（1）大臭草 *Melica turczaninoviana* Ohwi

23）鹬草属 *Phalaris* L.

　（1）鹬草 *Phalaris arundinacea* L.

24）梯牧草属 *Phleum* L.

　（1）假梯牧草 *Phleum phleoides*（L.）Korsten

25）芦苇属 *Phragmites* Trin.

　（1）芦苇 *Phragmites australis*（Clav.）Trin.

26）早熟禾属 *Poa* L.

　（1）早熟禾 *Poa annus* L.

（2）额尔古纳早熟禾 *Poa argunensis* Rosh.

（3）华灰早熟禾 *Poa botryoides*（Trin. ex Griseb.）Kom.

（4）孪枝早熟禾 *Poa mongolica*（Rendl.）Keng

（5）林地早熟禾 *Poa nemoralis* L

（6）泽地早熟禾 *Poa palustris* L.

（7）草地早熟禾 *Poa pratensis* L.

（8）假泽早熟禾 *Poa pseudo-palustris* Keng

（9）西伯利亚早熟禾 *Poa sibirica* Rosh.

（10）硬质早熟禾 *Poa sphondylodes* Trin.

（11）散穗早熟禾 *Poa subfastigiata* Trin.

27）碱茅属 *Puccinellia* Parl.

（1）鹤甫碱茅 *Puccinellia hauptiana*（V. Krecz.）V. Krecz.

（2）微药碱茅 *Puccinellia micrandra*（Keng）Keng

28）鹅观草属 *Roegneria* C. Koch

（1）缘毛鹅观草 *Roegneria pendulina* Nevski

29）狗尾草属 *Setaria* Beauv.

（1）断穗狗尾草 *Setaria arenaria* Kitag.

（2）狗尾草 *Setaria viridis*（L.）Beauv.

30）针茅属 *Stipa* L.

（1）狼针草 *Stipa baicalensis* Rosh.

31）菰属 *Zizania* L.

（1）菰 *Zizania latifolia*（Griseb.）Stapf

85. 天南星科 Araceae

1）菖蒲属 *Acorus* L.

（1）菖蒲 *Acorus calamus* L.

86. 浮萍科 Lemnaceae

1）浮萍属 *Lemna* L.

（1）浮萍 *Lemna minor* L.

（2）品藻 *Lemna trisulca* L.

2）紫萍属 *Spirodela* Schleid

（1）紫萍 *Spirodela polyrrhiza*（L.）Schleid.

87. 黑三棱科 Sparganiaceae

1）黑三棱属 *Sparganium* L.

（1）黑三棱 *Sparganium stoloniferum*（Graebn.）Buch.-Ham. ex Juz.

（2）小黑三棱 *Sparganium simplex* Huds.

（3）矮黑三棱 *Sparganium minimum* Wallr.

88. 香蒲科 Typhaceae

1）香蒲属 *Typha* L.

（1）狭叶香蒲 *Typha angustifolia* L.

（2）宽叶香蒲 *Typha latifolia* L.

（3）小香蒲 *Typha minima* Funk

89. 莎草科 Cyperaceae

1）薹草属 *Carex* L.

（1）灰脉薹草 *Carex appendiculata*（Trautv.）Kükenth.

（2）额尔古纳薹草 *Carex argunensis* Turcz. ex Trev.

（3）麻根薹草 *Carex arnellii* Christ ex Scheutz.

（4）丛薹草 *Carex caespitosa* L.

（5）羊胡子薹草 *Carex callitrichos* V. Krecz.

（6）兴安薹草 *Carex chinganensis* Litv.

（7）白山薹草 *Carex curta* Good.

（8）扁囊薹草 *Carex coriophora* Fisch. *et* C. A. Mey. ex Kunth

（9）狭囊薹草 *Carex diplasiocarpa* V. Krecz.

（10）野笠薹草 *Carex drymophila* Turcz. ex Steud.

（11）寸草 *Carex duriuscula* C. A. Mey.

（12）米柱薹草 *Carex glaucaeformis* Meinsh.

（13）玉簪薹草 *Carex globularis* L.

（14）红穗薹草 *Carex gotoi* Ohwi

（15）异鳞薹草 *Carex heterolepis* Bunge

（16）湿薹草 *Carex humida* Y. L. Chang *et* Y. L. Yang

（17）黄囊薹草 *Carex korshinskyi* Kom.

（18）凸脉薹草 *Carex lanceolata* Boott

（19）尖嘴薹草 *Carex leiorhyncha* C. A. Mey.

（20）沼薹草 *Carex limosa* L.

（21）紫鳞薹草 *Carex media* R. Br.

（22）乌拉薹草 *Carex meyeriana* Kunth

（23）柄薹草 *Carex mollissima* Christ. ex Scheutz

（24）翼果薹草 *Carex neurocarpa* Maxim.

（25）疣囊薹草 *Carex pallida* C. A. Mey.

（26）脚薹草 *Carex pediformis* C. A. Mey.

（27）柞薹草 *Carex pediformis* var. *pedunculata* Maxim.

（28）大穗薹草 *Carex rhynchophysa* C. A. Mey

（29）乌苏里薹草 *Carex ussuriensis* Kom.

（30）粗脉薹草 *Carex rugurosa* Kukenth.

（31）修氏薹草 *Carex schmidtii* Meinsh.

2）莎草属 *Cyperus* L.

（1）密穗莎草 *Cyperus fuscus* L.

3）荸荠属 *Eleocharis* R. Br.

（1）卵穗荸荠 *Eleocharis ovata*（Roth）Röcm.

（2）中间型荸荠 *Eleocharis intersita* Zinsert

（3）长刺牛毛毡 *Eleocharis yokoscensis*（Franch. *et* Sav）Tang *et* Wang

4）羊胡子草属 *Eriophorum* L.

（1）东方羊胡子草 *Eriophorum polystachion* L.

（2）羊胡子草 *Eriophorum vaginatum* L.

5）藨草属 *Scirpus* L.

（1）东方藨草 *Scirpus orientalis* Ohwi

（2）水葱 *Scirpus tabernaemontani* Gmel.

90. 兰科 Orchidaceae

1）杓兰属 *Cypripedium* L.

（1）斑花杓兰 *Cypripedium guttatum* Sw.

（2）大花杓兰 *Cypripedium macranthum* Sw.

2）斑叶兰属 *Goodyera* R. Br.

（1）小斑叶兰 *Goodyera repens*（L.）R. Br.

3）手参属 *Gymnadenia* R. Br.

（1）手掌参 *Gymnadenia conopsea*（L.）R. Br .

4）沼兰属 *Malaxis* Soland ex Swartz

（1）沼兰 *Malaxis monophyllos*（L.）Swartz

5）红门兰属 *Orchis* L.

（1）广布红门兰 *Orchis chusua* D. Don

6）舌唇兰属 *Platanthera* L. C. Rich.

（1）密花舌唇兰 *Platanthera hologlottis* Maxim.

7）绶草属 *Spiranthes* L. C. Rich.

（1）绶草 *Spiranthes sinensis*（Pers.）Ames

8）蜻蜓兰属 *Tulotis* Raf.

（1）蜻蜓兰 *Tulotis fuscescens*（L.）Czer.

9）兜被兰属 *Neottianthe* Schltr.

（1）二叶兜被兰 *Neottianthe cucullata*（L.）Schltr.

3 植被分类原则、单位及系统

3.1 植被演化历史

额尔古纳国家级自然保护区属欧亚针叶林植物区,兴安落叶松林为该区的主要植被类型,偃松组成的矮曲林在山地也有分布,阴暗针叶林却出现的不多,但根据植物区系发生历史的研究说明落叶松属是松科植物中比较年轻的一支,它以秋季集中落叶的特性适应于严酷的气候条件。兴安落叶松也是随着东西伯利亚地区大陆性的增强和土壤冰冻层的扩展而发生的树种。根据古植物学的研究,在更新世早期以前,东西伯利亚的气候较适于暗针叶林的发育,除云杉属及松属等常绿针叶树种外,西伯利亚落叶松有广泛分布。从更新世起,它的分布逐渐向西退却,到更新世末期,已有兴安落叶松的化石,并有与它相伴的植物,与现代的类型是相同的。由此可见,更新世中期以来,东西伯利亚地区气候的大陆性在逐渐加强,导致暗针叶林及西拉利亚落叶松林的分布向西退却,而兴安落叶松就是随着严酷的生态条件发生而逐渐演化形成的。以后到全新世之初沿着山地及冻土区等特殊生境一直往西、往南扩展。后冰期随气候回暖,分布区南界又有所北退,分布海拔也有上升,并逐渐形成现代分布范围,使其成为适应于大陆性寒冷气候的针叶林类型,可见兴安落叶松是东西伯利亚泰加林区系成分的典型代表。它在各种严酷环境中建群成林,并且逐渐分化形成若干不同的生态型。

3.2 植被类型分布

虽然保护区处于欧亚针叶林区,兴安落叶松是本区占优势的显域性植被,并分化成不同的林型,但是还有一些特定生境条件下所形成的其他森林、灌丛、草甸、沼泽等植被类型的分布,因而构成比较复杂的生态组合。其中兴安落叶松林的各种林型也在本区的植被组合中形成一定的生态系列。

兴安落叶松-杜鹃林是本区最基本的林型,占据最典型的生境,分布面积也最大。随着海拔的升高,在山体上部出现兴安落叶松-偃松林,这是更适应于高寒气候条件的类型。在不同程度的沼泽化生境中,也相应发育着一些不同的林型,例如,兴安落叶松-杜香林是轻微沼泽化土壤上的类型,兴安落叶松-柴桦林则占据着河谷沼泽化生境,而兴安落叶松-水藓林是沼泽化程度较高的林型。在旱化的生境中,兴安落叶松-草类林有大面积的分布。向山地东部过渡或海拔较低的生境中,则常常形成兴安落叶松-蒙古栎林及兴安落叶松-黑桦林。这些不同林型所构成的完整系列是大兴安岭北部山地针叶林植被的主体,不但占据最大的面积,而且是最稳定的群落类型。

樟子松林也是保护区山地针叶林的两个群系之一,但出现的很少,只有零星片状分布。樟子松林多见于山地北部陡峭的阳坡,被包围在大面积的兴安落叶松林间,呈小片的岛状分布。

　　次生阔叶林在本区所常见的类型主要有黑桦林、白桦林与山杨林等。黑桦林是山地的主要次生林，可分布于海拔 1000m 以下的山坡，是耐寒耐瘠薄的阳性树种。因受大兴安岭东部夏绿阔叶林的影响，黑桦林也常有蒙古栎混生，林下植物也有不少是夏绿阔叶林成分。白桦林是分布更广的次生林类型，对石质陡坡、砂砾质坡地及河谷沼泽化生境都有较强的适应性。在兴安落叶松林采伐迹地上或火烧迹地上，白桦常为先锋树种，组成纯林。随着林龄的增长，逐渐演变为落叶松+白桦混生林。山杨林也是兴安落叶松林破坏后发育的次生林，既可作为先锋树种组成幼年纯林，也可与白桦或蒙古栎混交成林。

　　除上述森林类型外，草甸、沼泽植被也是本保护区植被结构中的组成部分。最主要的草甸类型是中生杂类草组成的山地五花草甸、薹草类占优势的沼泽草甸及小叶章沼泽草甸等。沼泽植被有些是因冻土层隔水而形成的高位沼泽，也有些是在河谷低地发育的低位沼泽，泥炭藓类沼泽及柴桦、杜香等形成的灌木沼泽等。

3.3　植　被　分　类

3.3.1　植被分类原则

　　植被分类是研究、认识一个地区植被的基础，它反映各群落的本身特征及其与环境间的内在联系，植物群落是植被的最基本组成单位。兴安落叶松虽然是本保护区的地带性植被，并有不同林型的分化，但是还有一些特定生境条件下所形成的其他森林、灌丛、草甸、沼泽等植物群落类型的分布，因而构成比较复杂的生态组合。

　　保护区采用的分类原则，基本按《中国植被》（吴征镒等，1980）中的原则，但是由于保护区地处寒温带，气候条件差，植被较简单，故略有不同。

3.3.2　植被分类的单位和系统

　　保护区采取的分类单位有植被型、植被亚型、群系组、群系、群丛五级。其中以植被型（高级分类单位）、群系（中级分类单位）和群丛（基本单位）为主要分类单位。

　　植被型：为本分类系统的最高级分类单位，凡是建群种生活型相同或相近、群落的形态、外貌相似的植物群落均纳入同一植被型。如森林、草甸等。

　　植被亚型：为本分类系统的中高级分类单位。在同一植被型内，将建群种生活型相同或相近的，同时与水热条件等生态关系一致的植物群落纳入同一植被亚型。如针叶林、阔叶林等，用 I、II、III……统一编号。

　　群系组：在植被型（或植被亚型）中，根据建群种亲缘关系，也就是在植物分类上属于同一属的划分为群系组。如落叶松林、桦树林等，用一、二、三……统一编号。

　　群系：为本分类系统的最重要的中级分类单位。根据建群种或共建种相同的植物群落而划分为群系。如白桦林、山杨林等，用（一）、（二）、（三）……统一编号。

　　群丛：是本分类系统的基本单位。根据层片结构，将各层片优势种或共优势种相同的植物群落划分为群丛，如草类、兴安落叶松林，杜鹃、白桦林等，用 1、2、3.……统一编号。

3.4 额尔古纳国家级自然保护区主要植被类型

根据上述分类系统和各级分类单位的划分标准，保护区植被类型包括 6 个植被型、14 个植被亚型、34 个群系组、41 个群系、52 个群丛。

森林

Ⅰ 针叶林

一、落叶松林

（一）兴安落叶松林

1. 泥炭藓、细叶杜香、兴安落叶松沼泽林
2. 修氏薹草（羊胡子草）、柴桦、兴安落叶松沼泽林
3. 草类、兴安落叶松林
4. 兴安薹草、杜香、兴安落叶松林
5. 凸脉薹草、越桔、兴安落叶松林
6. 越桔、细叶杜香、兴安落叶松林
7. 薹草、兴安杜鹃、兴安落叶松林
8. 越桔、偃松、兴安落叶松林

二、松林

（二）樟子松林

9. 越桔、兴安杜鹃、樟子松林

三、针叶混交林

（三）兴安落叶松、樟子松混交林

10. 兴安杜鹃、兴安落叶松、樟子松林

Ⅱ 针阔混交林

四、落叶松、桦树混交林

（四）兴安落叶松、白桦林

11. 草类、兴安落叶松、白桦林
12. 细叶杜香、兴安落叶松、白桦林
13. 越桔、兴安落叶松、白桦林
14. 兴安杜鹃、兴安落叶松、白桦林

五、落叶松、杨树混交林

（五）兴安落叶松、山杨林

15. 草类、兴安落叶松、山杨林

Ⅲ 阔叶林

六、桦树林

（六）白桦林

16. 草类、白桦林
17. 凸脉薹草、兴安杜鹃、白桦林

（七）黑桦林

　　18. 兴安百里香、欧亚绣线菊、黑桦林

七、杨树林

　（八）山杨林

　　19. 草类、山杨林

　（九）甜杨林

　　20. 小叶章、红瑞木、甜杨林

八、赤杨林

　（十）东北赤杨林

　　21. 蚊子草、五蕊柳、东北赤杨林

九、钻天柳林

　（十一）钻天柳林

　　22. 蚊子草、稠李、钻天柳林

十、榆树林

　（十二）大果榆林

　　23. 线叶菊、兴安百里香、大果榆林

十一、稠李林

　（十三）稠李林

　　24. 小叶章、绣线菊、稠李林

十二、阔叶混交林

　（十四）白桦、黑桦林

　　25. 草类、白桦、黑桦林

灌丛

　Ⅳ　**针叶灌丛**

　十三、偃松灌丛

　（十五）偃松灌丛

　　26. 越桔、偃松灌丛

　Ⅴ　**阔叶灌丛**

　十四、杏灌丛

　（十六）山杏灌丛

　　27. 兴安百里香、山杏灌丛

　（十七）绣线菊灌丛

　　28. 蚊子草、绣线菊灌丛

　（十八）欧亚绣线菊灌丛

　　29. 小白花地榆、欧亚绣线菊灌丛

　（十九）珍珠梅灌丛

　　30. 珍珠梅灌丛

　十五、悬钩子灌丛

（二十）库页悬钩子灌丛

  31. 库页悬钩子灌丛

十六、蔷薇灌丛

（二十一）山刺玫灌丛

  32. 山刺玫灌丛

十七、金露梅灌丛

（二十二）金露梅灌丛

  33. 金露梅灌丛

草原

Ⅵ　草甸草原

十八、线叶菊草甸草原

（二十三）线叶菊草甸草原

  34. 狼针草、线叶菊草甸草原

十九、百里香草甸草原

（二十四）兴安百里香草甸草原

  35. 线叶菊、兴安百里香草甸草原

草甸

Ⅶ　典型草甸

二十、小叶章草甸

（二十五）小叶章草甸

  36. 小白花地榆、短瓣金莲花、小叶章草甸

Ⅷ　沼泽草甸

二十一、薹草、拂子茅沼泽草甸

（二十六）修氏薹草、小叶章沼泽草甸

  37. 修氏薹草、小叶章沼泽草甸

沼泽

Ⅸ　灌木沼泽

二十二、灌木桦沼泽

（二十七）柴桦灌木沼泽

  38. 修氏薹草、柴桦灌木沼泽

二十三、柳灌丛沼泽

（二十八）蒿柳灌丛沼泽

  39. 小叶章、绣线菊、蒿柳灌丛沼泽

（二十九）粉枝柳灌丛沼泽

  40. 小叶章、绣线菊、粉枝柳灌丛沼泽

二十四、茶藨子灌丛沼泽

（三十）水葡萄茶藨子灌丛沼泽

  41. 修氏薹草、水葡萄茶藨子沼泽灌丛

Ⅹ　草本沼泽
　　二十五、草甸沼泽
　　（三十一）修氏薹草沼泽
　　　　42. 小叶章、修氏薹草沼泽
　　（三十二）大穗薹草沼泽
　　　　43. 修氏薹草、大穗薹草沼泽
　　二十六、典型沼泽
　　（三十三）灰脉薹草沼泽
　　　　44. 修氏薹草、灰脉薹草沼泽

草塘
　Ⅺ　浮叶型草塘
　　二十七、驴蹄草草塘
　　（三十四）白花驴蹄草草塘
　　　　45. 小掌叶毛茛、白花驴蹄草草塘
　Ⅻ　漂浮型草塘
　　二十八、浮萍草塘
　　（三十五）浮萍草塘
　　　　46. 槐叶苹、浮萍草塘
　　二十九、叉钱苔草塘
　　（三十六）叉钱苔草塘
　　　　47. 叉钱苔草塘
　Ⅻ　沉水型草塘
　　三十、眼子菜草塘
　　（三十七）篦齿眼子菜草塘
　　　　48. 穗状狐尾藻、篦齿眼子菜草塘
　　三十一、毛茛草塘
　　（三十八）长叶水毛茛草塘
　　　　49. 长叶水毛茛草塘
　ⅪⅤ　挺水型草塘
　　三十二、香蒲草塘
　　（三十九）狭叶香蒲草塘
　　　　50. 紫萍、狭叶香蒲草塘
　　三十三、黑三棱草塘
　　（四十）矮黑三棱草塘
　　　　51. 矮黑三棱草塘
　　三十四、杉叶藻草塘
　　（四十一）杉叶藻草塘
　　　　52. 杉叶藻草塘

4 森林生态系统多样性

4.1 森林生态系统

森林为本保护区的绝对优势植被型，分布面积大，纵贯全区。森林就是以乔木树种为主体的生态系统，从树种组成上，可分为 3 个亚型，即针叶林、针阔混交林及阔叶林，其中针叶林为本区地带性植被，由于本保护区是天然火灾高发区，为此，原生针叶林火烧后，衍生成阔叶林或针阔混交林。

4.1.1 针叶林

本保护区的针叶林均属寒温带针叶林，包括落叶松林及樟子松林，两类针叶林多为原生植被，其中以各类落叶松林占绝对优势，几纵贯全区，并为地带性植被，而樟子松林则多镶嵌在各类落叶松林间。

4.1.1.1 落叶松林——兴安落叶松林（Form. *Larix gmelini*）

保护区的落叶松仅包括一个群系，即兴安落叶松林，是本区主要植被类型，是欧亚针叶林区东西伯利亚的特有种，林木高茂，木材蓄积量大，但结构简单、林相整齐，属于典型的东西伯利亚明亮针叶林。在保护区有 54 056hm^2，占保护区总面积的 50.9%。

兴安落叶松林适应范围很广，在较干旱瘠薄的石砾山地及水湿的沼泽地均能生长成林。其根系具有很强的可塑性，能够在寒冷的土壤中进行生理活动，且能在很短的生长期中通过强烈的同化和蒸腾作用完成生活周期，并由于冬季落叶这一特征，更使其具有较强的抗寒能力。由于兴安落叶松的生态适宜范围很广，依生境条件的差异，在植组成结构和外貌上有很大变化，可划分为 8 个群丛。

（1）泥炭藓、细叶杜香、兴安落叶松沼泽林（Ass. *Sphagnum* spp.，*Ledum palustre*，*Larix gmelini*）

此类兴安落叶松沼泽林是细叶杜香、兴安落叶松林进一步沼泽化而形成的，主要分布在山地中部阴坡、半阴坡的低洼地段或地势平坦地带，海拔 600～800m 地带或海拔 550m 以下低凹地带。永冻层的存在是形成此类兴安落叶松沼泽林的最重要条件，此永冻层在最暖季节（7 月）存在于距离地表 50～80cm 处，地表滞水，造成林地较冷湿。土壤为泥炭潜育沼泽土，其特征是具有泥炭层，厚度平均为 25cm，由于水分过多，造成土壤 B 层有潜育现象；其下为永冻层，土壤贫瘠，致使植物呈生理干旱，兴安落叶松立木生产力很低。

该林型主要分布于河口林场（86、111、35 林班等）、东沿江林场（63、66、82 林班等）、江畔林场（16、24 林班等）、西沿江林场（56、26 林班等），所占面积 1573.29hm^2。群落高 8～16m，郁闭度 0.4～0.6，总盖度 95%，外貌不整齐，层次较明显。植物组成简单，常见植物仅有 56 种，其中维管束植物有 47 种，苔藓、地衣 9 种。兴安落叶松、细叶杜香、毛蒿豆或笃斯越桔、多种泥炭藓为优势植物。此类兴安落叶松林可分为3层，即乔木层、草本-灌木层、苔藓层。

乔木层主要由兴安落叶松组成。林木组成单纯，郁闭度为0.4（0.6），林龄大体一致，基本上是成熟林占优势。同时由于林内水分过多，致使立木中有很多病腐木或枯梢，形成"小老树"，当地称"小老头林"。

林下兴安落叶松的幼树稀疏，在小丘上呈团状分布，幼树年龄多在1～10年，但幼树生命力很弱，平均0.2株/m^2。幼树在4龄以内时，由于土壤上层水分过多、缺氧、地温低，往往大量死亡。

灌木层不论在种类还是数量上均不发育，仅呈团状或零星分布，以细叶杜香（*Ledum palustre*）和多种泥炭藓为优势，常见的还有笃斯越桔（*Vaccinium uliginosum*），有时还见细叶沼柳（*Salix rosmarinifolia*）、沼柳（*Salix rosmorinifolia* var. *brachypoda*）、越桔柳（*Salix myrtilloides*）、柴桦（*Betula fruticosa*）、兴安柳（*Salix hsinganica*）、山刺玫（*Rosa davurica*）等。

草本-灌木层极发育，总盖度可达50%以上，主要由越桔（*Vaccinium vitis-idaea*）和毛蒿豆（*Oxycoccus microcarpus*）组成。主要伴生植物包括玉簪薹草（*Carex globularis*）、三叶鹿药（*Smilacina trifolia*）、小花沼地马先蒿（*Pedicularis palustris* subsp. *karoi*）和舞鹤草（*Maianthemum dihatatum*）等。

林下苔藓层十分发育，由多种泥炭藓组成，其中最有代表性的种是泥炭藓（*Sphagnum palustre*）、尖叶泥炭藓（*Sphagnum capillifolium*）、粗叶泥炭藓（*Sphagnum squarrosum*）、中位泥炭藓（*Sphagnum magellanicum*）等。

该群丛属湿地类型，不能进行任何方式的开发利用，否则会发生强烈沼泽化过程。

（2）修氏薹草（羊胡子草）、柴桦、兴安落叶松沼泽林[Ass. *Carex schmidtii*（*Eriophorum vaginatum*），*Betula fruticosa*，*Larix gmelini*]

此类兴安落叶松林不甚普遍，多分布在海拔500～600m的沟塘、河岸阶地或沟谷低湿平坦地段。主要分布于河口林场（176、80、5林班等）、东沿江林场（20、43林班等）、江畔林场（10、31林班等）、西沿江林场（55、25林班等）、太平林场（15林班），面积约为1452hm^2。土壤为沼泽土。生境恶劣，生产力差，常形成"小老树"，群众称"落叶松甸子"。植物组成较为简单，约有56种。

此类沼泽林为原生林，郁闭度为0.4～0.5，外貌不整齐，层次明显，可分为乔木、灌木和草本植物三层。乔木层高6～10m，盖度为25%～30%。可分为两个亚层：第一亚层高8～10m，主要为兴安落叶松，盖度占乔木层25%，其次是白桦，盖度占乔木层20%；第二亚层高5～7m，除上述树种的幼树外，还混有极少量东北赤杨。

灌木层较发育，其组成种类较多，盖度为70%～80%，层高度为0.3～1.6m。主要有柴桦，高度达1.5m，盖度达45%。其次是笃斯越桔、杜香、珍珠梅（*Sorbaria sorbifolia*）、绣线菊（*Spiraea salicifolia*）、蓝靛果忍冬（*Lonicera edulis*）、小叶杜鹃等。

草本植物层种类较丰富，盖度达90%，高度为0.1～1.1m，主要由地面芽植物组成。以修氏薹草为主，盖度达60%，在有些地段羊胡子草占优势。其次为小叶章（*Calamagrostis angustifolia*）、小白花地榆（*Sanguisorba tenuifolia* var. *alba*）、舞鹤草、林地早熟禾（*Poa nemoralis*)、山尖子（*Cacalia hastata*）、北山莴苣（*Lactuca sibirica*）、三花龙胆（*Gentiana triflora*）、老山芹（*Herocleum barbatum*）、伞花山柳菊（*Hieracium umbellatum*）、细叶繁缕（*Stellaria filicaulis*）、种阜草（*Moehringia lateriflora*）、毛脉酸模（*Rumex gmelinii*）、西伯利亚蓼（*Polygonum sibiricum*）、沼繁缕（*Stellaria palustris*）、三叶鹿药（*Smilacina trifolia*）等。一年生植物仅见到箭叶蓼（*Polygonum sieboldii*）。地下芽植物有细叶乌头（*Aconitum macrorhynchum*）、蔓乌头、玉竹、兴安木贼（*Hippochaett variegatum*）等，以及混有草本状小灌木如北悬钩子（*Rubus arcticus*）等。苔藓植物不成层，局部地段有粗叶泥炭藓、皱蒴藓（*Aulacomnia* spp.）和金发藓（*Polytrichum* spp.）、拟垂枝藓（*Rhytidiadelphus triquetrus*）等。

此类沼泽林的兴安落叶松生长不良，遭破坏后，修氏薹草与藓类植物繁茂，形成"塔头甸子"（沼泽），造成更新上的困难，属湿地类型，不能利用。

（3）草类、兴安落叶松林（Ass. *Herbage*，*Larix gmelini*）

此类兴安落叶松集中分布在山地下部的阳坡、半阳坡，坡度一般为6°～10°。主要分布于河口林场（57、114、95林班等）、东沿江林场（2、70、21林班等）、江畔林场（11、4、2林班等）、西沿江林场（100、3、89林班等）、太平林场（66、82林班等），面积为12458hm²，占保护区总面积的11.9%。其中幼龄林2679hm²，占该类型面积的21.5%；中龄林6734hm²，占54.1%；近熟林85hm²，占0.7%；成熟林1532hm²，占12.3%；过熟林1428hm²，占11.5%。近成过熟林面积占24.4%。土壤为棕色泰加林土，较肥沃。

常见的组成植物可达102种，其中维管束植物占91种，苔藓、地衣仅11种。此类兴安落叶松林为同龄林成层现象，层片结构简单，主要为乔木层和草本-灌木层。

乔木层高22～28m，最高可达30m，郁闭度0.5～0.7。年生长量达2～3m³，每公顷材积量200～300m³。主要由兴安落叶松构成，并常见有单株的白桦、山杨等混生。在局部条件下可能有较多的白桦生长。

林下灌木层极不发育，团状分布，不能连续成层，常见的仅为零星分布的绢毛绣线菊、兴安蔷薇、大叶蔷薇、黑果茶藨子等。

草本-灌木层十分发育，总盖度可达90%以上，高度为20～100cm，主要有小叶章、矮山黧豆、铃兰、越桔、红花鹿蹄草、舞鹤草、单花鸢尾、七瓣莲和柳兰等，同时还零星分布有蕨类植物林问荆、草问荆等。

苔藓、地衣层不发育，仅在局部低湿处、树干基部、树干上有零星分布，常见种为曲背藓、曲尾藓、沼泽皱蒴藓、石蕊（*Cladonia grolis*）等。有时还可见万年藓（*Climacium dendroides*）和塔藓（*Hylocomium splendens*）出现，但大多发育不良。

有时林下常有大量更新幼树，每公顷可达1万～3万株，以兴安落叶松为主，混有少量白桦、山杨等阔叶树种。

（4）兴安薹草、细叶杜香、兴安落叶松林（Ass. *Carex chinganensis*，*Ledum palustre*，*Larix gmelini*）

该林型主要分布于河口林场（94、14林班等）、东沿江林场（36、60林班等）、江畔林场（10、31林班等）、西沿江林场（55、25林班等）、太平林场（15林班），面积为1818hm²，占保护区面积的1.7%。其中幼龄林185hm²，占10.1%；中龄林243hm²，占13.4%；成熟林 354hm², 占 19.5%; 过熟林 1036hm², 占 57.0%。成过熟林占该类型面积的 76.5%。因此, 该类型地是以成过熟林为主。主要分布在坡度 5°~10° 的阴坡、半阴坡下部, 在丘漫岗和阶地等比较平缓的地形上, 在海拔 400~900m 均可见到。生境较冷湿, 水分充足, 并常有滞水现象。土壤为潜育泥炭化棕色针叶林土, 枯枝落叶分解不良, 形成明显的潜育化和泥炭化现象, 加之土层极薄, 又具永冻层, 影响立木生长, 致使立木低矮, 胸径小, 林相虽整齐, 但枯腐木较多, 同时水平根系很浅, 故林内倒木较多。林下杜香成片, 占绝对优势, 也混有相当数量的越桔。

此类兴安落叶松林的组成植物可达 73 种, 其中维管束植物有 60 种, 苔藓、地衣可达 13 种。可分为乔木层、草本-灌木层和苔藓、地衣层。

泥炭藓、细叶杜香、兴安落叶松林中乔木层多为兴安落叶松纯林, 立木天然整枝情况良好, 削度不大。每公顷林地立木约 1000 株, 每公顷材积量 100~250m³, 年生长量 1~1.5m³。郁闭度 0.5~0.7, 高 18~20m。在个别地段有少量的白桦、山杨混生, 林下兴安落叶松天然更新不良。

草本-灌木层极发育, 总盖度可达 90% 以上。第一亚层主要由细叶杜香组成。在与兴安落叶松林、兴安杜鹃相邻处即地势较高地段, 下木较常见的有兴安杜鹃和东北赤杨。在低洼地形处常见大叶蔷薇、绢毛绣线菊、笃斯越桔等。除细叶杜香和各种灌木外, 草本主要有灰脉薹草 (*Carex appendiculata*)、玉簪薹草 (*Carex globularis*)、小叶章、矮山黧豆等中生、中湿生植物。第二亚层主要由越桔、红花鹿蹄草、七瓣莲、舞鹤草等组成。有时还混生有蕨类植物石松、林问荆 (*Equisetum sylvaticum*) 等。

苔藓、地衣层很发育, 总盖度在 40% 以上, 组成种类较多, 主要种为沼泽皱蒴藓 (*Aulacomnium palustre*)、湿地藓 (*Hyophila involuta*)、桧叶金发藓 (*Polytrichum juniperinum*)、高山曲尾藓 (*Dicranum bergeri*), 分布普遍。在低湿处则以粗叶泥炭藓 (*Sphagnum squarrosum*)、中位泥炭藓 (*Sphagnum magellanicum*)、水藓 (*Fontinalis antipyretica*) 构成的小群落占优势。由于苔藓、地衣层很厚, 对兴安落叶松萌发有利, 故林下幼苗很多。每公顷 10 年以上幼树达 2000 株, 10 年以下的幼树可达万余株, 但因草本-灌木层很茂密, 妨碍了幼苗发育成幼树, 因此, 林下兴安落叶松更新表现出幼苗多, 幼树少的特点。

(5) 凸脉薹草、越桔、兴安落叶松林 (Ass. *Carex lanceolata*, *Vaccinium vitis-idaea*, *Larix gmelini*)

此类兴安落叶松林多见于坡中部或上部缓坡地段, 占据海拔 600~850m 东南或西南坡地带, 包括河口林场 (188、200 林班等)、东沿江林场 (1、11 班等)、太平林场 (32 林班), 面积约为 649hm²。土壤属棕色针叶林土, 土层厚约 25cm, 湿润, 排水良好, 由山坡冲积或坡积而成, 略有灰化现象。该森林植被类型多与兴安杜鹃、兴安落叶松林和杜香、兴安落叶松林呈镶嵌分布。

此类兴安落叶松林的植物组成较简单, 常见植物有 52 种, 其中维管束植物有 45 种, 苔藓、地衣仅 7 种。群落高 19~22m, 郁闭度 0.7, 群落总盖度为 90% 以上。此类兴安落叶松林只能分成乔木层、草本-灌木层两层。乔木层由兴安落叶松构成优势层片。有时混有少量白桦和樟子松 (*Pinus sylvestris* var. *mongolica*), 在局部地带可见崖柳 (*Salix floderusii*)、大黄柳（*Salix raddeana*）和黑桦等。

灌木层不明显，有星散分布的刺蔷薇、兴安杜鹃、绣线菊、库页悬钩子（*Rubus sachalinensis*）、细叶杜香等。

草本-灌木层极发育，其中以越桔组成为绝对优势层片。草本植物包括凸脉薹草（*Carex lanceolata*）、兴安野青茅（*Calamagrostis turczaninowii*）、齿叶风毛菊（*Saussurea neoserrata*）、羽叶风毛菊（*Saussurea maximowiczii*）、单花鸢尾（*Iris uniflora*）、高山紫菀（*Aster alpinus*）、山蒿（*Artemisia brachyloba*）、裂叶蒿（*Artemisia tanacetifolia*）、兴安老鹳草（*Geranium maximowiczii*）、东北羊角芹（小叶芹）（*Aegopodium alpestre*）、铃兰（*Convallaria keiskei*）、舞鹤草、七瓣莲和兴安鹿药（*Smilacina davurica*）、展枝沙参（*Adenophora divaricata*）、轮叶沙参（*Adenophora tetraphylla*）、锯齿沙参（*Adenophora tricuspidata*）和林问荆（*Equisetum sylvaticum*）等。

苔藓、地衣层不发育，仅于局部低湿处有大金发藓（*Polytrichum commune*）、桧叶金发藓（*Polytrichum juniperinum*）、赤茎藓（*Pleurozium schreberi*）、青藓（*Brachythecium albicans*）等构成的小群落。此类兴安落叶松林下天然更新良好，尤其林窗处有大量的兴安落叶松的更新幼苗，且生长良好。

（6）越桔、细叶杜香、兴安落叶松林（Ass. *Vaccinium vitis-idaea*，*Ledum palustre*，*Larix gmelini*）

此类兴安落叶松林在保护区内多分布在山地中部寒温性针叶林亚带，或山地下部寒温性针叶林亚带范畴局部冷温地段，占据海拔 550～900m 地带，分布坡度平缓，坡度多在 5°以内。主要包括河口林场（131、24、18 林班等）、东沿江林场（16、76、41 林班等）、江畔林场（1、5 林班等）、西沿江林场（105、98、85 林班等）、太平林场（28 林班），面积为 10 288hm²。该森林生境条件的另一特点是地面常覆盖着大量岩石，总盖度常超过50%，故有的学者称其为"石塘兴安落叶松林"，其生境也是冷湿，故岩石表面满覆苔藓，林下优势小灌木也是细叶杜香（*Ledum palustre*）和越桔（*Vaccinium vitis-idaea*），二者多度和频度均相近，故与越桔、兴安落叶松林有别，成为一独立植物群落。该群落高 12～14m，郁闭度 0.6，群落盖度 70%～90%，外貌不整齐。该森林植被植物组成简单，据初步统计仅有 66 种，其中维管束植物占 56 种，苔藓植物 10 种。

此类兴安落叶松林的乔木层中，兴安落叶松植物层片为优势层片。兴安落叶松成为纯林，立木密度大，每公顷可超过千株，但生长不良，成熟林树高仅 12～14m，胸径 12～14cm，故生产力极低。此外混生少量白桦，生长势弱。

灌木层发育中等、稀疏，以杜香为优势层片。混生有柴桦、扇叶桦（*Betula middendorffii*）、笃斯越桔、兴安柳、金露梅、兴安杜鹃、兴安桧、山刺玫、刺蔷薇、黑果茶藨子等。

草本-灌木层总盖度仅达 70%～90%，可分为两个亚层。第一亚层有小叶章、柳兰（*Chamaenerion angustifolium*）、轮叶沙参（*Adenophora tetraphylla*）、锯齿沙参（*Adenophora tricuspidata*）、齿叶风毛菊、兴安老鹳草（*Geranium maximowiczii*）、大叶野豌豆（*Vicia pseudorobus*）、贝加尔野豌豆、山蒿、地榆（*Sanguisorba officinalis*）等。第二亚层以越桔、薹草（*Carex* sp.）、东北羊角芹（*Aegopodium alpestre*）、白花堇菜（*Viola patrinii*）、库页

堇菜（*Viola sacchalinensis*）、林问荆、铃兰等为主，在石缝间还可见刺虎耳草（*Saxifraga bronchialis*）。

苔藓、地衣层中，地衣尤其发达，总盖度可达 90%以上。苔藓优势种有塔藓（*Hylocomium splendens*）、赤茎藓（*Pleurozium schreberi*）、曲尾藓（*Dicranum robusium*）和大金发藓（*Polytrichum commune*）。地衣种类特别丰富，如附生在岩石上、树干基部的黑穗石蕊（*Cladonia amaurocraea*）、枪石蕊（*Cladonia coniocraea*）和冰岛衣（*Cetraria islandica*）等；在岩石阴湿面和阴湿树干上附生有地钱（*Marchantia polymorpha*）；树枝、树干普遍附生黑树发（*Alectoria jubata*）。由于林内阴湿，苔藓、地衣层厚，兴安落叶松天然更新很差。

（7）薹草、兴安杜鹃、兴安落叶松林（Ass. *Carex* spp.，*Rhododendron dauricum*，*Larix gmelini*）

此类兴安落叶松林为山地中部寒温性针叶林亚带的地带性植被，是构成保护区植被的主要森林植被类型。分布最广泛，一般分布在海拔 450～1000m，坡度 10°～20°的阳坡、半阳坡或分水岭上。林木高茂，但结构简单，林相整齐，属于典型的东西伯利亚明亮针叶林。

该林型主要分布于河口林场（115、109、41 林班等）、东沿江林场（20、43 林班等）、江畔林场（10、31 林班等）、西沿江林场（55、25 林班等）、太平林场（31、33 林班等），分布面积为 39 638hm²，占保护区兴安落叶松林总面积的 72.6%，占保护区总面积的 37.3%。其中幼龄林 1427hm²，占该类型面积 3.6%；中龄林 9605hm²，占该类型面积 24.2%；近熟林 1063hm²，占该类型面积的 2.7%；成熟林 14 333hm²，占该类型面积的 36.2%；过熟林 13 210hm²，占该类型面积的 33.3%。因此，该杜鹃、兴安落叶松林是以成过熟林占优势的类型。

常见的组成植物可达 67 种，其中维管束植物 52 种，苔藓、地衣 15 种。兴安落叶松与兴安杜鹃为建群种，同时混有较多的杜鹃花科的小灌木，如杜香、越桔、笃斯越桔等，它们是构成灌木层和草本-灌木层的主要组成种，这一点也反映出杜鹃、兴安落叶松林所处的生境具冷干的气候特点。乔木层和灌木层较发达，而草本-灌木层与苔藓、地衣层发育不良。

乔木层郁闭度约 0.6，高 20～28m，个别植株可达 30m。每公顷立木约平均 1500 株，年生长量 1.2～2.0m³，材积量 1500～2000m³/hm²。多为兴安落叶松一个树种，有时混生有少量的白桦和樟子松等树种。此类森林大多已过熟，但天然更新良好，林下兴安落叶松的幼树每公顷可达 1～5 万株，故形成复层异龄林。

灌木层极发达，总盖度可达 80%以上，兴安杜鹃组成的半常绿阔叶植物片层为优势片层，其盖度最高可达 90%，形成密集的灌木丛，高 1～1.5m。在郁闭度大的小生境中几无兴安杜鹃分布。在光照充足的生境中则兴安杜鹃形成密集的灌丛，其间混有少量刺蔷薇（*Rosa acicularis*）、欧亚绣线菊（*Spiraea media*）、金露梅（*Potentilla fruticosa*）、胡枝子等。在局部较低湿的环境中还有喜湿的灌木笃斯越桔、兴安柳（*Salix hsinganica*）、越桔柳（*Salix myrtilloides*）等生长。灌木稀疏处兴安落叶松天然更新良好，灌木茂密处则兴安落叶松更新不良。

草本-灌木层发育不良，总盖度仅达 35%，可分为两个亚层。第一亚层高 40～100cm。

主要由矮山黧豆（*Lathyrus humilis*）、贝加尔野豌豆（*Vicia ramuliflora* f. *baicalensis*）、龙江风毛菊（*Saussurea amurensis*）、各种沙参（*Adenophora* spp.）等草本植物组成。第二亚层高10～40cm，组成种多属耐阴草本和草本状小灌木，常见种有薹草（*Carex* sp.）、小叶芹（*Aegopodiun alpestre*）、东方草莓、单花鸢尾（*Iris uniflora*）、越桔、红花鹿蹄草（*Pyrola incarnata*）、舞鹤草、铃兰等。

苔藓、地衣层不发育，虽种类较多，但数量少，盖度低，不能连续成层，仅在局部因生境不同形成不同类型的小群落。常见种有槽梅衣（*Parmelia sulcata*）、毛梳藓（*Ptilium cristacastrensis*）、曲背藓（*Oncophorus wahlenbergii*）、桧叶金发藓（*Polytrichum juniperinum*）等。

薹草、兴安杜鹃、兴安落叶松林是成熟稳定的林型，不但种类成分比较丰富，而且种群格局也比较均匀，它在兴安落叶松林各种群落的生态系列中，占居中的位置。

（8）越桔、偃松、兴安落叶松林（Ass. *Vaccinium vitis-idaea*, *Pinus Pumila*, *Larix gmelini*）

此类兴安落叶松林是分布最高的兴安落叶松林。主要分布在山顶、山脊和坡向的山地上部及宽阔的分水岭上，一般分布于海拔900m以上。其生境气温低、风大，影响树木生长，仅形成以繁茂的偃松为林下灌木的兴安落叶松疏林。主要分布于东沿江林场（95、87林班等）、太平林场（50林班）、西沿江林场（115林班等），分布面积263hm²。土壤通常为粗骨性薄体针叶林土，肥力很低。由于生境条件较恶劣，致使植物组成简单。常见植物约53种，包括维管束植物37种，苔藓、地衣16种。这类林型为同龄林，可明显的分为乔木层、灌木层、草本-灌木层和苔藓、地衣层。

乔木层由兴安落叶松组成，间或混有极少量东北赤杨或岳桦，成熟林平均高度仅为10～16m，成疏林，郁闭度仅在0.3左右，立木低矮稀疏，冠幅很小，呈旗状，多枯顶，树干多分枝，尖削度不大，结实量很少。年生长量低于1m³，每公顷立木600～1500株。主要植物为偃松，每公顷约500株，其根系发达，寿命长。

灌木层高1～4m，总盖度可达50%。以偃松为主要组成种，偃松成团状密布，树干斜展，自然高度达1.5～3.5m，形成难以通行的灌木层，在局部低湿处，混生有少量东北赤杨。由于受茂密偃松灌木层影响，兴安落叶松很难天然更新，仅于林窗下兴安落叶松有团状分布的幼树，但长势很弱，年龄20～40年的植株高度仅10～100cm。

林下草本植物稀疏，难以形成独立的层，与草本状小灌木一并构成草本-灌木层。主要由杜香、越桔、北极花（*Linnaea borealis*）、岩高兰等组成，这些植物属于旱生形态的冷湿植物，显示出此类兴安落叶松林与俄罗斯东西伯利亚北部森林的相关特点。同时还有少量的红花鹿蹄草。此外，在局部低湿处，常有少量的草本植物舞鹤草、七瓣莲、石松等。

苔藓、地衣层总盖度在50%左右，二者镶嵌分布。苔藓主要分布于低湿地段、腐朽倒木上，树干基部或灌丛下部，常见有赤茎藓、扭叶镰刀藓（*Drepanocladus revolvens*）、曲尾藓等。地衣多生在裸岩、树干和树枝上，总盖度达15%左右，组成种有鹿蕊（*Cladonia rangiferina*）、黑穗石蕊等。

4.1.1.2 松林——樟子松林（From. *Pinus sylvestris* var. *mongolica*）

保护区的松林仅一个群系，即樟子松林。其中，中龄林 177hm²，占该类型的 78.7%。成熟林 48hm²，占 21.3%。乔木层平均高 17m，平均胸径 32cm，郁闭度 0.6。在山间谷地樟子松则呈单株分布。分布的海拔地带在 500～900m，年生长量达 1.5～2.0m³。

（1）越桔、兴安杜鹃、樟子松林（Ass. *Vaccinium vitis-idaea*，*Rhododendron dauricum*，*Pinus sylvestris* var. *mongolica*）

此类樟子松林在保护区面积不大。主要分布于河口林场（164、43 林班等）、东沿江林场（16、77、71 林班等）、西沿江林场（71 林班等），面积为 1222hm²。主要镶嵌于山地中部的各类落叶松林间，生长在向阳陡坡上部至山背，坡度达 10°～20°。土壤为砂质壤土，土层浅薄，土壤透气、透水性强。

常见组成植物约 63 种，其中维管植物 54 种，苔藓、地衣 9 种。可明显分为三层，即乔木层、灌木层、草本层。乔木层郁闭度 0.5～0.6，局部地段可达 0.7～0.9。通常为单层林，林木组成单纯，常混有少量兴安落叶松，间或混有兴安落叶松和白桦。林下灌木发育中等，盖度可达 50%，组成为兴安杜鹃、绢毛绣线菊、兴安蔷薇、越桔等，其中兴安杜鹃个体数量具明显优势。此外，还有欧亚绣线菊、细叶胡枝子（*Lespedeza hedysaroides*）等出现。草本层发育良好，盖度可达 50%～70%。常见种为兴安野青茅、薹草、红花鹿蹄草、地榆、单花鸢尾、矮山黧豆、东方草莓、裂叶蒿等。

林下天然更新良好，每公顷幼苗、幼树可达 2 万～2.7 万株，树种为樟子松，间或混有极少量的白桦或兴安落叶松等。

4.1.1.3 针叶混交林——兴安落叶松、樟子松混交林（Form. *Larix gmelini*，*Pinus sylvestris* var. *mongolica*）

本保护区由于空气湿度较小，无云杉与冷杉分布，只有兴安落叶松和樟子松及偃松分别形成森林，当樟子松林被自然火烧后，兴安落叶松由于种子顺风飞行较远，生长快，侵入到樟子松林内，这样就形成兴安落叶松与樟子松混交的针叶林。

（1）兴安杜鹃、兴安落叶松、樟子松林（Ass. *Rhododendron dauricum*，*Larix gmelini*，*Pinus sylvestris* var. *mongolica*）

此类群落是兴安杜鹃、樟子松林经火烧后，部分兴安落叶松侵入该林分中，使樟子松林衍生成落叶松、樟子松林。一般占据海拔 550～900m 山地向阳陡坡上部，坡度为 10°～20°，气温低。主要分布于河口林场（156、138 林班等）、东沿江林场（29、87、56 林班等）、江畔林场（6 林班等）、西沿江林场（63、29 林班等），分布面积为 1681hm²。土壤为棕色针叶林土，土壤浅薄，含石粒，较干燥。

据调查，该林分植物组成较简单，常见植物约 65 种，其中维管植物 57 种，苔藓、地衣植物 8 种。此群落林分郁闭度 0.7～0.8，总盖度为 95%，群落高 12～25m，为近成熟林。层次明显，可分为乔木层、灌木层和草本层。苔藓地衣层不发达。乔木层主要为兴安落叶松、樟子松，郁闭度为 0.7，高 18m，有时有其他树种混生，如白桦、山杨等。灌木层发育中等，盖度为 40%～50%，优势种为兴安杜鹃，混生有山刺玫、刺蔷薇、绢毛绣线菊、毛接骨木（*Sambucus buergeriana*）和大黄柳等。灌木-草本层主要有常绿地上芽植物越桔，常见的有东方草莓、矮山黧豆、地榆、裂叶蒿、鸡腿堇菜（*Viola acuminata*）、奇异堇菜（*Viola mirabilis*）、石生悬钩子、蔓乌头、单花鸢尾、多茎野豌豆（*Vicia multicaulis*）、北野豌豆（*Vicia ramuliflora*）、羊胡子薹草、翼果唐松草和楔叶菊（*Chrysanthemum naktongense*）等。

4.1.2 针阔混交林

针阔混交林在保护区仅是一种过渡植被类型，主要是由于原生的各类兴安落叶松林经采伐、火烧后，以白桦为主的阔叶树种侵入而形成的，所以此类针阔混交林在组成、结构上极为不稳定，但分布广泛。

4.1.2.1 兴安落叶松、白桦林

白桦与兴安落叶松一样为喜光树种，除过湿地段外，生态适应范围基本与兴安落叶松一致，但白桦战胜杂草的能力较强，又每年结实，因此，在各类兴安落叶松林的采伐、火烧迹地上，常有白桦侵入或白桦与兴安落叶松同时更新成混交林，白桦阔叶树种在林内所占比例在 40%～50%。保护区针阔混交林可划分 4 个群丛。

（1）草类、兴安落叶松、白桦林（Ass. Herbage，Larix gmelini，Betula platyphylla）

此类针阔混交林衍生自草类、兴安落叶松林，一般分布于山地阳坡、半阳坡，较广泛。主要分布于河口林场（16、142、52 林班等）、东沿江林场（25、43、88 林班等）、江畔林场（21、13、6 林班等）、西沿江林场（70、49、131 林班等）、太平林场（85、86、135 林班等），分布面积为 9623hm^2。林下土壤为棕色森林土，土层较肥厚。组成植物丰富，多达 123 种，以兴安落叶松、白桦及多种草本植物如小叶章、地榆、裂叶榆、铃兰、轮叶沙参、羊胡子薹草、乌苏里薹草、舞鹤草等为优势植物。

此类针阔混交林成层现象与层片结构较简单，主要分为乔木层与草本层，灌木层不发达，仅有稀疏分布。乔木层可分为两个亚层，主要由兴安落叶松和白桦等植物构成，乔木层高为 12～20m。林下兴安落叶松幼树较多，天然更新好。林下草本层发达，总盖度可达 60%～70%，高度为 40～100cm。常见的种有小叶章、东方草莓、裂叶蒿、地榆、蚊子草、块根老鹳草、铃兰、舞鹤草、小叶芹、小玉竹（*Polygonatum humile*）、红花鹿蹄草、乌苏里薹草（*Carex ussuriensis*）及蕨类等。林下灌木稀疏，主要由绢毛绣线菊、兴安蔷薇，常混生少量的大黄柳。林下苔藓、地衣不发育，但在低湿处、干基或树干上有零星分布，多发育不良。

（2）细叶杜香、兴安落叶松、白桦林（Ass. Ledum palustre，Larix gmelini，Betula platyphylla）

此类针阔混交林衍生自细叶杜香、兴安落叶松林，是大兴安岭的主要针阔混交林类型之一，一般在生境较湿润的阴坡或半阴坡较普遍。主要分布于河口林场（35、45、92 林班等）、东沿江林场（77、83、61 林班等）、江畔林场（5、6 林班等）、西沿江林场（131、39 林班等）、太平林场（28 林班），分布面积为 2502hm^2。林下土壤为棕色森林土。组成植物约 73 种，以兴安落叶松、白桦及细叶杜香为优势种。此类针阔混交林可明显分为乔

木层、灌木层、草本-灌木层三层。

乔木层郁闭度变化幅度大，一般为 0.3～0.7，可明显分为两个亚层，均由兴安落叶松构成的落叶针叶大高位芽植物层片和以白桦为主的落叶阔叶大高位芽植物层片构成，高为 15～25m。形成复层异龄林，林下兴安落叶松天然更新较好。灌木层较发育，总盖度在 40%～95%，高度在 0.5～2m，组成种类多达 22 种，常见的有东北赤杨、兴安杜鹃、兴安蔷薇、笃斯越桔、珍珠梅、绣线菊等，有时混有兴安柳等。草本-灌木层极发育，总盖度可高达 90%以上，高度为 50～70cm。常见种有小叶章、柳兰、齿叶风毛菊（*Saussurea neoserrata*）、全叶山芹（*Ostericum maximowiczii*）、红花鹿蹄草、多种苔藓、林奈草、舞鹤草等。

（3）越桔、兴安落叶松、白桦林（Ass. *Vaccinium vitis-idaea*，*Larix gmelini*，*Betula platyphylla*）

此类针阔混交林衍生自越桔、兴安落叶松林，在此保护区分布面积较大，多在海拔 550～900m 地带的 10°以下的坡地，一般地势较平缓。主要分布于河口林场（173、129、23 林班等）、东沿江林场（96、89、60 林班等）、江畔林场（10、37、18 林班等）、西沿江林场（55、33 林班等）、太平林场（67 林班），面积为 3649hm²。土壤为山地棕色针叶林土，林下兴安落叶松天然更新良好。

该群落高 14～20m，林分郁闭度 0.7，总盖度达 95%，外貌较整齐，层次明显。组成植物较简单，约有 65 种。其中以兴安落叶松、白桦、越桔为优势植物。此类针阔混交林可明显分为乔木层、灌木层、草本-灌木层三层。

乔木层可明显分为两个亚层，主要由兴安落叶松和白桦构成。第一亚层高 15～21m，组成中除兴安落叶松、白桦外，还常混有少量的山杨；第二亚层高 10～13m，由兴安落叶松、白桦及一些山杨的幼树构成，其中以兴安落叶松幼树居多，混生兴安柳、绢毛绣线菊、东北赤杨、大黄柳（*Salix raddeana*）和稠李（*Padus avium*）等。林下灌木层较发育，层盖度可达 40%～90%，主要有笃斯越桔（*Vaccinium uliginosum*）、黑果茶藨子、刺蔷薇、兴安杜鹃、珍珠梅、欧亚绣线菊、绣线菊、山刺玫、杜香等。

草本-灌木层十分发育，层盖度可达 90%以上，可分成两个亚层：第一亚层高 30～60cm，组成中常见有小叶章、柳兰、地榆、兴安野青茅、聚花风铃草（*Campanula glomerata*）、裂叶蒿、抱茎苦荬菜（*Ixeris sonchifolia*）、兴安鹿药、毛蕊老鹳草、齿叶风毛菊、黑鳞短肠蕨（*Allantodia crenata*）及草本地下芽植物长白沙参等；第二亚层高 30cm 以下，覆盖度可达 50%以上，主要组成种是越桔，草本植物居第 2 位，常见种有红花鹿蹄草、薹草（*Carex* spp.）、团叶单侧花（*Orthilia obtusata*）、兴安鹿蹄草（*Pyrola dahurica*）、七瓣莲、舞鹤草、小叶芹等地面芽植物和蕨类植物林问荆、草问荆等。苔藓、地衣层不发育，仅在低湿地段可见到赤茎藓、金发藓、拟垂枝藓和青藓等。

（4）兴安杜鹃、兴安落叶松、白桦林（Ass. *Rhododendron dauricum*，*Larix gmelini*，*Betula platyphylla*）

此类针阔混交林衍生自兴安杜鹃、兴安落叶松林，分布在海拔 600～900m 地带的阴坡、半阴坡，坡度一般不超过 20°。主要分布于河口林场（162、11、17 林班等）、东沿江林场（25、13、69 林班等）、江畔林场（18、6 林班等）、西沿江林场（15、22、116 林班等）、太平林场（14 林班），面积为 22 022hm²。林下生境较干冷，土壤多为砾质棕色森林土。组成植物约 87 种，以兴安落叶松、白桦、兴安杜鹃为建群种。可明显分为乔木层、灌木层、草本-灌木层三层。

乔木层高 20～28m，以兴安落叶松占优势，并混有一定数量的白桦。多为复层异龄林，林下兴安落叶松天然更新良好。灌木层发育，总盖度可达 70%，高 1～1.5m。常见种有东北赤杨、花楸、大黄柳、绢毛绣线菊、兴安蔷薇、乌苏里绣线菊等。草本-灌木层发育不良，总盖度为 20%～40%。高度为 40～100cm，主要有小叶章、裂叶蒿、大叶柴胡、柳兰、贝加尔野豌豆、蚊子草、红花鹿蹄草、凸脉薹草、铃兰等，还有少量的林问荆、鸡腿堇菜等。

4.1.2.2 兴安落叶松、山杨林

（1）草类、兴安落叶松、山杨林（Ass. Herbage, Rhododendron dauricum, Larix gmelini, Populus davidiana）

此类针阔混交林在本保护区分布不太普遍，面积不大，集中在海拔 550～850m 的山地，一般见于沿江向阳陡坡，坡度可达 15°～20°，主要分布于河口林场（4、14、129 林班等）、东沿江林场（28、106 林班等）、江畔林场（5、6 林班等）、西沿江林场（87、27 林班等）、太平林场（50、31 林班），分布面积为 5600hm²。土壤极薄，干燥，林下土壤为薄层棕色针叶林土。组成植物较丰富，多达 80 种。此类针阔混交林可明显分为乔木层、灌木层、草本层三层。

乔木层郁闭度 0.6～0.8，高度 12～19m，主要由兴安落叶松和山杨组成，有时还混有少数的黑桦。灌木层稀疏，总盖度为 10%～50%，高 50～160cm。优势种为欧亚绣线菊，还常见有珍珠梅、绢毛绣线菊、兴安胡枝子、大黄柳（Salix raddeana）、谷柳（Salix taraikensis）、全缘枸子木、刺玫蔷薇、金露梅、兴安杜鹃等。草本层总盖度为 20%～90%，按高度可分划分为两个亚层。第一亚层高 40～90cm，常见种为小叶章、地榆、柳兰、大叶柴胡、裂叶蒿、兴安石竹（Dianthus versicolor）、突节老鹳草（Geranium sieboldii）等；其次有轮叶沙参（Adenophora tetraphylla）、齿叶风毛菊、白鲜、轮叶贝母、齿叶沙参、小黄花菜、风毛菊（Saussurea japonica）和渥丹等，在局部低湿土层肥厚处还偶有大叶型蕨类植物中华蹄盖蕨、黑鳞短肠蕨（Allantodia crenata）出现。第二亚层高 20～40cm，组成以乌苏里薹草、凸脉薹草、羊胡子薹草等多种薹草为主，其次为东方草莓、矮山黧豆（Lathyrus humilis）、鸡腿堇菜、土三七、舞鹤草、单花鸢尾（Iris uniflora）等，在局部阴湿处还常生有草问荆、林问荆、石生悬钩子和兴安百里香等。

此类森林遭严重破坏后，容易造成生境过干燥化，形成草原化植物，很难再恢复森林植被。

4.1.3 阔叶林

保护区的阔叶林在树种组成上多为纯林，其成林面积较大，分布最普遍为白桦林，其次为山杨林和黑桦林。

4.1.3.1　桦树林

保护区有白桦林和黑桦林。其中白桦林分布是最广泛，为保护区主要阔叶林，黑桦林仅分布在海拔 700m 以下地带。

1. 白桦林（Form. *Betula platyphylla*）

白桦林是保护区分布最广泛的阔叶林，属次生植被，大多衍生自原始森林植被，尤其兴安落叶松林。分布在海拔 1000m 以下的各种坡向的山地。其适应范围与兴安落叶松几乎一致，纵观全区各类地形，唯在适应风力及低湿沼泽化地段不及兴安落叶松，但在战胜杂草方面比兴安落叶松强。因此，在兴安落叶松林间空旷地或采伐迹地上，深厚的藓类、草本植物妨碍兴安落叶松更新，白桦却能生长成林。保护区白桦林面积 10 421hm²，占保护区总面积的 9.8%。

天然白桦林种子结实频繁，种粒轻小，具翅，可飞散达 1～2km，同时伐根有很强的萌芽力，在缺乏兴安落叶松种源的情况下，白桦靠其萌芽力和传播能力能迅速形成较纯的白桦林。林下兴安落叶松与白桦更新皆不好，只有在白桦衰老枯死或火烧后，兴安落叶松或和白桦同时作为先锋树种出现，然后随林龄增长兴安落叶松逐渐代替白桦恢复成兴安落叶松林。白桦是一个不稳定的次生植被，有种源的条件下，在不同生境，则可恢复成各类原生针叶林。

由于衍生自大兴安岭原生植被的类型不同，加以生境条件的差异，白桦林在植物组成、结构和外貌上有很大变化，在保护区可划分为 2 个群丛。

（1）草类、白桦林（Ass. *Herbage*，*Betula platyphylla*）

该林型主要分布于河口林场（27、20、10 林班等）、东沿江林场（50、5 林班等）、江畔林场（15、20 林班等）、西沿江林场（127、91、33 林班等）、太平林场（50 林班），多在 10° 以内各种坡向的山麓地带有分布，分布面积为 4212hm²，其中幼龄林 343hm²，占该类型的 8.1%；中龄林 2441hm²，占 58.0%；成熟林 1035hm²，占 24.6%；近熟林 293hm²，占 7.0%；过熟林 100hm²，占 2.3%。林下土壤为棕色针叶林土。组成植物丰富，常见种可多达 161 种，可分为乔木层、灌木层和草本层三层。

乔木层发达，郁闭度可达 0.8 以上，高度为 10～20m，主要为兴安落叶松，偶尔混生有山杨、黑桦。灌木层组成种类较多，总盖度为 50% 左右，高 1～2m，常见种有兴安蔷薇、珍珠梅、绣线菊、绢毛绣线菊、黑果茶藨子等。草本层发达，组成种类繁多，成分复杂，既有兴安落叶松林的典型种类，又有草甸植物成分，总盖度可达 90%，其高度为 20～100cm。常见植物有地榆、小叶章、柳兰、轮叶沙参、毛蕊老鹳草、短瓣金莲花、凸脉薹草、修氏薹草、红花鹿蹄草、单花鸢尾、舞鹤草、蓬子菜、小叶芹等。林内苔藓植物发育不良，仅见有少量的塔藓、大金发藓等呈小片分散于局部低湿处。林下更新幼树常以兴安落叶松为主，白桦很少且生长较差，充分反映出此类白桦林的不稳定性，属次生过渡类型植被。

（2）凸脉薹草、兴安杜鹃、白桦林（Ass. *Carex lanceolata*，*Rhododendron dauricum*，*Betula platyphylla*）

凸脉薹草、兴安杜鹃、白桦林集中分布在海拔 400～1000m 的地带，是衍生自兴安杜

鹃、兴安落叶松或兴安杜鹃、樟子松林及其他森林类型的次生林。主要分布于河口林场
（156、79、19 林班等）、东沿江林场（90、41 林班等）、江畔林场（24、3 林班等）、西沿
江林场（7、41 林班等）、太平林场（65 林班），分布面积 6209hm²，其中幼龄林 329hm²，
占该类型的 5.3%；中龄林 2312hm²，占 37.2%；近熟林 676hm²，占 10.9%；成熟林 2370hm²，
占 38.2%；过熟林 231hm²，占 3.7%。林下土壤基本是残积的棕色针叶林土，灰化现象明
显，土层一般 35～50cm，含石质多，地表下 20cm 处开始出现大量的角砾和碎石块，腐
殖质层仅 8～10cm。组成植物较简单，常见种有 77 种，以白桦、兴安杜鹃为建群种，其
他优势种还有越桔、红花鹿蹄草等。可明显地分成乔木层、灌木层、草本-灌木层三层。

乔木层郁闭度为 0.6～0.9，高 10～23m。主要优势种为白桦，常混有少量的兴安落叶
松，多为单层林。灌木层较发育，盖度达 70%～80%，高度为 1～1.5m。常见种是兴安杜
鹃，其次是兴安蔷薇、黑果茶藨子、绢毛绣线菊等，并常混有少量的东北赤杨、花楸等，
在海拔较高的地带则明显增多。草本-灌木层也较发育，总盖度可达 80%左右。组成种类
繁多，成分复杂。常见植物有兴安老鹳草、轮叶沙参、羽节蕨（*Gymnocarpium jessoense*）、
蹄盖蕨、地榆、矮山黧豆、杜香、越桔、红花鹿蹄草、凸脉薹草、乌苏里薹草、舞鹤草等，
并混有少量的东方草莓等。苔藓植物不发育，仅在局部低湿处有小片分布，常见种是塔藓、
赤茎藓等。林内白桦更新不良，而兴安落叶松更新较好，白桦的更新情况不论在数量方面
还是质量方面均次于兴安落叶松。

2. 黑桦林（Form. *Betula dahurica*）

黑桦林在保护区内分布面积不大，仅 132hm²，占保护区面积的 0.1%。为次生森林
植被，仅在额尔古纳河边缘海拔 700m 以下地带的向阳干燥山坡或山脊有分布。仅有 1
个群丛。

（1）兴安百里香、欧亚绣线菊、黑桦林（Ass. *Thymus dahuricus*，*Spiraea media*，*Betula dahurica*）

该林型主要分布于东沿江林场（55 林班等）、江畔林场（10 林班等）、西沿江林场（129、
113、64 林班等）、太平林场（84 林班），分布面积为 1176hm²。群落植物组成较丰富，常
见植物为 69 种。以黑桦、欧亚绣线菊、兴安百里香为建群种。此类黑松林可明显分布为
乔木层、灌木层及草本层三层。

乔木层主要有黑桦组成，高 15～25m，胸径平均为 20cm，郁闭度为 0.5～0.7，并混
有少量的白桦、山杨及兴安落叶松等。灌木层种类组成单一，以欧亚绣线菊为主，高 1～
1.5m，多呈团状分布，盖度可达 30%～50%，伴生灌木包括兴安胡枝子、绢毛绣线菊、
刺蔷薇、金露梅、稠李、兴安杜鹃等。草本层组成植物中，有大量耐旱植物，如土三七、
白鲜、兴安百里香（*Thymus dahuricus*）、乌苏里薹草、窄叶蓝盆花（*Scabiosa comosa*）、
岩败酱、聚花风铃草、大叶柴胡、蓬子菜（*Galium verum*）、野鸢尾（*Iris dichotoma*）、
硬质早熟禾（*Poa sphondylodes*）、细叶益母草（*Leonurus sibiricus*）、楔叶菊、线叶菊
（*Filifolium sibiricum*）、大头委陵菜（*Potentilla conferta*）、山葱等。地下芽植物有山丹、
轮叶沙参、芍药（*Paeonia lactiflora*）、北黄花菜、玉竹等。地上芽植物有石生悬钩子、
北悬钩子、兴安百里香等。林下苔藓植物罕见，偶有小团状的曲尾藓（*Dicranum* spp.）
和赤茎藓。此类黑桦林一经破坏，森林很难再恢复，因此在保护经营管理上应首先考虑

其水土保护作用。

4.1.3.2　杨树林

分布在保护区的杨树林仅有 2 种林型。

1. 山杨林

（1）草类、山杨林（Ass. *Herbage*，*Populus davidiana*）

此类山杨林衍生自草类、兴安落叶松林，在本保护区分布在低海拔约 600m 以下地带的缓坡，坡度为 6°～10°。主要分布于河口林场（172、171、2 林班等）、东沿江林场（56、51 林班等）、江畔林场（5、6 林班等）、西沿江林场（141、139 林班等）、太平林场（49林班），面积为 4464hm²。林下土壤为暗棕壤性质的棕色针叶林土，土层较厚。组成植物约为 77 种，以山杨为建群种，其他优势植物有羊胡子薹草、单花鸢尾等耐干旱植物。此类山杨林按结构可分为乔木层、灌木层和草本层三层。

乔木层以山杨为主，一般高为 9～15m，郁闭度为 0.6～0.7，常混有少量的白桦及兴安落叶松。灌木层较发育，覆盖度可达 70%，平均高 1～1.5m，主要组成种是兴安胡枝子、欧亚绣线菊、绢毛绣线菊、山刺玫、兴安柳、大黄柳、崖柳、库页悬钩子、金露梅等。草本层组成种较丰富，高 20～60cm，盖度为 20%～50%，无明显优势种，主要组成种有贝加尔野豌豆、单花鸢尾、翼果唐松草、铃兰、白鲜、小玉竹、裂叶蒿、矮山黧豆等。在某些地段盖度较大，可成为草本层的优势成分，主要组成种是越桔、石生悬钩子等。草本地下芽植物主要有玉竹、龙牙草（*Agrimonia pilosa*）、腺地榆（*Sanguisorba glandulosa*）、轮叶沙参等。苔藓植物仅在局部低湿地见到赤茎藓、金发藓、曲尾藓等。

2. 甜杨林（Form. *Populus suaveolens*）

甜杨属东西伯利亚植物区系成分，主要分布在大兴安岭，沿着河流两岸呈带状分布。甜杨是强阳性速生树种，耐寒，多生于排水良好的砂砾碎石土上，这一点与钻天柳（*Chosenia arbutifolia*）相似，但对土壤厚度及肥力的要求稍高，所以分布在距河流两岸稍远的冲积砾石土上，成小片纯林，一般镶嵌在沿河生长的钻天柳林的外缘，面积不大。林下土壤多为冲积性壤土，因常遭河水淹没而积累有丰富营养元素的淤泥。

甜杨林在组成上较单纯，仅有 1 类群丛，即小叶章、红瑞木、甜杨林。

（1）小叶章、红瑞木、甜杨林（Ass. *Calamagrostis angustifolia*，*Cornus alba*，*Populus suaveolens*）

此类甜杨林在本保护区分布面积不大，在海拔 550m 以下，一般是沿河岸呈带状分布，镶嵌在钻天柳林的外缘。主要分布于河口林场（20、36 林班等）、东沿江林场（13 林班等）、西沿江林场（30、36 林班等），面积较小，约为 336hm²。林下土壤为具层状结构的冲积性壤土。组成植物较丰富，常见植物为 70 种，以甜杨、红瑞木、小叶章为建群种。此类甜杨林可分为乔木层、灌木层和草本层三层。

乔木层高 18～28m，平均郁闭度为 0.6～0.8，组成以甜杨为单优势种。常混有少量的春榆（*Ulmus japonica*），或在局部低湿处混有钻天柳（*Chosenia arbutifolia*），多为单层林。但有些地段混生粉枝柳（*Salix rorida*）、稠李和山荆子（*Malus baccata*）等又形成复层林。灌木层较发育，盖度达 50%～70%，分布均匀，平均高 2m 以上，组成以红瑞木为主，其次为山刺玫、蓝靛果忍冬、绣线菊、英吉利茶藨子、乌苏里鼠李（*Rhamnus ussuriensis*）、库页悬钩子等。草本层盖度为 40%～50%，高度为 20～100cm，常见植物有小叶章、种阜草、水杨梅（*Geum aleppicum*）、野芝麻（*Lamium album*）、茜草（*Rubia cordifolia*）、兴安薄荷（*Mentha dahurica*）、长尾婆婆纳（*Veronica longifolia*）、蚊子草、山尖子（*Cacalia hastata*）、翼果唐松草、林问荆、舞鹤草等。在林下排水不良地段还可以见到草本地面芽植物修氏薹草（*Carex schmidtii*），在局部阴湿处则有广布鳞毛蕨（*Dryopteris expansa*）、中华蹄盖蕨等蕨类植物，有时成片分布。地下芽植物主要有蕨、草问荆、林问荆、耳叶蓼（*Polygonum manshuriense*）、皱叶酸模（*Rumex crispus*）、龙牙草和蔓乌头等。苔藓植物较稀疏，常见种有皱蒴藓（*Aulacomnium androgynum*）、卵叶青藓（*Brachythecium rutabulum*），在面部低洼处还有粗叶泥炭藓（*Sphagnum squarrosum*）、阔叶泥炭藓（*Sphagnum platyphyllum*）等，这些苔藓植物充分反映出生境潮湿特点。

小叶章、红瑞木、甜杨林为本保护区的重要护岸林，在保护经营此类甜杨林时应重视其生态效益。

4.1.3.3　赤杨林

（1）蚊子草、五蕊柳、东北赤杨林（Ass. *Filipendula palmata*, *Salix pentandra*, *Alnus mandshurica*）

此类阔叶林主要分布在海拔 550～600m 以下的溪边平坦地带，呈宽带状或片状分布，为原生植被。主要分布于河口林场（59、43、53 林班等）、东沿江林场（36 林班等）、江畔林场（17、15 林班等）、西沿江林场（73、104 林班等）、太平林场（14 林班），分布面积为 695hm²。土壤为沼泽化草甸土。群落组成简单，常见植物有 73 种。群落高度 10～16m，可分乔木层、灌木层、草本和层苔藓植物层四层。

乔木层高 8～14m，盖度 50%～80%，主要由东北赤杨组成，混生极少量的兴安落叶松、白桦、粉枝柳、稠李、朝鲜柳（*Salix koreensis*）、光叶山楂等。灌木层高达 1.5m，层盖度 20%～40%，主要由五蕊柳、绣线菊组成，混生少量的柴桦、三蕊柳（*Salix triandra*）、蒿柳（*Salix viminalis*）、蓝靛果忍冬、山刺玫、珍珠梅。边缘地带可见北悬钩子和白桦幼树。草本植物层高 15～90cm，盖度为 60%～80%，组成中以蚊子草为优势，伴生植物有小叶章、箭头唐松草（*Thalictrum simplex*）、狭叶甜茅（*Glyceria spiculosa*），密穗莎草（*Cyperus fuscus*）、细叶碎米荠（*Cardamine schulziana*）、毛蕊老鹳草，种类较多的是耐阴喜湿的植物，如小叶芹、舞鹤草、黄连花、齿叶风毛菊、鸡腿堇菜（*Viola acuminata*）、七瓣莲等。此外，在透光较好的地段，还生长不少广布鳞毛蕨等。地下芽植物有大花银莲花（*Anemone silvestris*）、单穗升麻（*Cimicifuga simplex*）、地榆、林问荆、草问荆等。草丛间混生草本状的地上芽小灌木北悬钩子。同时可见寄生植物草苁蓉（*Boschniakia rossica*）。苔藓植物层较发育，盖度 30%以上，主要有粗叶泥炭藓（*Sphagnum squarrosum*）、尖叶泥炭藓（*Sphagnum capillifolium*）和金发藓（*Polytrichum* spp.）等。该林型为湿地类型，具有湿地的生态功能。

4.1.3.4　钻天柳林

（1）蚊子草、稠李、钻天柳林（Ass. *Filipendula palmata*，*Padus avium*，*Chosenia arbutifolia*）

此群落分布在河流两岸，呈宽 30～200m 的狭带状断续分布。主要分布于河口林场（54、79、81 林班等）、东沿江林场（65 林班等）、西沿江林场（59、103 林班等），分布面积为 134hm²。林下土壤为河流边的砂砾石土，常由于春泛而被水淹没，致土壤中含有腐殖质的沙质淤泥、沙粒、卵石或其他河水沉积物，呈层状相互掺混。

该群落高 15～25m，郁闭度 0.6～0.7，总盖度为 90%，外貌较整齐，层次明显。组成此类森林的常见植物约有 54 种，以钻天柳、稠李和蚊子草为建群种。按结构此类森林可划分为乔木层、灌木层和草本层三层。

乔木层中钻天柳占据明显优势，常混有少量的粉枝柳、甜杨、白桦、春榆（*Ulmus japonica*）、山荆子、毛山楂等。灌木层发育较好，但分布不均匀，平均高 1～2.5m，盖度为 30%～50%，组成种为稠李、楔叶茶藨子（*Ribes diacantha*）、英吉利茶藨子、红瑞木、绣线菊、蓝靛果忍冬、山刺玫、珍珠梅等。草本层盖度为 30%～75%，以草本地面芽植物层片为主要成分，优势种为翻白蚊子草（*Filipendula intemedia*）、光叶蚊子草（*Filipendula glabra*）、二歧银莲花（*Anemone dichotoma*）、水蒿（*Artemisia selengensis*）、山尖子（*Cacalia hastata*）、齿叶风毛菊、三瓣猪殃殃（*Galium trifidum*）、小叶章、山黧豆（*Lathyrus* spp.）、细叶繁缕（*Stellaria filicaulis*）、缬草（*Valeriana alternifolia*）、山马兰（*Kalimeris lautureana*）、广布野豌豆、多茎野豌豆、草木樨（*Melilotus suaveolens*）、伞繁缕（*Stellaria longifolia*）、兴安景天（*Sedum hsinganicum*）、互叶金腰（*Chrysosplenium alternifolium*）等。

苔藓植物稀疏，仅呈小块状分布；常见种有卵叶提灯藓（*Mnium seligeri*）、细叶金发藓（*Atrichum longisetum*）、粗叶泥炭藓、细叶泥炭藓（*Sphagnum teres*）、浮生青藓（*Brachythecium riuulare*）等。

4.1.3.5　榆树林

（1）线叶菊、兴安百里香、大果榆林（Ass. *Filifolium sibiricum*，*Thymus dahuricus*，*Ulmus macrocarpa*）

此林型在大兴安岭地区少见。由于本保护区处于森林与草原的过渡带，大果榆等的一些耐干旱的种类扩散到森林区域，在适宜地域形成优势群落。大果榆林在局部向阳的山坡上有分布，分布于河口林场（13、54、79 林班等）、东沿江林场（65 林班等）、西沿江林场（59、70 林班等），分布面积为 91hm²。虽然分布面积很小，但为本保护区一个特殊类型。

该群落高 6～8m，郁闭度 0.3～0.4，总盖度为 80%左右。外貌较整齐，层次明显，群落组成植物约 48 种。乔木层主要包括大果榆和春榆；灌木层种类较丰富，包括兴安百里香（*Thymus dahuricus*）、山杏（*Armeniaca sibirica*）、兴安胡枝子（*Lespedeza davurica*）、欧亚绣线菊（*Spiraea media*）等；草本植物包括线叶菊（*Filifolium sibiricum*）、野葱（*Allium chrysanthum*)、单花鸢尾(*Iris uniflora*)、山丹(*Lilium pumilum*)等。由于环境干旱,苔藓植物发育不良。

4.1.3.6 稠李林

(1)小叶章、绣线菊、稠李林(Ass. *Calamagrostis angustifolia*,*Spiraea salicifolia*,*Padus avium*)

此林型在本保护区分布于海拔700m以下距河两岸较近的沼泽土上,沿河呈带状分布。主要分布于河口林场(11林班等)、西沿江林场(135、84林班等),分布面积为99hm²。此类林型外貌整齐,可明显分为乔木层、灌木层和草本层三层。

乔本层以稠李为优势,混生有少量钻天柳。林分郁闭度为0.6~0.8,平均树高8~12m,胸径0.1~0.3m。灌木层较发育,盖度达50%~70%,分布均匀,平均高2m以上,组成以绣线菊(*Spiraea salicifolia*)为主,其次为红瑞木(*Cornus alba*)、山刺玫、兴安悬钩子(*Rubus chamaemoruis*)、库页悬钩子(*Ribes sachalinensis*)、蒿柳(*Salix viminalis*)等。草本植物层较稀疏,盖度为30%~40%,高为20~60cm。常见种类有小叶章、蚊子草、兴安薄荷(*Mentha dahurica*)、兴安鹿药(*Smilacina dahurica*)、茜草(*Rubia cordifolia*)、小白花地榆(*Sanguisorba tenuifolia* var. *alba*)、山尖子(*Cacalia hastata*)、林问荆等。苔藓植物稀疏,局部地段可见到皱蒴藓(*Aulacomnium androgynum*)、卵叶青藓(*Brachythecium rutabulum*)或泥炭藓等。

此类森林具有重要的护岸作用,其果实可食用、叶片可药用,利用价值高,故该森林有生态效益和经济效益。

4.1.3.7 阔叶混交林——白桦、黑桦林(Form. *Betula platyphylla*,*Betula dahurica*)

(1)草类、白桦、黑桦林(Ass. *Herbage*,*Betula platyphylla*,*Betula dahurica*)

草类、白桦、黑桦林一般在额尔古纳河边缘海拔600m左右山坡顶部呈团块状分布。主要分布于河口林场(116、52、53林班等)、东沿江林场(47、32、60林班等)、江畔林场(15林班等)、西沿江林场(134、138、140林班等)、太平林场(109、127林班),分布面积为2894hm²。林下土壤为棕色泰加林土,肥力较高,土壤反应呈中性或微酸。组成植物丰富,常见种可多达73种。此林型可分成乔木层和草本层两层。

乔木层发达,郁闭度可达0.8,高度为10~20m,以黑桦、白桦为主,混生有东北赤杨、大黄柳、朝鲜柳、兴安落叶松等。由于林内郁闭度高,灌木种类呈零散分布,主要种类有绣线菊、欧亚绣线菊、石生悬钩子等。草本层发达,组成种类繁多,成分复杂,即盖度可达90%以上,层高度为20~100cm,主要包括凸脉薹草和小叶章,混生的杂类草是大叶柴胡、裂叶蒿、花苜、柳兰、缬草、宽叶山蒿、毛蕊老鹳草、蹄叶橐吾、齿叶风毛菊、铃兰、土三七、东北牛防风(*Heracleum moellendorffii*)、红花鹿蹄草、兴安鹿蹄草(*Pyrola dahurica*)、单花鸢尾、七瓣莲、二叶舞鹤草(*Maianthemum bifolium*)、野火球、拉拉藤、风毛菊等。林内苔藓植物发育不良,在阴湿处仅见有少量的塔藓、大金发藓等。

4.2　灌丛生态系统多样性

在本保护区自海拔 500～950m 均分布有灌丛,一般面积不大,也不甚普遍,但其生境与类型差异较大,既有在特殊生境条件下发育的原生类型,又有在林火影响下衍生的次生类型。根据建群种的不同可将所有灌丛划分为 2 个植被亚型 8 个群系。

4.2.1　针叶灌丛

本保护区的针叶灌丛是以常绿针叶树为建群种,主要有偃松(*Pinus pumila*)灌丛,一般面积不大,其中偃松灌丛较普遍(在海拔 800～950m 处)。

4.2.1.1　偃松灌丛(Form. *Pinus pumila*)

偃松在我国主要分布于大兴安岭,生于兴安落叶松疏林下,或独立成偃松灌丛。根据植物组成、结构、分布规律,偃松灌丛可分为 1 个群丛,即越桔、偃松灌丛。

(1)越桔、偃松灌丛(Ass. *Vaccinium vitis-idaea*,*Pinus pumila*)

此类偃松灌丛主要分布于西沿江林场(111、101 林班等)、太平林场(28 林班),分布面积仅为 48hm²。该群落常由偃松、兴安落叶松疏林遭破坏(火烧)衍生而成。土壤为薄层生草灰化土,或在坡度大或高海拔地带常为碎石滩(坡),当地称为"蛤蜊塘"上也有分布。

组成植物常见仅 39 种。以偃松、越桔为建群种,其他优势种有白山蒿、高山蓼(*Polygomon ajanensis*)、茸枝地衣(*Stereocaulon exutum*)等。生活型以高位芽植物种类最丰富,且盖度高。地上芽植物在群落结构中也有重要作用,以小灌木地上芽植物为主。苔藓植物和地衣的合计种类系数居第 2 位,但盖度较小,在群落中仅占有一定的地位,说明其生境严寒。

此类灌丛一般可分为 2 层,即灌木层与小灌木-草本植物层。灌木层高达 2～3m,以偃松为单优势种,偶混有少量的东北赤杨和花楸、岳桦。组成小灌木-草本植物层的种类很多,如以越桔为主,混有刺蔷薇、悬钩子、兴安圆柏、东亚岩高兰、北悬钩子、黑果天栌(*Arctous japonicus*)。在小灌木中还常混有少量的草本地面芽植物白山蒿(*Artemisia lagocephala*)、高山蓼、高山茅香(*Hierochloe alpina*)、高山蛇床(*Cnidium ajanense*)和岩败酱等。苔藓植物与地衣的种类较多,但多呈零星分布,不能成层。苔藓植物仅生于局部阴湿处,常见种有拟垂枝藓、大金发藓、高山真藓(*Bryum alpinum*)和少量的塔藓等;地衣则多见于裸岩及石缝间,常见种有枪石蕊(*Cladonia coniocraea*)、岭石蕊(*Cladonia alpestris*)、茸枝地衣,以及附生在岩石、树干基部或朽木上的槽梅衣(*Parmelia sulcata*)等。

灌丛下更新很差,一般在灌丛破坏后(火烧),有岳桦侵入。但由于海拔高,生长不良,成林之后,在有种源的情况下,兴安落叶松也可侵入。因受高山气候寒冷、强风的影响,至使落叶松生长也不佳,仅能形成疏林。此类灌丛对保持山地水土,防止岩石裸露有良好的生态作用,同时又能为天然的珍贵毛皮动物——紫貂、灰鼠提供栖息、觅食之地。

偃松种子含油量高，可供食用，故应加强种源保护。

4.2.2 阔叶灌丛

阔叶灌丛是由落叶（夏绿）阔叶灌木组成的灌丛。在大兴安岭集中分布在海拔 900m 以下，建群种不多，分布也不甚普遍，一般面积也不大。

4.2.2.1 山杏灌丛（Form. *Prunus sibirica*）

山杏为东西伯利亚植物区系成分。在我国主要分布于北方草原区，国外仅分布在与我国毗邻的蒙古、俄罗斯（东西利亚和远东地区）。属草原植物，喜光、耐寒、耐干燥瘠薄土壤。山杏灌丛组成植物基本与大兴安岭相邻的松嫩草原和呼伦贝尔草原相近，成为本保护区植被中的一个特点。根据其组成、结构与分布规律，仅有 1 个群丛，即兴安百里香、山杏灌丛。

（1）兴安百里香、山杏灌丛（Ass. *Thymus dahuricus*，*Prunus sibirica*）

此类灌丛应为草原的植被类型，常分布在海拔 600m 以下的向阳陡坡或坡头上，坡度一般为 20°～35°。主要分布于河口林场（114 林班等）、东沿江林场（24 林班等）、西沿江林场（65 林班等）、太平林场（106 林班），分布面积为 87hm²。土壤瘠薄，非常干燥，甚至岩石裸露，乔木很难生长，仅由较近的干旱草原植物侵入而占据，衍生成兴安百里香、山杏灌丛。

灌丛下土层很薄，大多不超过 30cm，母质仍保持着原基岩的性质。组成植物以喜光、耐旱的旱生或中旱生草原植物占优势，常见植物有 61 种，以山杏为建群种、兴安百里香为标志种。按高度和结构，此类灌丛可分为灌木层与草本层两层。

灌木层高 1～1.4m，盖度 60% 左右，以落叶阔叶小高位芽植物层片为优势层片，山杏（*Prunus sibirica*）为建群种，还常混有较多的兴安胡枝子（*Lespedeza davurica*）、金露梅、绢毛绣线菊等。在局部上层极薄的地方还混有尖叶胡枝子（*Lespedeza juncea*）、小灌木为兴安百里香（*Thymus dahuricus*）等。草本层较发育，盖度可达 70%～80%，高 20～80cm。多为喜光、耐旱的草原植物种，以草本地面芽植物层片为优势层片，草本地下芽植物层片为次优势层片，草本地面芽植物主要有线叶菊、万年蒿、远志（*Polygala tenuifolia*）、蓬子菜、隐子草（*Cleistogenes squarrosa*）、防风（*Saposhnikovia divaricata*）、团球火绒草（*Leontopodium conglobatum*）、狼爪瓦松（*Orostachys cartilagineus*）、兴安柴胡（*Bupleurum sibiricum*）、小花花旗杆（*Dontostemon micranthus*）、兴安黄耆（*Astragallus dahuricus*）、旱麦瓶草（*Silene jenisseensis*）、狼针草（*Stipa baicalensis*）、翠雀（*Delphinium grandiflorum*）、岩败酱、白鲜；草本地下芽植物有扫帚沙参（*Adenophora stenophylla*）、山丹、芍药（*Paeonia lactiflora*）、狼毒、北黄花菜、山韭（*Allium senescens*）、狼毒大戟等，组成中常混耐旱草原常见的藤本植物棉团铁线莲（*Clematis hexapetala*）。

此类灌丛在组成中虽有多种经济植物（如狼毒、白鲜、远志、山丹等为药用植物，山杏的果可食，果仁也可药用），在保护经营时，应考虑生态效益，否则，一经破坏则很难再恢复，将造成水土流失。

4.3　草原生态系统多样性

草原是由旱生或中旱生植物组成的植被类型,为北半球温带半干旱地区(干燥度 1.5～3.5)、部分半湿润地区(干燥度 1.0～1.5)及小部分干旱地区(干燥度＜3.5)的地带性植被,但属于林区的大兴安岭却有星散小面积分布,属于隐域性的次生植被,其形成原因是本保护区地处大兴安岭的北部西坡,与呼伦贝尔草原毗邻,气候又具有大陆性。一旦特殊生境(阳向山坡)条件下的原有森林植被遭严重破坏(火烧),小生境日趋干旱,一般的林区植被很难适应,则旱生或中旱生草原植物"飞"入,形成小面积草原,镶嵌在阳坡森林植被间,成为大兴安岭植被组成中的特殊类型。

该区的草原在组成上与毗邻的草原几乎一致,除旱生的贝加尔针茅等外,以中旱生线叶菊和羊草(*Leymus chinensis*)较常见。混有少量林区耐旱植物如桔梗(*Platycodon grandiflorus*)、白鲜、柳兰、柴胡(*Bupleurum scorzonerifolium*)、兴安麻花头、野罂粟(*Papaver nudicaule*)等。加以旱生的典型草原禾草较贫乏,如常见针茅属(*Stipa*)(只有贝加尔针茅)、羊茅属(*Festuca*)、隐子草属(*Cleistogenes*)、落草属(*Koeleria*)等植物都很少;旱生小半灌木,除冷蒿(*Artemisia frigida*)、兴安百里香稍多外,其他旱生的典型草原小灌木,如小叶锦鸡儿(*Caragana microphylla*)等没有分布;此外,像风滚草这样典型草原植物的生活型也没有,只有少量的叉分蓼(*Polygonum divaricatum*)、防风(*Saposhnikovia divaricata*)两种;同时,混生种类繁多的双子叶草本植物。因此,大兴安岭山地的草原多为中生或中旱生性质的,属草甸草原(亚型)。

4.3.1　草甸草原

在本区草甸草原分布不甚普遍,根据组成和结构上的变化,仅有 2 个群系,即线叶菊草甸草原与兴安百里香草甸草原。

4.3.1.1　线叶菊草甸草原(Form. *Filifolium sibiricum*)

线叶菊是耐寒的中旱生植物,属达乌里-蒙古植物区系成分,以线叶菊为建群种的草原,集中分布在欧亚大陆草原的最东缘。在气候上属温带半干旱-半湿润区,其分布范围大致在东经 100°～128°,北纬 40°～54°。在我国,此类草原主要分布在呼伦贝尔草原、锡林郭勒草原(内蒙古)和松嫩草原(黑龙江、吉林)。本保护区同大兴安岭一样,多为小面积,分布在向阳陡坡,一般不超过 50～100hm²,镶嵌在森林植被间。但由于生境十分干旱,土壤瘠薄,当地森林植物大多很难侵入,所以此类次生植被在本地区相当稳定。线叶菊为多年生植物,靠种子繁殖自然更新,一般在雨季后种子萌发成大量幼苗,但绝大多数在越冬前即死亡,保存率很低,所以应加强保护,以免地表裸露,生境进一步恶化。大兴安岭的线叶菊草甸草原在组成上很单纯,仅有一个群丛,即狼针草、线叶菊草甸草原。

(1)狼针草、线叶菊草甸草原(Ass. *Stipa baicalensis*, *Filifolium sibiricum*)

此类草原在本保护区主要分布在海拔 400～550m 地带阳向陡坡(坡度达 20°～35°)

或低山的顶部。主要分布于河口林场（116、78 林班等）、东沿江林场（2、10 林班等）、江畔林场（11 林班等）、西沿江林场（139、141、16 林班等）、太平林场（86 林班），分布面积为 559hm²。其生境的特点是光照强、温度较高，冬季积雪薄且早融，蒸发量大，气候十分干燥。土层浅薄，几全部为半风化的岩石碎屑组成，土壤多为黑钙土或粟钙土。

植物组成较丰富，达 51 种，草高 40~60cm，总盖度为 60%~70%。主要建群种是线叶菊、狼针草，其伴生种大多与草原一致，如大头委陵菜、狼毒、祁洲漏芦（*Rhaponticum uniflorum*）、宽叶蓝刺头（*Echinops latifolius*）、兴安乳菀（*Galatella dahurica*）、茖草、多叶棘豆（*Oxytropis myriophylla*）、防风、叉分蓼（*Polygonum divaricatum*）、白山蒿（*Artemisia lagocephala*）、羊草、翠雀、狼毒大戟、棉团铁线莲等。在组成中还混有少量以大兴安岭为分布中心的植物，如兴安薹草（*Carex chinganensis*）、兴安景天（*Sedum hsinganicum*）、兴安麻花头、瓦松（*Orostachys fimbriatus*）、小花花旗竿（*Dontostemon micranthus*）、葶苈（*Draba nemorosa*）等。并有散生的少量旱中生灌木山杏，说明此类草原与兴安百里香、山杏灌丛有联系。

4.3.1.2 兴安百里香草甸草原（Form. *Thymus dahuricus*）

兴安百里香主要分布在大兴安岭，此外，俄罗斯（远东地区）也有分布。性喜光、耐寒、耐干旱瘠薄土壤，在本保护区常生于向阳干旱的砾石陡坡上，形成小面积草甸草原，但分布不普遍。植物组成虽与线叶菊草甸草原有很多相同种，但更单纯，也仅有一个群丛，即线叶菊、兴安百里香草甸草原。

（1）线叶菊、兴安百里香草甸草原（Ass. *Filifolium sibiricum*，*Thymus dahuricus*）

此类草原在保护区内分布不普遍，均小面积分布于海拔 400~550m 地带的向阳陡坡上，坡度均在 20°~35°，主要分布于河口林场（206 林班等）、东沿江林场（5、9 林班等）、江畔林场（17、2 林班等）、西沿江林场（135、129 林班等）、太平林场（156 林班），分布面积为 524hm²。其土壤为黑钙土，浅薄而干燥，常岩石裸露，其生境较狼针草、线叶菊草甸草原更严酷。因此，组成植物也较简单，仅 47 种，以喜光耐旱的多年生草本植物为优势，并有许多种与狼针草、线叶菊草甸草原所共有。

此类草原总盖度为 60%~70%，建群种是兴安百里香，盖度可达 50%，其次是线叶菊。常见伴生种有狼毒、茖草、地蔷薇（*Chamaerhodos erecta*）、翠雀、白鲜、远志、防风、羊草、尖叶胡枝子、并头黄芩、狼针草等，并且偏中生的双子叶草本植物减少。

此类草原分层不明显，草较矮，造林难存活。在保护经营此类草原时应注重其生态效益，一旦遭破坏后，则形成裸露地，植被很难再恢复。

4.4 草甸生态系统多样性

保护区的草甸大多为原生植被，不十分普遍，组成以中生植物或湿中生植物为主，并混有湿生植物。生境湿润，常年积水或仅偶有季节性积水。主要分布在较低海拔地带，即山地下部寒温性针叶林亚带及相邻接的山地中部寒温性针叶林亚带的下部地带。一般沿河、溪流两岸或山谷平坦低湿地段，呈带状或小片状镶嵌在沼泽或森林间。草甸植被的植物组成、结构等各方面随着生境变化而有所不同，虽然以小叶章为建群种，但由于生境和组成的不同，可划分 2 个植被亚型 2 个群系 2 个群丛。

4.4.1　典型草甸

本保护区只有拂子茅属植物小叶章能形成典型草甸，其他种未见单独成为群落。

4.4.1.1　小叶章草甸（Form. *Calamagrostis angustifolia*）

小叶章属于达乌里-东北植物区系，主要分布在我国东北山区及俄罗斯（东西伯利亚和远东地区）、朝鲜。喜生于林区湿地。小叶章草甸在本保护区主要分布在海拔 550m 以下的谷地或低湿地，不及沼泽普遍。根据植物组成、结构与分布规律，只划分为 1 个群丛。

（1）小白花地榆、短瓣金莲花、小叶章草甸（Ass. *Sanguisorba tenuifolia* var. *alba*，*Trollius ledebouri*，*Calamagrostis angustifolia*）

此类草甸为典型草甸，在本保护区主要分布在较低海拔，约在海拔 550m 以下地带的林缘谷地或低湿地，地势较平坦，坡度一般不超过 3°～5°。主要分布于河口林场（16、41 林班等）、东沿江林场（52、18 林班等）、江畔林场（6 林班等）、西沿江林场（120、20 林班等）、太平林场（155 林班），分布面积为 335hm²。其土壤为草甸土，土层较厚，一般 30～40cm，最厚可达 100cm，肥沃而湿润，但无积水，是该区生境最好的地段。

组成植物较丰富，共计约 79 种，茂密，总盖度达 95%～100%以上。草层平均高 30～80（100）cm。组成中以小叶章为优势种，小白花地榆与金莲花为标志种，并混有很多湿生植物，如单穗升麻（*Cimicifuga simplex*）、兴安升麻（*Cimicifuga dahurica*）、狼巴草（*Bidens tripartita*）、轮叶腹水草（*Veronicastrum sibiricum*）、伞花山柳菊（*Hieracium umbellatum*）、红轮千里光（*Tephroseris flammeus*）、长柱金丝桃（*Hypericum ascyron*）、灰背老鹳草（*Geranium vlassowianum*）、额穆尔堇菜（*Viola amurica*）、花锚（*Halenia corniculata*）、蓬子菜拉拉藤、短瓣金莲花（*Trollius ledebouri*）、绶草（*Spiranthes sinensis*）、毛百合（*Lilium dauricum*）、龙胆（*Gentiana scabra*）、聚花风铃草（*Campanula glomerata*）、兴安藜芦（*Veratrum dahuricum*）、胭脂花（*Primula maximowiczii*）、黑水当归（*Angelica amurensis*）、东北牛防风（*Heracleum moellendorffii*）、缬草、长尾婆婆纳（*Veronica longifolia*）、草地乌头（*Aconitum umbrosum*）、散穗早熟禾（*Poa subfastigiata*）、阴行草（*Siphonostegia chinensis*）、菵草（*Beckmannia syzigachne*）等。在生长季节，花期互相交替、花色五彩缤纷，这类草甸在东北各林区均有分布，一般称为"五花草塘"。

此类草甸的草层高茂，产草量较高，平均每公顷产鲜草达 5250～8250kg，此外，野生经济植物资源也较丰富，如地榆、升麻、缬草、百合等药用植物。尤其此类草甸多分布在较低海拔地带，是一些动物的栖息地，应注意合理保护经营。

4.4.2　沼泽草甸

此类型是草甸向沼泽过渡的植被类型，其组成是由薹草和禾草组成，主要禾草小叶章和薹草中的修氏薹草构成沼泽草甸。主要与水分条件变化有关，其中修氏薹草、小叶章沼泽草甸水分递增则变为修氏薹草、灰脉薹草或乌拉薹草典型沼泽，否则后者水分递减则演变为小叶章、修氏薹草沼泽草甸。本保护区只有1个群丛，即修氏薹草、小叶章沼泽草甸。

（1）修氏薹草、小叶章沼泽草甸（Form. *Carex schmidtii*, *Calamagrostis angustifolia*）

修氏薹草属于东西伯利亚植物区系，主要分布在我国东北山区，以及俄罗斯（东西伯利亚和远东地区）、朝鲜北部、蒙古、日本。生于林区积水湿地，密丛生成草丘，俗称"踏头墩子"，为我国东北山区最普遍而典型的沼泽植物。根据所伴生的植物，若草甸植物占优势，则属于沼泽草甸，反之沼泽植物占优势，则属于典型沼泽。在本保护区仅有1个群丛，即修氏薹草、小叶章沼泽草甸。

此类沼泽草甸，一般在海拔600m以下地带的沼泽边缘或宽谷低洼湿地，常季节性积水。分布于河口林场（112、114林班等）、东沿江林场（24、55林班等）、西沿江林场（132、136、91林班等），分布面积为473hm²。其土壤为沼泽化草甸土。

群落高约1m，总盖度95%以上。组成植物较典型草甸少，但草甸植物多于沼泽植物，常见种约有76种。该群丛以小叶章、修氏薹草为优势植物，故此类草甸是向沼泽过渡的类型。其他混生的植物，除有小叶章等典型草甸植物外，还增加了一些沼泽植物。如东北细叶沼柳（*Salix tungbeiana*）、沼柳（*Salix rosmorinifolia* var. *brachypoda*）、越桔柳（*Salix myrtilloides*）等小灌木和典型沼泽植物乌拉薹草（*Carex meyeriana*）。草甸植物有肾叶唐松草（*Thalictrum petaloideum*）、粗根老鹳草（*Geranium dahuricum*）、蚊子草、伞花山柳菊（*Hieracium umbellatum*）、单穗升麻（*Cimicifuga simplex*）、蔓乌头、长柱金丝桃、橐吾、玉竹、兴安薄荷、黄莲花、烟管蓟（*Cirsium pendulum*）、绒背蓟（*Cirsium vlassovianum*）、聚花风铃草（*Campanula glomerata*）、回回蒜毛茛（*Ranunculus chinensis*）、兴安藜芦（*Veratrum dahuricum*）、山黧豆（*Lathyrus palustris* var. *pilosus*）、缬草等草甸植物和狭叶甜茅（*Glyceria spiculosa*）、兴安毛茛（*Ranunculus hsinganensis*）、千屈菜（*Lythrum salicaria*）、梅花草、东北沼委陵菜（*Comarum palustre*）、羊胡子草（*Eriophorum vaginatum*）、水芹（*Oenanthe decumbens*）、燕子花（*Iris laevigata*）、驴蹄草（*Caltha palustris*）、薄叶驴蹄草（*Caltha membranacea*）、大活（*Angelica dahurica*）、披针毛茛（*Ranunculus amurensis*）等沼泽植物。混有苔藓植物，常见种有毛青藓和提灯藓等，反映出其生境更湿润。

此类沼泽草甸，在调节气候、防洪蓄水方面具有重要生态作用；也是某些动物的栖息地，应严加保护。

4.5 沼泽生态系统多样性

沼泽是一种沼生湿生的植被类型，由沼生、湿生型植物组成。分布于地表过湿或有薄层积水的河漫滩、河谷、沟谷、平缓分水岭地带，呈带状、片状或岛状分布格局。沼泽植被生态系统是介于水生植被生态系统和草甸植被生态系统之间的一种湿地植被生态系统，镶嵌于地带性或次生植被之中。沼泽是受本地区气候、地貌、水文等综合影响形成的。特别是季节冻层和永冻层的存在，使地表水既难排出，又难入渗（永冻层隔水板）；土壤低温、缺氧（O_2），限制了好气性细菌活动，使土壤中缺少亚硝酸细菌和对有机质分解作用大的纤维素细菌，微嗜氮细胞含量减少，因而使大量植物残体在嫌气条件下，难以彻底分解，逐渐保留在土壤中变成泥炭，形成不同类型的泥炭沼泽。

总之，平坦的地貌条件和黏重的第四纪沉积物亚黏土，是沼泽形成发育的基础。寒冷气候和永冻层是沼泽形成的直接因素。在各种条件综合影响下，不同地段上生长各种沼生植物，形成了各类沼泽，包括乔木沼泽、灌木沼泽及草本沼泽。其中乔木沼泽已在森林生态系统中叙述，所以本节仅包括灌木沼泽和草本沼泽。该生态系统不仅对区域生态平衡有重要影响，也是野生动物觅食、游憩场所，应重视保护。

按群落组成、结构、分布的特点，可划分为 2 个植被亚型，即灌木沼泽和草本沼泽。

4.5.1 灌木沼泽

灌木沼泽是指在地表过湿或积水的地段上，以喜湿的灌木为主所组成的沼泽植物群落。本群系在保护区内较为常见，分布地域较广，但面积不大，多发生平坦沟谷和河漫滩地段，地势低洼，平坦，地下水位高，水分容易集聚的地方，由于土质黏重，又有永冻层形成隔水板，造成地表过湿或积水，使沼生植物不断侵入。首先侵入的是喜湿的密丛型薹草和浅根系的柴桦、扇叶桦（*Betula middendorfii*），随后是真藓类的提灯藓和直叶金发藓（*Polytrichum strictum*），这些植物侵入后，死亡的植物残体在土壤嫌气条件下，逐渐形成泥炭，营养贫乏，树木开始生长不良，并逐渐递减，森林演变为沼泽，形成现有的各类灌木沼泽。这类沼泽的发展是泥炭藓逐渐增多，渐被泥炭藓沼泽更替。

4.5.1.1 柴桦灌木沼泽（Form. *Betula fruticosa*）

本群系根据组成和结构只有 1 个群丛。

（1）修氏薹草、柴桦灌木沼泽（Ass. *Carex schmidtii*，*Betula fruticosa*）

此类沼泽在本保护区内主要分布较低海拔山麓地带，常占据在海拔 400～600m 的河漫滩、低平地和沟谷地段或有潜水溢出的地段，形成灌木沼泽景观。主要分布于河口林场（56、131、164 林班等）、东沿江林场（90、46 林班等）、江畔林场（18、17 林班等）、西沿江林场（80、91、104 林班等）、太平林场（85 林班），分布面积为 1539hm^2。群落内常有积水或季节性积水，地下水位较高，一般不超过 70cm，水质微酸性，pH5～5.5。土壤为沼泽化泥炭土。

此类沼泽植物组成较丰富，据统计约有 69 种。群落高达 1.8m 左右，总盖度为 95%～100%，可分为两层：第一层为灌木层，高为 50～180cm，层盖度为 40%～70%，以柴桦为优势种，其次为沼柳，并混生有山刺玫、绣线菊、蓝靛果忍冬、越桔柳和笃斯越桔等，有时在不同地段呈小群聚分布；在地势略高处还可见五蕊柳和三蕊柳。第二层为草本植物层，高 15～90cm，盖度为 25%～80%，变动幅度较大，随灌木密度而变化。草本植物层可分为两亚层：第一亚层高 60～90cm，多为草甸植物，常见的种类有缬草、黑水当归、大活、短瓣金莲花（*Trollius ledebouri*）、黄莲花等；混生草本地下植物地榆、皱叶酸模、细叶乌头、驴蹄草（*Caltha palustris*）、小花沼地马先蒿等；第二亚层高 15～60cm，以修氏薹草为优势层片,其次为丛薹草(*Carex caespitosa*)和羊胡子草(*Eriophorum vaginatum*)等,在薹草的边缘还生有不少湿生与沼生植物,如毛水苏(*Stachys baicalensis*)、细叶繁缕、梅花草、燕子花(*Iris laevigata*)、藜芦獐牙菜(*Swertia veratroides*)等,以及草本状小灌木北悬钩子等。在有些地段藓类植物层较厚,主要由粗叶泥炭藓、白齿泥炭藓(*Sphagnum girgensohnii*)、细叶泥炭藓(*Sphagnum teres*)和大金发藓(*Polytrichum commune*)等组成。该生态系统不仅有湿地的生态功能,也是某些动物栖息地。

4.5.1.2 柳灌丛沼泽——蒿柳灌丛沼泽(Form. *Salix viminalis*)

蒿柳是广布欧亚大陆北半球山区的灌丛,为温带阳性树种,耐水湿。在本保护区内仅分布在海拔 400~550m 的地带,沿河流支流或溪流两岸水湿地,形成灌丛。故放在沼泽之中。

根据组成、结构,本保护区的蒿柳灌丛沼泽仅有 1 个群丛,即小叶章、绣线菊、蒿柳灌丛沼泽。

(1)小叶章、绣线菊、蒿柳灌丛沼泽(Ass. *Calamagrostis angustifolia*,*Spiraea salicifolia*,*Salix viminalis*)

此类灌丛在本区一般分布在 400~550m 的地带,不甚普遍。常断续沿河流支流或溪流两岸水湿地分布,一般春泛时遭水淹,形成狭带状或片状,生长旺盛。主要分布于河口林场(137、143 林班等)、东沿江林场(27 林班等)、江畔林场(2 林班等)、西沿江林场(120、4 林班等),分布面积为 227hm²。其土壤为富含腐殖质的草甸土或沼泽化草甸土。

植物组成较简单,仅 52 种,以蒿柳、绣线菊、小叶章为建群种,此类灌丛沼泽按其高度分为灌木层与草本层。

灌木层发达,总盖度可达 60%~90%。灌木层又可分成两个亚层:第一亚层高 3.5~7m,盖度可达 50%~70%,以落叶阔叶小高位芽植物层片为优势成分,组成植物主要是蒿柳(*Salix viminalis*),还常混有细叶蒿柳(*Salix viminalis* var. *angustifolia*)、卷边柳(*Salix siuzerii*)、细柱柳(*Salix gracilistyla*)及萌生的粉枝柳(*Salix rorida*);第二亚层高 1~1.5m,盖度可达 50%~60%,由落叶阔叶矮高位芽植物层片构成,组成植物种类较多,以绣线菊为主,并混有笃斯越桔(*Vaccinium uliginosum*)、沼柳等。在排水较好、土层肥厚地段则混有山刺玫、库页悬钩子等,在林窗和林缘还混有珍珠梅和毛接骨木等。

草本层较稀疏,高 40~90cm,总盖度达 50%~60%,以草本地面芽植物层片为优势层片。主要组成种以小叶章为优势,其次为兴安升麻(*Cimicifuga dahurica*)、沼繁缕(*Stellaria palustris*)、兴安拉拉藤(*Galium dahuricum*)、水杨梅(*Geum aleppicum*)、小叶拉拉藤(*Galium trifidum*)、毛水苏、蚊子草、齿叶风毛菊、二歧银莲花(*Anemone dichotoma*)、灰背老鹳草、全叶山芹(*Ostericum maximowiczii*)、大花千里光(*Senecio ambraceus*)、兴安藜芦(*Veratrum dahuricum*)、迷果芹(*Sphallerocarpus gracilis*)等。草甸植物中的地下芽植物有小白花地榆、黄花乌头、蔓乌头、大花银莲花、披针毛茛(*Ranunculus amurensis*)、齿瓣延胡索等。地上芽植物主要有北悬钩子等。一年生植物有小点地梅、箭叶蓼(*Polygonum sieboldii*)和水蓼(*Polygonum hydropiper*)。

4.5.2　草本沼泽

草本沼泽在本保护区一般分布在低海拔 400～550m 地带。从发生上看，大多由草甸沼泽化演替而成，多发生在河漫滩的洼地，由于地势低洼、地下水位高，特别是受河水泛滥的影响，造成了草甸过分湿润或水分滞聚，土壤的孔隙被水分充填，微生物活动减弱，因而植物残体中的营养元素不能矿化。这样在水分增加、养分减少的情况下，为植物的自然演替创造了有利条件，使一些根状茎草甸植物逐渐减少，而要求养分较少，喜湿的密丛型沼泽植物逐渐增多。当这些植物死亡以后，在嫌气条件下，得不到彻底分解，逐渐形成泥炭，草甸则演替成草本沼泽，形成现有各类草本沼泽。组成以薹草为主，此类沼泽的下层泥炭中的植物残体，除薹草为主外，都混有禾本科的植物残体，而且泥炭层的下部都有黑色腐殖质层，黑色腐殖质是草甸土的特点。

草本沼泽根据组成、结构与分布规律，可分为 2 个群系 3 个群丛。

4.5.2.1　草甸沼泽——小叶章、修氏薹草沼泽（Form. *Calamagrostis angustifolia*，*Carex schmidtii*）

在本保护区仅见草甸植物小叶章与修氏薹草伴生，即小叶章、修氏薹草沼泽，属草甸沼泽。

（1）小叶章、修氏薹草沼泽（Ass. *Calamagrostis angustifolia*，*Carex schmidtii*）

此类沼泽为草甸沼泽，一般在海拔 400～600m 地带的典型沼泽边缘或宽谷低洼湿地，常季节性积水。主要分布于河口林场（133、33 林班等）、东沿江林场（54、89 林班等）、江畔林场（6 林班等）、西沿江林场（112、104 林班等），分布面积为 272hm²。土壤为沼泽化草甸土。

组成植物较典型草甸少，比典型沼泽多，常见种约有 70 种，以小叶章、修氏薹草为优势种。故此类草甸为向沼泽过渡的类型。其他混生的植物，除有小叶章草甸常见的小白花地榆、金莲花外。还有一些不同的种。如粗根老鹳草、蚊子草、伞花山柳菊、单穗升麻、狼巴草（*Bidens tripartita*）、长柱金丝桃（*Hypericum ascyron*）、黄莲花、聚花风铃草、兴安藜芦、山黧豆（*Lathyrus quinquenervius*）、缬草等草甸植物和千屈菜（*Lythrum salicaria*）、狗舌草（*Tephroseris campestris*）、乌拉薹草（*Carex meyeriana*）、兴安毛茛、三花龙胆（*Gentiana triflora*）、沼委陵菜（*Pptemtolla palistre*）、羊胡子草、水芹（*Oenanthe decumbens*）、全叶山芹（*Ostericum maximowiczii*）、驴蹄草、细叶乌头（*Aconitum macrorhynchum*）、二歧银莲花等沼泽植物。

群落高约 1m，群落总盖度 95% 以上。常见的矮高位芽植物主要有沼柳、细叶沼柳、五蕊柳，在地势略高处还可见珍珠梅、山刺玫、绣线菊和白桦幼树等。一年生植物主要有水蓼。地下芽植物除小白花地榆外，还有垂穗粉花地榆（*Sanguisorba tenuifolia*）、宽叶打碗花、轮叶沙参等。此类草甸，草层高茂，除具有湿地的生态功能外，也是野生动物的游憩地。

4.5.2.2　典型沼泽——灰脉薹草沼泽（Form. *Carex appendiculata*）

典型沼泽多以密丛型薹草为主组成的草丘或称"踏头墩子"，生于水湿地，伴生的植物大多为沼泽植物。灰脉薹草属于东西伯利亚植物区系，主要分布在我国东北及内蒙古东部山区。俄罗斯（东西伯利亚和远东地区）、朝鲜北部、蒙古也有分布。在本保护区仅有1个群丛，即修氏薹草、灰脉薹草沼泽。

（1）修氏薹草、灰脉薹草沼泽（Ass. *Carex schmidtii*，*Carex appendiculata*）

此类沼泽为典型沼泽，建群种为修氏薹草、灰脉薹草，皆属典型沼泽植物。在本保护区，多分布在海拔 600m 以下地带，各河流的河漫滩、阶地及沟谷中。主要分布于河口林场（134、32 林班等）、东沿江林场（89、81 林班等）、江畔林场（10、31 林班等）、西沿江林场（90 林班等），分布面积为 98hm^2。

此类沼泽的特点是沼泽化程度较小叶章、修氏薹草沼泽重，泥炭层稍厚，组成植物以各种薹草为优势种，其生境的地表为常年积水或季节性积水，几不流动，在季节性积水地段，地下水位高，距地表仅为 10～30cm。在常年积水的地段上，积水深度不等，一般为 10～20cm。水呈锈色，水面浮着油星似的彩色薄膜，这是泥炭化过程中产生的腐殖酸类物质和还原物质。水呈微酸性至中性反应，pH 为 5.0～7.0。土壤为泥炭化沼泽土。土壤的上层为泥炭层，厚度为 30～80cm，下层为灰色亚黏土组成的潜育层，在两层之间有黑色腐殖质层亚黏土的过渡层，这是草甸沼泽化的特征。

组成植物较简单，常见种仅 53 种，以灰脉薹草、修氏薹草等薹草植物为优势种。此类沼泽层片结构简单，草本层很发达，呈单层，总盖度可达 100%。草本地面芽植物层片为建群层片，草层高为 50～90cm，主要组成种是草本地面芽植物灰脉薹草和修氏薹草，有时还混生有少量的乌拉薹草（*Carex meyeriana*）、羊胡子草（*Eriophorum vaginatum*）和丛薹草（*Carex caespitosa*）。各种薹草形成草丘，高 30～50cm，直径 30～60cm，草丘上粗下细，难以行走，故常称此类沼泽为"踏头墩子"。

生长在踏头上部及边缘的伴生植物，常见种为草本地面芽植物，有并头黄芩、三花龙胆、小叶章、水湿柳叶菜（*Epilobium palustre*）、垂梗繁缕（*Stellaria radians*）、伞繁缕（*Stellaria longifolia*）、细叶繁缕（*Stellaria filicaulis*）、梅花草、大活等。生长在草丘间低洼处的伴生植物有沼生植物驴蹄草、泽地早熟禾（*Poa palustris*）、溪荪（*Iris sanguinea*）、燕子花（*Iris laevigata*）、大野苏子马先蒿、轮叶马先蒿（*Pedicularis verticillata*）、沼委陵菜、水杨梅（*Geum aleppicum*）等，在草丘上可见有灰背老鹳草、齿叶风毛菊、毛水苏、球尾花等地面芽植物种较多，但盖度小，为群落的重要组成成分。草本地下芽植物可见耳叶蓼、轮叶沙参、小白花地榆、地榆和弧尾蓼（*Polygonum alopecunides*）及水问荆等。苔藓植物很少，在局部低湿处可见有小片的粗叶泥炭藓，以及常见于草丘间低洼地中的镰刀藓（*Drepanocladus fluitans*）等。

在保护经营利用此类沼泽时，应首先考虑其生态效益，尤其在具有偏干性大陆性气候的此保护区内更有调节空气的作用；并考虑作为野生禽兽觅食游憩的场所。

4.6 草塘生态系统多样性

水体是草塘的栖息生境。因此，水是影响草塘分布的主要生态条件。本保护区水网密布，山间沟谷中河流、小溪纵横交错。由于多年冻土存在，河溪流的下蚀作用受到抑制，河溪流迂回曲折，形成较多的泡沼，为草塘提供了良好的生存条件。草塘多分布在附属水体中，常见组成植物有慈姑（*Sagittaria* spp.）、小黑三棱（*Sparganium simplex*）、眼子菜（*Potamogeton* spp.）、紫萍（*Spirodela polyrrhiza*）、矮黑三棱（*Sparganium minimum*）、茨藻（*Najas marina*）、小掌叶水毛茛（*Ranunculus gmelini*）、狸藻（*Utricularia vulgaris*）、睡莲（*Nymphaea tetragona*）等。

水体的理化条件对草塘的植物组成与分布也有直接影响。保护区植物水体一般温度低，所以组成草塘的植物中，有很多能适应严寒的北方种，如挺水植物中黑三棱科（Sparganiaceae）的黑三棱（*Sparganium* spp.），香蒲科（Typhaceae）的香蒲（*Typha* spp.）；浮叶植物中的浮毛茛（*Ranunculus natans*）、浮叶慈姑（*Sagittaria natans*）、长叶水毛茛（*Batrachium kauffmanii*）、小水毛茛（*Ranunculus eradicatus*）、白花驴蹄草（*Caltha natans*）；沉水植物包括穗状狐尾藻（*Myriophyllum spicatum*）、篦齿眼子菜（*Potamogeton pectinatus*）、东北金鱼藻（*Ceratophyllum manschuricum*）等，其中以沉水植物为主，因为水内环境较稳定，气温对其影响相对较小，春季的寒流和秋季的早霜均不构成灾难性的影响。同时，此类植物具有很强的繁殖能力，除以种子进行有性繁殖外，也以分枝、地下茎或冬芽进行营养繁殖，尤其种子体积小、淀粉含量高者，沉入水底越冬，地下茎和冬芽也沉到水下，一般在水深1.5m便可安全过冬。上述这些适应寒冷生态环境的种类常成为草塘植物群落的建群种。并且其种群数量较大，有时常形成单种群落，伴生种较少。

草塘具有多方面效益。既有经济效益，又有生态效益。在经济效益方面：首先，某些水生植物是草食性鱼类的优质饵料。同时，水生植物尸体经微生物分解后，转化为营养元素可促使藻类繁殖，更丰富了鱼类的饵料资源。此外，水生植物还是某些产黏性卵鱼类的天然产卵巢，在水生植物中常生活着大量的软体、甲壳动物和昆虫幼虫，也是鱼类的优质饵料。其次，水生植物作为一些野生经济鸟兽的食物、营巢材料、栖息与隐蔽场所而发挥很大的作用。再次，很多水生植物是经济植物，如香蒲科（Typhaceae）的花粉、根茎等可做药材；莕菜、睡莲（*Nymphaea tetragona*）等可供观赏。

在生态效益方面，主要是可调节空气湿度，有些水生植物可净化水质，但是同时有些水生植物虽可抗污染，能净化污水，但也是积累和传递有毒物质的媒介。

4.6.1　浮叶型草塘

浮叶型草塘的组成植物大多叶片浮生水面，浮叶型水生植物常有异形叶现象，即有浮叶和沉水叶两种。同时，如睡莲（*Nymphaea tetragona*）的叶片圆状心形，浮于水面，并具有细长而柔软的长叶柄，不仅可减少水流阻力，还可随水位的升或降自动卷曲或伸长，使叶片始终保持浮于水面。

根据建群种和伴生种的不同，可分为1个群丛，即小掌叶毛茛、白花驴蹄草草塘。

4.6.1.1　驴蹄草草塘——白花驴蹄草草塘（Form. *Caltha natans*）

驴蹄草属本区有3种，即白花驴蹄草、薄叶驴蹄草和驴蹄草，而能在水体中形成草塘的只有白花驴蹄草。

（1）小掌叶毛茛、白花驴蹄草草塘（Ass. *Ranunculus gmelinii*，*Caltha natans*）

小掌叶毛茛和白花驴蹄草在我国分布在东北、内蒙古东部，俄罗斯（远东地区和西伯利亚）、日本、朝鲜、欧洲、北美洲也有分布。在本保护区 800m 以下的水体中能形成草塘。喜在低温贫营养型水体中生活，pH 为 6～7.5。在中山地带泡沼中分布较广。分布于西沿江林场（104 林班等），面积不足 5hm²。基底松软多为泥质或泥沙混合型。

此类草塘种类组成较多，常见植物约 19 种，建群种为小掌叶毛茛与白花驴蹄草。此类草塘结构较复杂，共分 4 层。优势层片为浮叶植物，此层高 50～100cm，优势种即是此类草塘的建群种。小掌叶毛茛分布小型水泡中，多在静水中生活，耐低温，适于生活在酸性的软水中，在水质清新，基底为软泥的水体中生长最好，在高海拔地区此种是浮叶植物中的优势种，在静水中，叶掌状分裂，具匍匐茎，植株茎节间生出不定根以起固着作用，常密集丛生，最大密度可达 0.7 株/cm²。在流水中也能生长，茎软而伸长，叶裂片狭而长，耐低温，在 8℃的水体中仍能正常开花结果，花期花序挺出水面，果实成熟时落入水底。其茎在冰下可安全过冬，次春从其上长出新枝来。白花驴蹄草分布静水泡沼中，在溶氧高、温度低的软水中生长良好，在沙底上仍能生长，其茎上不断分枝，茎最长可达 140cm。此种断枝可利用其茎节上的不定根扎到水底，然后长成新植株。沉水植物主要为杉叶藻（*Hippuris vulgaris*），杉叶藻植植株高 1～2.5cm，较耐低温，在冬初水上结冰时，仍然能在水下生活。漂浮植物主要为叉钱苔（*Riccia fluitans*）。叉钱苔适于生长在林间酸性的水泡中，既能行有性繁殖，又能行孢子繁殖，同时顶细胞也可不断分裂产生新组织，每当早春融冰后，叉钱苔即大量繁殖，利用此期大量繁殖是其对特殊的森林环境适应的结果，因为此时水体四周的树木尚未展叶，水体光照条件好，叉钱苔能快速生长和发育，而当树木完全展叶时，水泡中的光照条件极差，不利于叉钱苔的繁殖和发育，故在长期的生态适应过程中，叉钱苔衍生出早春繁殖这一生物学特性。挺水植物中主要矮黑三棱（*Sparganium minimum*）等，矮黑三棱生长浅水中，在 30cm 深的水中此种茎变柔软，基部叶多浮在水面上，可在流水中生长。

白花驴蹄草的茎叶具有异味，鱼类和野生动物不喜食，但家禽、畜可食其嫩叶。小掌叶毛茛的果实是鱼类等水生动物的食料，其茎叶可饲喂家禽、畜。

4.6.2　漂浮型草塘

此类草塘与浮叶型草塘相近，故有的学者将二者合并为"浮水型"草塘，但与浮叶型草塘不同，其组成植物浮悬水面，根沉于水中，可随风漂浮。根据建群种和伴生种的不同，有 2 个群丛，即槐叶苹、浮萍草塘和叉钱苔单种草塘。

4.6.2.1　浮萍草塘（Form. *Lemna minor*）

浮萍属在本保护区有 2 种，即浮萍、品藻，而能组成群落的仅有浮萍。根据组成仅划分 1 个群丛，即槐叶苹、浮萍草塘。

（1）槐叶苹、浮萍草塘（Ass. *Salvinia natans*，*Lemna minor*）

槐叶苹和浮萍皆为世界广布种。在我国南北各省区皆有分布，广泛分布在世界北温带地区，在本保护区低海拔地区的静水湖泡中能形成草塘，对水质要求不严，pH5.5～8.5

均能生活，水深一般多分布在 1～3m 的肥水中。分布于西沿江林场（125 林班等），面积不足 5hm²。

此类草塘以漂浮植物为优势种，故使浮叶植物在竞争中处劣势，种类少，一般仅有 2 种，且多为偶见种，同时由于漂浮植物覆盖水面，沉水植物接受的光照减少，使其生长差，种类也少，约有 3 种。这样使得此类草塘植物种类组成较简单。常见植物约 18 种，草塘的建群种为槐叶苹和浮萍。常见种类有紫萍等，沉水植物则较稀少不多见。漂浮植物层是此类草塘最发达的层片，除建群种浮萍、槐叶苹外，尚有紫萍、品藻、叉钱苔等。浮萍的营养体退化为叶状体，具一条长根，起平衡和营养的作用，叶背面具有气室，细胞间隙特别发达，以使叶状体浮于水面。除槐叶苹外，其他种类和营养体均退化为叶状体。槐叶苹具有横走的茎，茎上 3 枚叶片一轮，其中 2 片平展漂浮水面，1 片垂直的细裂成假根状，假根状叶上密生粗毛，用以增大其吸收面积和在水中的稳定性，漂浮植物繁殖快，可行有性繁殖，无性繁殖为芽殖，无性繁殖新芽一般与母体相连，新个体常 3～4 个聚生成一个群体，这样可抗御风浪袭击。沉水植物层主要由高大种类组成，这些种类的叶片细裂和平展，有利于在水底获得漂浮植物间隙透过的光。

槐叶苹、浮萍草塘是家禽畜的天然饲料场，漂浮植物是鱼类的优质饲料，由于浮萍等个体小，世代更替快，又是研究种群生态试验的好材料，尤其是在室内人工模拟试验中效果甚佳。除此以外，漂浮植物的药用价值明显，如浮萍主治皮肤风疹和急性肾炎等；槐叶苹主治虚劳发热和水肿等。故对此类草塘应合理经营、利用与保护，以增进其经济和生态效益。

4.6.2.2　叉钱苔草塘——叉钱苔草塘（Form. *Riccia fluitans*）

钱苔属在本保护区仅有 1 种：叉钱苔，可以形成单种群落，即叉钱苔草塘。

（1）叉钱苔草塘（Ass. *Riccia fluitans*）

在本保护区此类草塘为单种群落，分布在海拔 600m 以下，林中静水小水体内，适于生活在相对弱光、低 pH 的清水中。分布于江畔林场（1 林班等）、东沿江林场（9 林班等），分布面积约为 8hm²。叉钱苔为苔类植物，植株为分叉的叶状体，常形成较大的种群数量，在水湿地上也可生长。雌雄同株，具有性繁殖。此外，顶细胞也可不断分裂产生新组织。每年早春大量繁殖，当水体四周乔灌木抽芽时，叉钱苔的种群数量即己达较大值。利用春季融冰后一段时间加快繁殖速度是其对环境适应的结果。因为此时水泡四周的树木未放叶，遮光较轻，使水体获取较多热能而促进叉钱苔的生长和发育。一般均为单种群落，群落盖度可达 80%。有时伴生有藓类植物，如黄色水灰藓（*Hygrohypnum ochraceum*）、粗肋镰刀藓（*Drepanocladus sendtneri*）等。

4.6.3　沉水型草塘

沉水型草塘的组成植物沉浸在水中，并大多扎根于水底泥中。沉水型草塘组成植物的器官形态和构造都是典型水生性的。叶片的构造无栅栏组织与海绵组织的分化，细胞间隙大，机械组织不发达。叶片的形状大多呈条带状、丝状或狭条状，以减少和避免水流引起的机械阻力和损伤，有利植物在水中生活。根据建群种和伴生种的不同，可分为 2 个群丛。

4.6.3.1 眼子菜草塘——篦齿眼子菜草塘（Form. *Potamogeton pectinatus*）

在本保护区眼子菜有 3 种，其中只有篦齿眼子菜能形成群落，其他种均为伴生种。故只有 1 个群丛。即穗状狐尾藻、篦齿眼子菜草塘。

（1）穗状狐尾藻、篦齿眼子菜草塘（Ass. *Myriophyllum spicatum*，*Potamogeton pectinatus*）

穗状狐尾藻（*Myriophyllum spicatum*）和篦齿眼子菜（*Potamogeton pectinatus*）都属世界广布种，在我国南北各地均有分布。本区在海拔 550m 以下静水湖沼中能形成草塘。此类草塘是主要的水生植被类型，穗状狐尾藻和篦齿眼子菜生长良好，要求基底为泥底，中营养型水体，水深为 100～150cm。分布于西沿江林场（112、2 林班等），分布面积约为 3hm^2。

此类草塘种类较丰富，常见种类约 19 种，建群种为穗状狐尾藻和篦齿眼子菜。在沉水植物中，除建群种外，还有小眼子菜（*Potamogeton pussillus*）、狐尾藻（*Myriophyllum verticillatum*）和长叶水毛茛的数量均较多。此类草塘的伴生种中包括东北眼子菜（*Potamogeton mandshuriensis*）等。

4.6.3.2 毛茛草塘——长叶水毛茛草塘（Form. *Batrachium kauffmanii*）

（1）长叶水毛茛草塘（Ass. *Batrachium kauffmanii*）

此类草塘为单种群落，分布在河流和池塘中，分布于西沿江林场（120、25 林班等），面积约为 5hm^2。长叶水毛茛线形或分裂，植株高多在 20～50cm，茎柔软，花小单生，茎节上常长出较长的不定根，常在水底成毯状分布，在急流中仍能很好生长。分布在大兴安岭中高纬度的河流，在额尔古纳河支流处均有分布，在河湾缓流处常形成大片群落，是野生动物在冬季和繁殖前的优质饲料，也是鱼类的喜好性饵料。在山区溢洪道和鱼池的排水渠中常大量衍生。在流水沉淀泥沙、固着基底等方面具有一定的作用。

由于长叶水毛茛茎软，易倒伏，叶丝状阻水程度差，不使河流被堵塞。但群落密度过大，也常使水流不畅和水位得以提高，在洪峰过后仍能存活下来，是山区少见的急流群落之一，也是东北山地能越冬的少数水生植物之一。在大兴安岭是仅有的整个植株越过冬季的植物类型，这主要是因其生活在流水环境中，虽然冬季气温可达-40～-30℃，但流水温度一般在 2～3℃，曾在冰下缓流的 0.2℃水中观察其生活正常。长叶水毛茛植株越冬后，第 2 年春天植株继续生长，再次开花结果。群落在河底常呈绿毯状铺覆，茎上生出支柱根来，沿倒伏方向扎入沙土中，以使植株固着不致被水冲走。在河湾静水处也可生长，但植株颜色变得黄绿，茎叶上常附有砂土等杂质，使植物生长不良，植株变得矮小。

4.6.4 挺水型草塘

挺水型草塘组成植物的根扎生于水底淤泥中，而上部或叶挺出水面。这类植物是水生植物和陆生植物之间的过渡类型，既具有水生植物的某些生物学和生态学特性，又具有陆生植物的某些生物学和生态学特性。多由香蒲科（Typhaceae）、黑三棱科（Sparganiaceae）和禾本科（Poaceae）等的水生各类植物为主。此外，还有泽泻科（Alismataceae）的种类。此类草塘多分布在浅水处，主要是沿河、溪转弯处或池塘中形成群落。有时伴生少数沉水植物。根据建群和伴生种的不同，可分 3 个群丛，即紫萍、狭叶香蒲草糖，矮黑三棱草塘和杉叶藻草塘。

（1）紫萍、狭叶香蒲草塘（Ass. *Spirodela polyrrhiza*，*Typha angustifolia*）

紫萍与狭叶香蒲为世界广布种。在本保护区此类草塘分布在海拔 550m 以下的山间泡沼中，喜生活在具柔软泥底的水体中，适应弱酸、低温的生境。分布于河口林场（52 林班等）、江畔林场（1 林班等）、西沿江林场（92 林班等），分布面积约为 14hm²。狭叶香蒲最高可达 1.5m。群落的盖度几达 60%，伴生种较少，群落结构多为两层：第 1 层为狭叶香蒲；第 2 层为紫萍。狭叶香蒲多以无性繁殖为主。紫萍漂浮水面，因其叶状体两侧可芽殖出新的个体，因此，一个母体可迅速繁殖成一个较大的群体，布满狭叶香蒲植株间的空间水面处，使群落的盖度几达 95%。在林区经过筑路等形成的人工水体中，狭叶香蒲常为先锋植物，在这样的水体中，也常形成狭叶香蒲单种群落。

紫萍可作为饲料，6～7 月萌生，7～8 月生长最盛，9 月下旬至 10 月初沉落。宜于 7～9 月捞取，作为青饲料应用喂鸭或晒干充作鱼的饵料。

（2）矮黑三棱草塘（Ass. *Sparganium minimum*）

此类草塘为单种群落，分布高纬度、高海拔的池塘中，在人迹罕至的林间池塘中常成片分布，在路边水坑中亦生长良好，耐低湿、喜清水，在大兴安岭北部分布尤广。在本保护区分布于海拔 400～800m 的山地泡沼中，分布于西沿江林场（120 林班等）、东沿江林场（9 林班等），分布面积约为 5hm²。群落盖度可达 85% 以上，多以种子繁殖，但在基底为软泥处根状茎繁殖也为常见。早期即萌发，5 月可进入花期，至 7 月群落的密度最高可达 194 株/m²，在小的浅水坑中此值还要高些，在沙质基底的浅水中，植株发育不良，高度仅为 10～15cm，花果也明显减少。有时伴生少量的杉叶藻、小掌叶毛茛（*Ranunculus gmelinii*）和白花驴蹄草（*Caltha natans*）等。

5 土壤真菌多样性

土壤微生物是土壤中一切肉眼看不见或看不清的微小生物的总称。土壤是微生物生长与繁殖的天然培养基。土壤微生物多样性是指土壤生态系统中所有的微生物种类、微生物拥有的基因，以及这些微生物和环境之间相互作用的多样性程度与生命体在种类、遗传与生态系统层次上的变化。土壤微生物多样性包括微生物分类群内的遗传多样性和在栖息地中微生物分类群的多样性，以及包括群落结构的相互作用、变异的复杂性、共位群数量和营养水平在内的生态多样性。目前土壤微生物多样性研究主要从物种、遗传和功能多样性三个层面展开。土壤微生物多样性存在于物种、基因、群落及种群四个层面，是土壤生态系统的一个基本生命特征，也是空间和时间的函数。

土壤微生物多样性是一门近年来在微生物学、土壤学及生物多样性领域均给予较多关注的新兴交叉学科。微生物的物种资源非常丰富，是地球上仅次于昆虫的第二大类群生物，微生物多样性的研究是整个生物多样性研究的重要组成部分。研究土壤微生物多样性在应对全球气候变化、探索自然生命机制、土壤生物修复、维持生态服务功能、促进土壤持续利用和治理各类环境污染等方面具有重要意义。

5.1 土壤微生物的主要种类和分布

土壤是由气、液、固三相构成的高度异质环境，孕育着丰富的土壤微生物群落，土壤是微生物的大本营，土壤中微生物数量巨大、种类繁多、分布广泛，是土壤中最活跃的生物群体。主要有土壤细菌、土壤放线菌、土壤真菌、土壤藻类和土壤原生动物五大类。它们参与土壤有机物的分解和转化、腐殖质的形成、生物化学过程、植物互利共生和菌根的形成，在生态系统中起着非常重要的作用。

土壤微生物的种群数量及生物量与其生存的环境密切相关。土壤里栖居着大量的土壤微生物，这些土壤微生物的活动及分布与土壤的营养条件、土壤肥力、土壤类型、地理位置、气候条件、地上植被等密切相关。反之，土壤微生物群落也会对土壤的生态结构、能量循环、物质转化等产生重要的影响，它是维持土壤生产力的重要组分。土壤颗粒越细小，其有机质含量就越高，则土壤微生物多样性就越高。地上植被的数量和种类对土壤微生物多样性影响显著，植被多样性增加，土壤中放线菌和细菌多样性降低而土壤真菌多样性增加，这可能是不同植物的根系分泌物的成分不同，而影响了土壤微生物的群落结构与功能多样性。有研究表明土壤微生物多样性与气温和 pH 都呈显著正相关，且随着纬度的升高而降低；然而，有研究表明细菌多样性与气温和纬度无关，与生态系统类型有关；还有的研究表明影响细菌多样性的首要原因是地理位置，其次是取样深度。一般土表植被的微生物会因日光照射和高温干燥等因素不易生存；土壤微生物在离地表 10～30cm 的土层中数量最多，并且数量随土层的加深而减少。

5.2　土壤微生物资源的 DGGE

土壤微生物是土壤生态系统的重要组成部分，其生物量（*C*）虽然只占总有机碳的很小一部分，但这部分有机碳却影响着所有进入土壤的有机质的转化。研究土壤微生物多样性可以间接反映土壤的理化性质。同时，微生物的丰富度及其变化还能够体现其适应环境的过程。所以，研究土壤微生物多样性对反映土壤生态和微环境气候的变化方面有积极作用。但是，自然界中可培养的微生物不到总数的 1%，这对研究环境中微生物的存在状况造成了严重障碍。分子生物学技术的快速发展为这一领域的研究提供了重要工具。

变性梯度凝胶电泳（denatured gradient gel electrophoresis，DGGE）技术是由 Flscher 和 Lerman 于 1979 年最先提出的用于检测 DNA 突变的一种电泳技术。1993 年，Muzyers 等首次将 DGGE 技术应用于微生物群落结构研究，并证实了这种技术在揭示自然界微生物区系的遗传多样性和菌群差异方面具有独特的优越性。近年来，DGGE 技术被广泛应用于微生物多样性研究中，涉及草地、湖泊、熔岩、湿地、农田和食品等各个领域，在土壤微生物多样性研究中的应用也日趋增多。

其原理是：DNA 分子在普通的聚丙烯酰胺凝胶中电泳时，DNA 分子的迁移行为取决于其分子和电荷大小。长度不同的 DNA 片段能够被区分开，但长度相同的 DNA 片段在胶中的迁移行为一样，所以不能被区分。DGGE 技术在普通的聚丙烯酰胺凝胶中加入了不同浓度的变性剂（尿素和甲酰胺），从而把长度相同但序列不同的 DNA 片段区分开来。每个特定的 DNA 片段都有其特有的序列组成，DNA 的序列组成决定了其解链区域和解链行为。DNA 分子一旦发生解链，其电泳行为就会发生极大变化。随着解链程度的不断增大，DNA 分子的迁移速率逐渐减小。所以，序列不同的 DNA 分子会在不同的变性剂浓度下变性。因此，DNA 的空间构型发生改变，从而停留在不同变性剂浓度的凝胶中，使序列长度相同的 DNA 片段得到分离。

5.3　土壤真菌种群组成及系统发育分析

5.3.1　实验材料与仪器

（1）材料

选取山杨林、白桦林、黑桦林和落叶松林作为研究样地。以 5 点法采集各林型土壤样品，装入无菌聚乙烯袋中，编号，土壤样品带回实验室，4℃保存。

（2）生化试剂

硫酸链霉素、琼脂、葡萄糖、氯化钠、氯化钾、磷酸氢二钠和磷酸二氢钾均是国产分析纯药品，均购自北京索莱宝科技有限公司；十六烷基三甲基溴化铵（CTAB）、三羟甲基氨基甲烷和乙二胺四乙酸均购自北京庄盟国际生物基因科技有限公司；DNA Marker DL 2000、10×PCR Buffer（含 Mg^{2+}）、dNTP（10mmol/L）、Taq DNA polymerase（2.5U/μL）、

Gel Red、6×Loading Buffer、AMP 和 pMD-18T 载体均购自 TaKaRa 公司；*Escherichia coli* Trans 109 大肠杆菌和小量琼脂糖凝胶 DNA 回收试剂盒均购自北京全式金生物技术有限公司；PCR 引物均由北京六合华大基因科技股份有限公司合成。

（3）实验仪器

高压灭菌锅、电子天平、超净工作台、恒温培养箱、恒温振荡培养箱、小型台式离心机、水浴锅、PCR 扩增仪、琼脂糖凝胶电泳仪、通风橱、凝胶成像装置、−40℃超低温冰箱、−80℃超低温冰箱。

5.3.2 试剂配制

1）1.0mol/L Tris-HCl 缓冲液（pH 8.0）：12.11g Tris base，4.2mL 浓盐酸，加去离子水定容至 100mL。

2）0.5mol/L EDTA 溶液（pH 8.0）：9.305g EDTA-Na$_2$·2H$_2$O，1g NaOH，加去离子水定容至 50mL。

3）5mol/L NaCl：73g NaCl，溶于 200mL 去离子水定容至 250mL。

4）CTAB 提取缓冲液：1.0mol/L Tris-HCl 缓冲液（pH 8.0）10mL，0.5mol/L EDTA 溶液（pH 8.0）4mL，5mol/L NaCl 28mL，CTAB 2g，水浴 65℃溶解，冷却至室温后定容至 100mL。

5）氯仿/异戊醇（24：1）：氯仿 96mL，异戊醇 4mL。

6）50×TAE：37.25g EDTA-Na$_2$·2H$_2$O，244g Tris，57.25mL 冰乙酸，加去离子水定容至 1L。

7）PBS 磷酸盐缓冲液：4g NaCl，0.1g KCl，0.71g Na$_2$HPO$_4$，0.135g KH$_2$PO$_4$，加入 400mL 去离子水，调 pH 至 7.4，定容至 500mL。

8）10%SDS 溶液：10g SDS 溶于 90mL 去离子水中，水浴 68℃溶解，调 pH 至 7.2，加去离子水定容至 100mL。

9）50mg/mL AMP 溶液：1g AMP，溶解于 20mL 灭菌的去离子水中，滤膜过滤除菌，−20℃保存。

10）50mg/mL 硫酸链霉素溶液：1g 硫酸链霉素，溶解于 20mL 灭菌的去离子水中，滤膜过滤除菌，−20℃保存。

11）PDA 培养基：马铃薯 100g，葡萄糖 10g，琼脂 10g，水 500mL。

5.3.3 实验方法

（1）土壤真菌的分离培养及形态鉴定

采用稀释平板法分离土壤真菌：称取 10g 土样，置于盛有 90mL 无菌水及 10 颗玻璃珠的三角瓶中，在摇床上 150r/min 振荡 15min，制成菌悬液。静置 5min 后吸取 1mL 上清液加入含 9mL 无菌水的试管中，振荡混匀，菌悬液的浓度为原浓度的 10^{-1} 倍，同理，可以得到浓度为原浓度 10^{-2}、10^{-3} 的菌悬液。在超净工作台中，分别吸取 0.1mL 浓

度为原浓度 10^{-1}、10^{-2}、10^{-3} 的菌悬液滴入直径 9cm 的已倒入培养基的培养皿中,用涂布器涂干,封口后,28℃倒置培养。本实验用含有浓度为 50μg/mL 的硫酸链霉素的 PDA 培养基进行菌株分离及培养,纯化出的菌株转移到试管内 4℃保存。依据菌落的颜色、形态、生长速度等特征和参照《真菌鉴定手册》等对其进行初步分类,将真菌鉴定到属、种。

(2)可培养真菌菌丝体的收集及真菌基因组 DNA 的提取

将筛选好的供试菌株在 PDA 平板上活化几天,用打孔器截取直径 5mm 菌块接种到装有液体 PDA 培养基的三角瓶中,在 28℃条件下,150r/min 摇床培养 7 天左右,10 000r/min 离心 10min,倒掉上清液,沉淀用 PBS 洗涤两次,每次洗涤后 10 000r/min 离心 10min,倒掉上清液,最后沉淀在超净工作台中晾干,–40℃冰箱保存备用。真菌基因组 DNA 的提取采用 CTAB 法。

(3)土壤真菌 DNA 的 ITS 片段扩增和分子生物学鉴定

rDNA-ITS 的 PCR 扩增采用真菌通用引物 ITS1:TCC GTA GGT GAA CCT GCG C 和 ITS4:TCC TCC GCT TAT TGA TAT GC。扩增体系为:10×PCR Buffer(含 Mg^{2+})2μL,Taq DNA 聚合酶(2.5U/μL)0.4μL,ITS1(2.5μmol/L)4μL,ITS4(2.5μmol/L)4μL,dNTP(10mmol/L)0.4μL,DNA 模板 0.5μL,ddH₂O 8.7μL,总体积 20μL。扩增程序:94℃预变性 3min,94℃变性 1min,57℃退火 1min,72℃延伸 1.5min,30 个循环,最后 72℃延伸 10min。ITS rDNA 的胶回收产物与 pMD-18T 载体连接,转入 Trans 109 感受态细胞中,检测转化结果后,由华大基因科技股份有限公司完成测序工作。测序结果提交到 NCBI 中进行 Blast 比对,初步判断待测菌株的属、种,最后结合形态学方法确定待测菌株的属、种。

(4)rDNA-ITS 序列系统树的构建

选取有代表性的 21 种菌株,根据其所在的目不同,分成 3 组,构建 3 个进化树,即将测序所得的菌株完整的 ITS 序列,提交到 GenBank 数据库中进行相似性分析,并与 GenBank 的相似序列用 Clustal X(1.81)进行多重序列比对(multiple alignment),再用 Phylip 的 maximum parsimony(MP)算法构建系统进化树,最后用 bootstrapping 法重复 1000 次对系统进化树上的分支点进行统计学检验并删除<50 的分支。

5.3.4　结果与分析

(1)部分土壤真菌的形态描述

用稀释平板法和 PDA 培养基对 6 种林型土壤真菌进行分离和培养。通过观察菌落表面和背面颜色、菌落的高度、菌落质地、菌丝特征、分生孢子梗和分生孢子等特征,初步鉴定部分真菌属、种,并将其纯化培养,进一步研究其 rDNA-ITS 序列测定。典型菌株的形态描述如下。

1)镰刀菌属(*Fusarium* sp.)

在 PDA 培养基上生长迅速,28℃ 7 天后菌落边缘白色,中间浅黄色,菌落背面紫红色。菌丝有隔,分枝。大型分生孢子,镰刀形,多隔(图 5-1)。

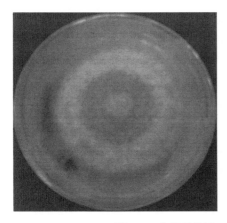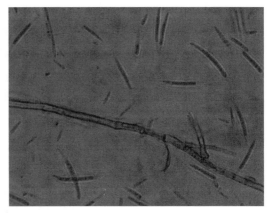

图 5-1 分离到的镰刀菌属真菌菌落、菌丝、孢子照片

2）曲霉属（*Aspergillus* sp.）

在 PDA 培养基上生长较快，28℃ 7 天后菌落白色，菌丝发达，具有横隔，多核。分生孢子梗无横隔，顶囊椭球形。分生孢子球形（图 5-2）。

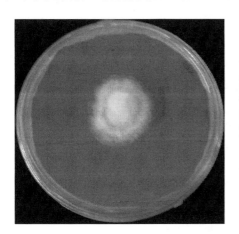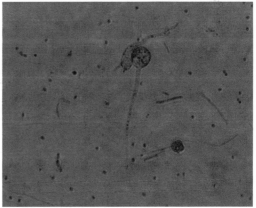

图 5-2 分离到的曲霉属真菌菌落、孢子照片

3）被孢霉属（*Mortierella* sp.）

在 PDA 培养基上生长迅速，28℃ 7 天后菌落白色，气生菌丝体蔓延，多连接成网状，菌丝中有一些近球形、无色的膨大体。孢子囊顶生，无囊轴，孢囊孢子球形（图 5-3）。

4）链格孢属（*Alternaria* sp.）

在 PDA 培养基上生长迅速，28℃ 7 天后菌落灰黑色，中间和边缘白色，菌落背面黑色。菌丝有分隔，分生孢子梗较短。分生孢子倒棒形，顶端延长成喙状，有典型的纵横隔，常数个成链（图 5-4）。

5）红酵母属（*Rhodotorula* sp.）

在 PDA 培养基上生长较慢，28℃ 7 天后菌落红色。细胞圆形，芽殖。不形成子囊孢子及掷孢子。无酒精发酵能力（图 5-5）。

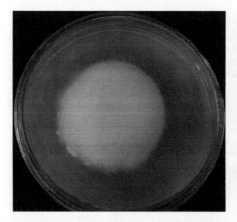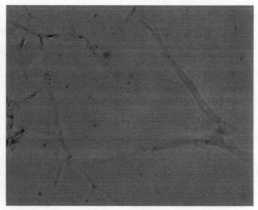

图 5-3　分离到的被孢霉属真菌菌落、菌丝、孢子照片

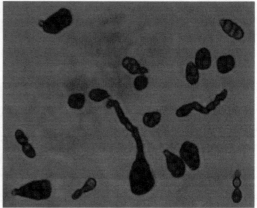

图 5-4　分离到的链格孢属真菌菌落、孢子照片

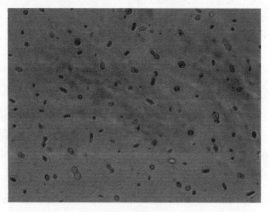

图 5-5　分离到的红酵母属真菌菌落、菌体照片

6）青霉属（*Penicillium* sp.）

在 PDA 培养基上生长较快，28℃ 7 天后菌落蓝绿色，菌落背面橙色。营养菌丝具有横隔。分生孢子梗具有横隔，顶端生有扫帚状的分枝。分生孢子椭圆形（图 5-6）。

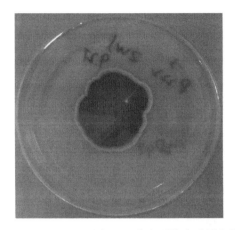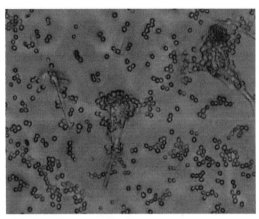

图 5-6 分离到的青霉属真菌菌落、菌体、产孢结构、孢子照片

7）木霉属（*Trichoderma* sp.）

在 PDA 培养基上迅速生长，28℃ 3 天后菌落白色。菌丝有隔，分枝繁复。分生孢子梗是菌丝的短侧枝。分生孢子近球形（图 5-7）。

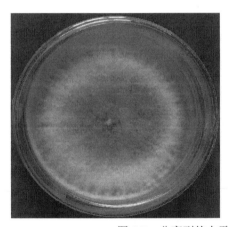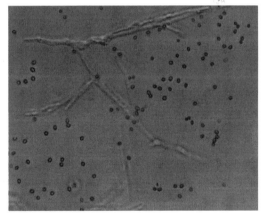

图 5-7 分离到的木霉属真菌菌落、菌丝、孢子照片

（2）可培养真菌菌丝体基因组 DNA 的提取结果

由于真菌细胞壁难破碎，能否提取到较完整和高质量的真菌基因组 DNA 是进行分子实验的基础，因此本研究参考了大量的文献并比较了不同实验方法的优缺点，最终选择了液氮法破碎真菌细胞壁，CTAB 法提取菌体 DNA，从而获得了高纯度的基因组 DNA 片段，如图 5-8 所示。

（3）土壤真菌 DNA 的 ITS 片段扩增和转化结果

以提取到的可培养土壤真菌基因组 DNA 为模板，采用真菌通用引物 ITS1 和 ITS4 进行 PCR 扩增，电泳检测结果如图 5-9 所示。由图 5-9 可知扩增的片段大小在 750bp 左右，证实为目的条带。特异性扩增目的条带明亮，无弥散。以克隆转化后的大肠杆菌菌液为模板，用真菌通用引物 ITS1 和 ITS4 进行 PCR 扩增，电泳检测结果如图 5-10 所示。扩增的片段大小在 750bp 左右，证实为目的条带，证明转化成功，可进行后续的测序工作。

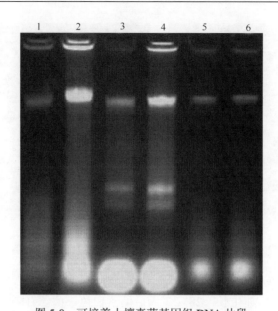

图 5-8　可培养土壤真菌基因组 DNA 片段

1. 山杨林；2. 白桦林；3. 黑桦林；4. 落叶松林；5. 落叶松白桦混交林；6. 樟子松落叶松混交林

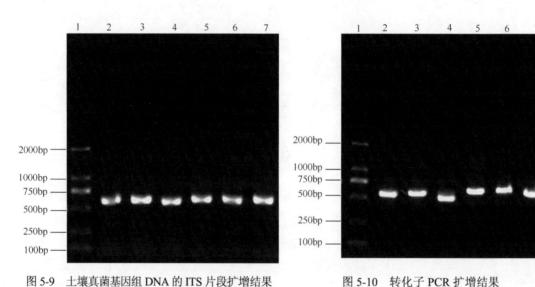

图 5-9　土壤真菌基因组 DNA 的 ITS 片段扩增结果

1. DNA Marker；2. 山杨林；3. 白桦林；4. 黑桦林；5. 落叶松
林；6. 落叶松白桦混交林；7. 樟子松落叶松混交林

图 5-10　转化子 PCR 扩增结果

1. DNA Marker；2. 山杨林；3. 白桦林；4. 黑桦林；5. 落叶
松林；6. 落叶松白桦混交林；7. 樟子松落叶松混交林

（4）可培养土壤真菌的序列分析结果

　　为了对不同林型可培养土壤真菌种类进行进一步确定，本研究不仅对分离到的菌株进行形态学鉴定，还采用了分子生物学方法来鉴定菌株种类。对分离菌株的 rDNA-ITS 片段克隆转化后进行测序，通过 GenBank 数据库进行比对，42 种真菌的比对结果见表 5-1。

表 5-1 可培养土壤真菌 rDNA-ITS 片段测序后，与 GenBank 数据库中序列比对结果

条带编号	GenBank 登录号	GenBank 数据库中的最相近序列	最相近序列的 GenBank 登录号	相似度
A22	KJ028779	*Leptosphaeria* sp.	AB752252	99%
A19	KJ028780	*Lecanicillium attenuatum*	AB378513	98%
D22	KJ028781	*Umbelopsis isabellina*	AJ876493	99%
D42	KJ028782	*Elaphocordyceps subsessilis*	JX488469	99%
D48	KJ028783	*Penicillium lividum*	AY373922	99%
B3	KJ028784	*Coprinellus xanthothrix*	JN198387	99%
A23	KJ028785	*Eladia saccula*	FJ914702	99%
C33	KJ028786	*Bionectria ochroleuca*	JF817331	99%
H1	KJ028787	*Scutellinia* sp.	JQ796884	89%
H32	KJ028788	*Umbelopsis vinacea*	KC489488	99%
H51	KJ028789	*Lecythophora mutabilis*	HQ157861	99%
H13	KJ028790	*Penicillium soppii*	AB465208	99%
H18	KJ028791	*Umbelopsis angularis*	KC816003	96%
H48	KJ028793	*Penicillium spinulosum*	JQ272372	100%
E1	KJ028794	*Hypocrea lixii*	HQ248196	99%
E34	KJ028795	*Fusarium solani*	EU263916	100%
E51	KJ028796	*Tolypocladium cylindrosporum*	AB208110	99%
E12	KJ028797	*Alternaria alternata*	KJ082099	100%
E48	KJ028798	*Pichia guilliermondii*	EF191048	99%
E54	KJ028799	*Rhodotorula glutinis*	AM160642	99%
A13	KF944451	*Zygorhynchus* sp.	KF367556	100%
A16	KF944452	*Cytospora* sp.	KC342497	97%
A20	KF944453	*Penicillium thomii*	FR670339	100%
A21	KF944454	*Penicillium canescens*	AY373901	99%
A30	KF944455	*Mucor hiemalis*	EU326196	100%
B4	KF944456	*Fusarium armeniacum*	GU116571	100%
B9	KF944457	*Mortierella alpina*	HQ607903	100%
B10	KF944458	*Mortierella elongata*	JF439485	99%
C1	KF944460	*Absidia* sp.	EU816583	94%
C34	KF944461	*Microdiplodia* sp.	FJ228194	99%
C39	KF944462	*Mortierella zonata*	JX975888	100%
D4	KF944463	*Penicillium commune*	KC009833	99%
D32	KF944464	*Phoma* sp.	FJ985695	99%
D38	KF944465	*Aspergillus tubingensis*	KF434096	100%

条带编号	GenBank 登录号	GenBank 数据库中的最相近序列	最相近序列的 GenBank 登录号	相似度
D40	KF944466	*Mortierella* sp.	EU240119	99%
D47	KF944467	*Fusarium tricinctum*	AB470859	100%
E2	KF944468	*Trichoderma citrinoviride*	HQ596983	99%
E7	KF944469	*Humicola grisea*	AB625590	100%
H11	KF944470	*Trichoderma viride*	FJ481123	99%
A1	KF944471	*Mortierella verticillata*	JN943798	98%

（5）不同类型森林土壤真菌的比较

通过稀释平板法对 6 种不同森林类型中土壤真菌进行分离培养，共分离到性状不同的纯化菌株 93 株，经过形态学和分子生物学鉴定 93 株真菌分属于 26 属 42 种，其中被孢霉属（*Mortierella*）和青霉属（*Penicillium*）土壤真菌普遍存在于各种森林类型的土壤中，同时也是各种林型土壤真菌中的优势种类。比较 6 种林型土壤真菌种类发现，落叶松白桦混交林土壤真菌种类最多，樟子松落叶松混交林、山杨林、落叶松林和黑桦林土壤真菌种类次之，白桦林土壤真菌种类最少，而且不同林型土壤真菌种类不同，例如，从落叶松白桦混交林土壤中分离到 11 属 14 种，樟子松落叶松混交林土壤中分离到 6 属 13 种，山杨林土壤中分离到 8 属 11 种，从白桦林土壤中分离到 5 属 8 种，黑桦林土壤中分离到 7 属10 种，落叶松林土壤中分离到 7 属 9 种（表 5-2）。

表 5-2　6 种不同森林类型的土壤真菌区系

真菌（属）	山杨林	白桦林	黑桦林	落叶松林	落叶松白桦混交林	樟子松落叶松混交林
被孢霉属 *Mortierella*	①*Mortierella alpina* ②*Mortierella verticillata*	①*Mortierella alpina* ②*Mortierella verticillata* ③*Mortierella elongata*	①*Mortierella alpine* ②*Mortierella verticillata* ③*Mortierella elongate* ④*Mortierella zonata*	①*Mortierella alpine* ②*Mortierella verticillata*	①*Mortierella elongata* ②*Mortierella verticillata* ③*Mortierella alpina*	①*Mortierella elongata* ②*Mortierella verticillata*
木霉属 *Trichoderma*					*Trichoderma citrinoviride*	*Trichoderma viride*
鬼伞属 *Coprinus*		*Coprinellus xanthothrix*				
虫草属 *Cordyceps*				*Elaphocordyceps subsessilis*		
生赤壳属 *Bionectria*			*Bionectria ochroleuca*			
毕赤酵母属 *Pichia*					*Pichia guilliermondii*	
壳囊孢属 *Cytospora*	*Cytospora* sp.					

真菌（属）	山杨林	白桦林	黑桦林	落叶松林	落叶松白桦混交林	樟子松落叶松混交林
盾盘菌属 *Scutellinia*						*Scutellinia* sp.
青霉属 *Penicillium*	①*Penicillium thomii* ②*Penicillium canescens* ③*Penicillium lividum*	①*Penicillium thomii* ②*Penicillium lividum*	*Penicillium canescens*	①*Penicillium lividum* ②*Penicillium commune*	①*Penicillium canescens* ②*Penicillium commune*	①*Penicillium thomii* ②*Penicillium lividum* ③*Penicillium soppii* ④*Penicillium spinulosum*
茎点霉属 *Phoma*				*Phoma* sp.		
链格孢属 *Alternaria*					*Alternaria alternate*	
疣瓶孢属 *Eladia*	*Eladia saccula*					
红酵母属 *Rhodotorula*					*Rhodotorula glutinis*	
肉座菌属 *Hypocrea*					*Hypocrea lixii*	
伞状霉属 *Umbelopsis*				*Umbelopsis isabellina*	*Umbelopsis isabellina*	①*Umbelopsis isabellina* ②*Umbelopsis vinacea* ③*Umbelopsis angularis*
镰刀菌属 *Fusarium*		*Fusarium armeniacum*		*Fusarium tricinctum*	*Fusarium solani*	
毛霉属 *Mucor*	*Mucor hiemalis*					
犁头霉属 *Absidia*			*Absidia* sp.			
微壳色单隔孢属 *Microdiplodia*			*Microdiplodia* sp.			
弯颈霉属 *Tolypocladium*					*Tolypocladium cylindrosporum*	
小球腔菌属 *Leptosphaeria*	*Leptosphaeria* sp.					
油瓶霉属 *Lecythophora*						*Lecythophora mutabilis*
接霉属 *Zygorhynchus*	*Zygorhynchus moelleri*		*Zygorhynchus moelleri*			
腐质霉属 *Humicola*					*Humicola grisea*	

续表

真菌（属）	山杨林	白桦林	黑桦林	落叶松林	落叶松白桦混交林	樟子松落叶松混交林
蜡蚧属 Lecanicillium	Lecanicillium attenuatum	Lecanicillium attenuatum	Lecanicillium attenuatum			
曲霉属 Aspergillus				Aspergillus tubingensis		
总计	11	8	10	9	14	12

通过对山杨林、白桦林、黑桦林、落叶松林、落叶松白桦混交林及樟子松落叶松混交林土壤真菌的比较研究，得出每个林型中都有其特有的真菌种类（表 5-3），例如，小囊疣瓶孢（*Eladia saccula*）和托姆青霉（*Penicillium thomii*）等真菌只存在于山杨林土壤中；深黄伞形霉（*Umbelopsis isabellina*）、无柄大团囊虫草（*Elaphocordyceps subsessilis*）及三线镰刀菌（*Fusarium tricinctum*）等真菌只存在于落叶松林土壤中；橘绿木霉（*Trichoderma citrinoviride*）、季氏毕赤酵母（*Pichia guilliermondii*）、腐皮镰刀菌（*Fusarium solani*）等真菌只存在于落叶松白桦混交林土壤中；绿色木霉（*Trichoderma viride*）、暗边青霉（*Penicillium soppii*）、小刺青霉（*Penicillium spinulosum*）、可变油瓶霉（*Lecythophora mutabilis*）等只存在于樟子松落叶松混交林土壤中。

表 5-3　6 种不同森林类型特有的土壤真菌

山杨林	白桦林	黑桦林	落叶松林	落叶松白桦混交林	樟子松落叶松混交林
Cytospora sp.	*Coprinellus* sp.	*Bionectria* sp.	*Aspergillus* sp.	*Trichoderma citrinoviride* 橘绿木霉	*Trichoderma viride* 绿色木霉
				Humicola grisea	*Scutellinia* sp.
Penicillium thomii		*Absidia* sp.	*Umbelopsis isabellina* 深黄伞形霉	Pichia guilliermondii 毕赤酵母	*Penicillium soppii* 暗边青霉
				Fusarium solani 腐皮镰刀菌	Penicillium spinulosum 小刺青霉
Eladia saccula		*Microdiplodia* sp.	*Elaphocordyceps subsessilis*	*Alternaria alternate*	*Umbelopsis vinacea*
				Tolypocladium cylindrosporum	*Umbelopsis angularis*
Mucor sp.			*Phoma* sp.	*Rhodotorula glutinis*	*Umbelopsis abellina*
			Fusarium tricinctum 三线镰刀菌	*Hypocrea lixii*	*Lecythophora mutabilis* 可变油瓶霉

（6）基于 ITS 序列的系统进化分析

本研究构建了 3 个基于 ITS 序列构建的 MP 系统进化树（图 5-11～图 5-13）。从系统进化树可以看出，同一个属的土壤真菌聚在一起，同一个属不同种的土壤真菌聚在一起，物种之间的界限非常清晰，符合形态学的分类关系。

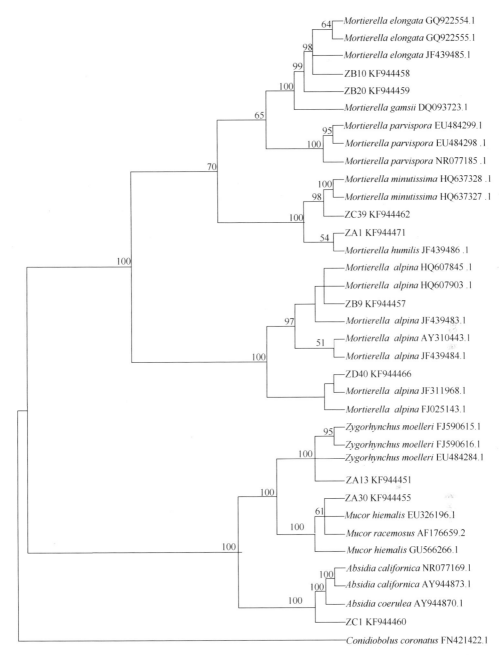

图 5-11 基于 ITS rDNA 的被孢霉属、接霉属、毛霉属和犁头霉属土壤真菌多样性系统发育分析

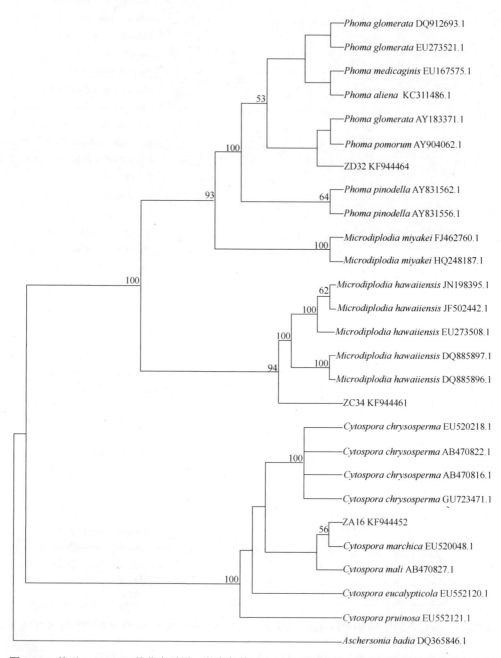

图 5-12 基于 ITS rDNA 的茎点霉属、微壳色单隔孢属和壳囊孢属土壤真菌多样性系统发育分析

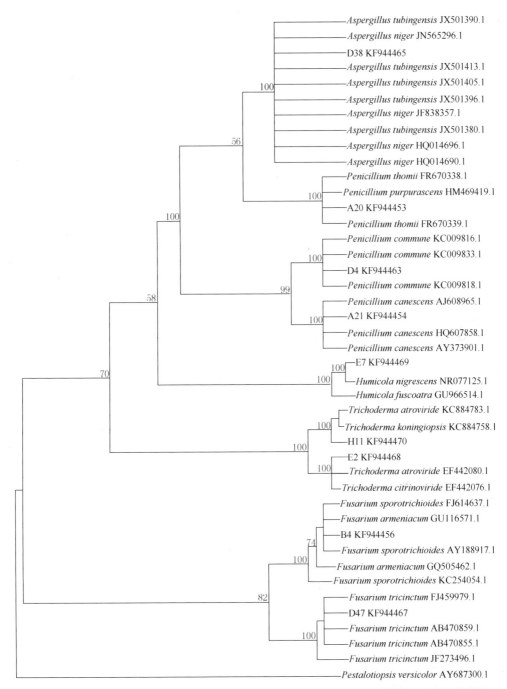

图 5-13　基于 ITS rDNA 的曲霉属、青霉属、腐质霉属、木霉属和镰刀菌属土壤真菌多样性
系统发育分析

5.3.5　讨论与结论

山杨林、白桦林、黑桦林、落叶松林、落叶松白桦混交林及樟子松落叶松混交林土壤中真菌生长活跃，种类丰富。本研究组对不同林型的土壤真菌区系进行过研究，发现土壤真菌种类

同森林类型密切相关，其中被孢霉属和青霉属为森林土壤真菌的优势种群，普遍存在于各森林类型土壤中，同时每个森林类型土壤中还有其特有的真菌种类，体现了土壤真菌的分布具有空间结构的特点，也表明该地区土壤真菌多样性较丰富。大量研究表明，植物通过影响土壤环境，进而影响土壤微生物群落结构和多样性，土壤微生物多样性与覆盖于土壤上的植物群落多样性呈正相关。林地土壤微生物的数量是在更深层次上揭示森林生态系统能量流动和物质循环过程的重要环节。而真菌作为土壤微生物的重要组成部分，紧密地将地上部分与地下部分联系起来，所以，研究林地土壤真菌的分布特征具有现实意义。本研究首次对额尔古纳国家级自然保护区不同林型土壤可培养真菌群落结构特点进行了研究，得到了大量的微生物种质资源，揭示了不同森林类型土壤真菌的分布特点，这在日后森林有益菌开发利用中有一定的参考价值。如从落叶松林土壤中分离到的无柄大团囊虫草（*Elaphocordyceps subsessilis*）的无性型（*Tolypocladium inflatum*）中分离的环孢霉素 A（Ciclosporin A）是器官移植中抗排异反应的主要免疫抑制剂，对器官移植的发展起了重要的推动作用。

本研究成功地扩增出分离菌株的 rDNA-ITS 序列，并成功构建了系统发育树，结果较好地显示了土壤真菌的系统进化关系，有力地支持了形态学观点。分子系统树就是在生物大分子进化速率相对恒定的理论基础上利用生物大分子间的序列差异或结构的比较而构建出来的，可以很直观地揭示出不同生物的各类群间及种群间的系统进化关系。依据亲缘关系，将有代表性的 21 种菌株根据其所在的目不同分成 3 组，构建了 3 个系统发育树。从系统发育树上可以看到，分离菌株与同属的从 GenBank 下载的真菌亲缘关系很近，自展值在 50%以上，这说明不同林型土壤中很可能还包含这些真菌，但是由于人为限定了一些培养条件，无法全面地反映真菌生长的自然条件，土壤中可培养的微生物在自然界中占 0.1%～10%，导致部分真菌资源遗漏。

5.4 利用 PCR-DGGE 技术对土壤真菌群结构的分析

5.4.1 实验材料与仪器

（1）材料
研究中用于分析不同林型土壤真菌多样性的环境样品取自额尔古纳国家级自然保护区。

（2）生化试剂
EDTA、CTAB、Tris base、Na_3PO_4、NaCl、NaAc、SDS、APS、液氮、蛋白酶 K、聚乙二醇 8000（PEG8000）、琼脂糖、氯仿、异戊醇、无水乙醇、冰乙酸、丙烯酰胺、N，N'-亚甲基双丙烯酰胺、尿素、去离子甲酰胺、N，N，N'，N'-四甲基乙二胺（TEMED）、DNA Marker DL 2000、10×PCR Buffer（含 Mg^{2+}）、dNTP（10mmol/L）、Taq DNA polymerase（2.5U/μL）、Gel Red、6×Loading Buffer、AMP、pMD-18T 载体、*Escherichia coli* Trans 109 大肠杆菌、小量琼脂糖凝胶 DNA 回收试剂盒。PCR 引物均由北京六合华大基因科技股份有限公司合成。

（3）实验仪器
高压灭菌锅、电子天平、小型台式离心机、水浴锅、PCR 扩增仪、琼脂糖凝胶电泳仪、凝胶成像装置、–80℃超低温冰箱、超净工作台、恒温振荡培养箱、振荡水槽、变性梯度电泳仪。

（4）试剂配制

本研究中用到的主要试剂配制方法如下。

1）土壤 DNA 提取液：18.611g EDTA-Na$_2$·2H$_2$O，10.8g Na$_3$PO$_4$·12H$_2$O，43.875g NaCl，5g CTAB，50mL 1.0mol/L Tris-HCl 缓冲液（pH 8.0），定容至 500mL。

2）50×TAE：37.25g EDTA-Na$_2$·2H$_2$O，244g Tris，57.25mL 冰乙酸，加去离子水定容至 1L。

3）40%丙烯酰胺母液：1.08g N，N'-亚甲基双丙烯酰胺，40g 丙烯酰胺，加去离子水定容至 100mL，4℃保存备用。

4）1.0mol/L Tris-HCl 缓冲液（pH 8.0）：12.11g Tris base，4.2mL 浓盐酸，加去离子水定容至 100mL。

5）0.5mol/L EDTA 溶液（pH 8.0）：9.305g EDTA-Na$_2$·2H$_2$O，1g NaOH，加去离子水定容至 50mL。

6）2×Loading Buffer：10mg 溴酚蓝，2g 蔗糖，100μL 1.0mol/L Tris-HCl（pH 8.0），20μL 0.5mol/L EDTA（pH 8.0），加去离子水定容至 10mL，4℃保存备用。

7）10%APS：1g 过硫酸铵溶于 10mL 去离子水中，4℃保存备用。

8）10mg/mL 硫代硫酸钠溶液：0.1g 硫代硫酸钠溶于 10mL 去离子水中，室温保存备用。

9）显影液：15g 无水碳酸钠溶于 500mL 去离子水中，在使用前加入 0.75mL 37%的甲醛和 100μL 10mg/mL 硫代硫酸钠。

10）染色液：0.5g 硝酸银溶于 500mL 去离子水中，在使用前加入 0.75mL 37%的甲醛，室温避光保存。

11）固定/终止液：50mL 冰乙酸溶于 450mL 去离子水中。

12）不同变性浓度的 8%凝胶溶液的配制方法见表 5-4。

表 5-4　变性梯度凝胶溶液配制（8%胶，100mL）

变性浓度/%	50×TAE 缓冲液/mL	40%丙烯酰胺/mL	尿素/g	去离子甲酰胺/mL	去离子水定容/mL
0	2	20	0	0	定容至 100
15	2	20	6.3	6	定容至 100
25	2	20	10.5	10	定容至 100
35	2	20	14.7	14	定容至 100
45	2	20	18.9	18	定容至 100
55	2	20	23.1	22	定容至 100
65	2	20	27.3	26	定容至 100
75	2	20	31.5	30	定容至 100
85	2	20	35.7	34	定容至 100
100	2	20	42	40	定容至 100

5.4.2　实验方法

（1）土壤总 DNA 的提取

1）称取 0.5g 土样于 2mL 离心管中，加入 1.3mL 土壤 DNA 提取液，涡旋混匀后置于液氮中速冻 5min，取出于 65℃水浴融化，反复冻融 3 次。

2）加入 10μL 蛋白酶 K（10mg/mL），于 37℃摇床振荡 30min，加入 200μL 浓度为 20% 的 SDS，65℃水浴 2h（期间每隔 20min 轻轻颠倒混匀），6000r/min 离心 10min，吸取上清，不要取到土壤沉淀与上清之间的杂质。

3）沉淀加入 750μL 土壤 DNA 提取液和 50μL 浓度为 20%的 SDS，涡旋混匀，65℃水浴 10min，6000r/min 离心 10min，收集上清，与"2）"中上清合并。

4）上清中加入 0.5 倍体积的 PEG8000（50% PEG，1.5mol NaCl）混匀，沉淀过夜。

5）6000r/min 离心 30min，倒掉上清，沉淀加入 500μL 1×TE 溶解，加入相同体积的氯仿/异戊醇（24：1），颠倒混匀，12 000r/min 离心 20min，吸取上清，重复一次。

6）加入 0.1 倍体积的 NaAc（3mol/L）和 2 倍体积的无水乙醇（−20℃预冷），冰上沉淀 4h，12 000r/min 离心 20min，倒掉上清。

7）沉淀加入 500μL 70%乙醇洗涤，12 000r/min 离心 20min，倒掉上清，重复一次，在超净工作台中晾干，加入 40μL 去离子水溶解。

（2）土壤总 DNA 的纯化

提取后的 DNA 粗提液用琼脂糖凝胶回收试剂盒进行纯化，纯化后的 DNA 用于 PCR 扩增，具体方法如下。

1）将 DNA 粗提液与 6×Loading Buffer 按 5：1 的量加入 1.5mL 离心管中充分混匀，在胶浓度为 1%的琼脂糖凝胶中电泳 30min（电压 100V）。

2）电泳结束后，将目的条带切下并放入 1.5mL 离心管中，在离心管中加入凝胶 2 倍体积的溶胶液（0.1g 相当于 100μL），55℃水浴 10min，每隔几分钟振荡摇匀，直至所有凝胶溶解。

3）将胶溶解液加到吸附柱中，12 000r/min 离心 1min，倒掉收集管中废液，向吸附柱中加入 700μL 漂洗液，12 000r/min 离心 1min，倒掉收集管中废液。

4）向吸附柱中加入 500μL 漂洗液，12 000r/min 离心 1min，倒掉收集管中废液，将吸附柱放入收集管中，12 000r/min 离心 2min，将吸附柱放在干净的滤纸上晾 10min。

5）将吸附柱放入 1.5mL 离心管中，向吸附柱中加入 35μL 去离子水，静置 2min，12 000r/min 离心 2min，离心管中的溶液为纯化后的土壤总 DNA 提取液，土壤总 DNA 用 1%的琼脂糖凝胶进行检测，−20℃保存备用。

（3）PCR 扩增

以纯化后的土壤总 DNA 为模板，选择真菌 18S rDNA 通用引物 NS1 与 GCFung 对土壤总 DNA 进行扩增。引物序列为：NS1-5′-GTA GTC ATA TGC TTG TCT C-3′；GCFung-5′-CGC CCG CCG CGC CCC GCG CCC GGC CCG CCG CCC CCG CCC CAT TCC CCG TTA CCC GTT G-3′。

PCR 反应体系：引物各 4μL（2.5μmol/L），10×PCR Buffer（含 Mg^{2+}）2μL，*Taq* DNA 聚合酶（2.5U/μL）0.4μL，dNTP（10mmol/L）0.4μL，DNA 模板 0.5μL，去离子水 8.7μL，总体积 20μL。

PCR 反应条件：94℃预变性 5min，94℃变性 1min，54℃退火 1min，72℃延伸 1min，35 个循环，最后 72℃延伸 10min，4℃保存。

PCR 产物片段大小和扩增效果用 1%的琼脂糖凝胶进行检测。

（4）DGGE 凝胶的制备

本研究选用 15%～45%（100%的变性剂是 7mol/L 尿素与 40%去离子甲酰胺的混合物）的变性梯度凝胶，灌胶方法如下。

1）将玻璃板倒上洗洁精，自来水冲洗干净后，用去离子水润洗，自然风干，将部件正确组装，在旋拧螺母时用力要均一，避免玻璃板受力不匀而碎裂。

2）调节灌胶器齿轮到起始位置，用体积调节螺母设定所需要的凝胶体积。

3）分别吸取高低变性胶 16mL 于 2 个 50mL 的三角瓶中，向每个三角瓶中加入 15μL TEMED 和 70μL 10% APS，摇动三角瓶，使其充分混匀。

4）分别吸取 15mL 高浓度和低浓度胶溶液到标有"高"与"低"的注射器中，排空注射器中的空气后，将注射器固定在制胶器上。

5）将"Y"形接头两端连接到两个注射器上，"Y"形接头另一端与一个 19 号平头针头相连，将平头针头固定在玻璃板中间后，准备灌胶。

6）缓慢转动灌胶器齿轮，慢慢地将变性胶灌到玻璃板中，待胶溶液到玻璃板顶部时，灌胶停止，将梳子插入凝胶中，胶在室温下聚合 2h 左右。

7）清洗灌胶系统，避免堵塞。

（5）DGGE 凝胶电泳

1）将用去离子水配制好的 1×TAE 缓冲液倒入电泳槽中，将固定好胶板的胶板盒放入电泳槽中，打开电源和温度开关，使电泳液预热至 60℃，然后打开水泵，预电泳 30min。

2）将 2×Loading Buffer 与待电泳的 PCR 样品 1∶1 混合后，用微量进样器将 26μL 混合样品加到点样孔中，电泳速率在靠两边的泳道中不一致，尽量避免使用。

3）打开电源、温度和水泵开关，调节电压到 200V，电泳 5h。

（6）DGGE 凝胶的染色

因为银染法有易于操作和灵敏度高（为 EB 染色的 200 倍）等优点，所以本研究选择银染法对 DGGE 凝胶进行染色，具体方法如下。

1）电泳完成后，将玻璃板小心从胶板盒上取下，待玻璃板冷却后，小心将玻璃板分开。

2）在装有去离子水的塑料托盘中，小心地将凝胶从玻璃板上取下，去离子水洗涤 2 次，每次洗涤后尽量控尽凝胶上的去离子水。

3）在装有凝胶的塑料托盘中倒入固定液，使凝胶完全浸没在固定液中，摇床振荡 15min。

4）倒掉固定液，凝胶用去离子水洗涤 3 次，每次洗涤时间为 3min。将染色液倒入装有凝胶的托盘中，置于摇床上避光振荡 20min。

5）用去离子水洗涤染色后的凝胶 1 次，转移凝胶至黑暗处，在装有凝胶的托盘中倒入在冰上预冷过的显影液，摇床振荡约 6min，待凝胶上出现清晰的条带时，倒入终止液。

6）将凝胶取出，去离子水洗涤 3 次，观察电泳效果并照相。

（7）DGGE 条带分析

1）DGGE 中特异条带的回收。

（a）用手术刀切下带型清晰的特异条带中间区域，放入 1.5mL 的离心管中，用枪头碾压使凝胶粉碎，加入 20μL 去离子水，瞬时离心。

（b）将装有凝胶的离心管置于 50℃的水浴锅中，温浴 30min，10 000r/min 离心 3min，取上清保存备用。

2）回收产物的 PCR 扩增。

切胶回收后的 PCR 反应采用不带 GC 夹的引物 NS1-5′-GTA GTC ATA TGC TTG TCT C-3′；Fung-5′-ATT CCC CGT TAC CCG TTG-3′进行扩增。PCR 扩增体系：引物各 4μL（2.5μmol/L），10×PCR Buffer（含 Mg^{2+}）2μL，*Taq* DNA 聚合酶（2.5U/μL）0.4μL，dNTP（10mmol/L）0.4μL，上清液 0.5μL，去离子水 8.7μL，总体积 20μL。

PCR 反应条件：94℃预变性 5min，94℃变性 1min，54℃退火 1min，72℃延伸 1min，35 个循环，最后 72℃延伸 10min，4℃保存。

PCR 产物片段大小和扩增效果用 1%的琼脂糖凝胶进行检测。

3）连接转化。

将胶回收后的 PCR 产物与 pMD-18T 载体连接，转化到大肠杆菌 Trans 109 感受态细胞中，检测转化结果后，由华大基因科技股份有限公司完成测序工作。

（8）DGGE 电泳结果分析

运用 Quantity One 4.5.2 软件对 DGGE 图谱上的条带进行定量分析，可得到泳道间的对比结果。该软件还将各个泳道与条带的分析结果进行统计学分析，得到优势度、相似性指数、丰度等参数。

5.4.3 结果与分析

（1）土壤样品基因组 DNA 提取结果

由于土壤样品组成复杂，能否提取到较完整和高纯度的总真菌 DNA 是进行 PCR-DGGE 实验的基础。本研究参考了大量文献并对各种实验方法进行了比较研究，最终选择了冻融法破碎真菌细胞壁，SDS 裂解法破碎真菌菌体提取土壤中真菌总 DNA，并将 DNA 粗提液用小量琼脂糖凝胶 DNA 回收试剂盒进行纯化，从而获得了高质量的目标基因组 DNA 片段（图 5-14）。

（2）不同林型土壤总 DNA 的 PCR 扩增结果

以提取到的土壤总 DNA 为模板，用真菌 18S rDNA 通用引物 NS1 与 GCFung 进行 PCR 扩增，电泳检测结果如图 5-15 所示。由图 5-15 可知扩增出的片段大小在 350bp 左右，证实为目的条带。目的片段明亮、无弥散及非特异性扩增，适合后续的 DGGE 凝胶电泳分析。

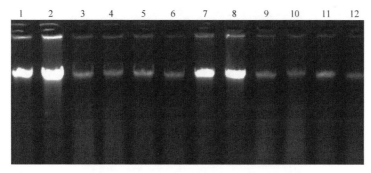

图 5-14   12 个重复目标基因组 DNA 片段

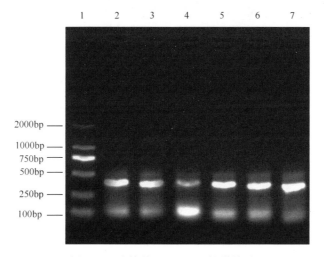

图 5-15   土壤总 DNA PCR 扩增结果

1. DNA Marker；2. 山杨林；3. 白桦林；4. 黑桦林；5. 落叶松林；6. 落叶松白桦混交林；7. 樟子松落叶松混交林

（3）不同林型土壤真菌的菌群结构分析

将不同林型土壤样品的 PCR 产物取样 13μL，经 DGGE 电泳后，结果如图 5-16 所示。从图 5-16 可以看出，每个林型土壤样品经过 DGGE 电泳都分离出数目不等的条带，且条带的迁移率和强度各不相同。各个林型土壤样品中既有共同的条带，也有特异性条带，这说明不同林型土壤样品中既存在相同的真菌，也存在各自特有的真菌。条带 Z1 在山杨林土壤中颜色最深，说明此种真菌是山杨林土壤中的优势菌种；条带 Z2 和 Z4 在每个林型土壤中都存在，说明每个林型土壤中都存在这两种真菌菌种；条带 Z3 只存在于山杨林、白桦林和黑桦林土壤中，说明此菌种只分布于 3 种林型土壤中；条带 Z5 和 Z6 在落叶松林土壤中颜色最深，说明这两种真菌是落叶松林土壤中的优势菌种。

运用 Quantity One 4.5.2 软件对 DGGE 图谱进行分析。对泳道和条带进行自动识别后，利用 UPGMA 聚类分析的方法对 6 条泳道构建系统树，再将各个泳道与条带的分析结果进行统计学分析，得到相似性指数（Cs）。相似性指数也称戴斯系数，主要反映不同林型土壤样品条带数量之间的相似性关系。通过两个样品间 Cs 值大小反映出两个样品 DGGE 电泳图谱的相似性程度。Cs 值越大，说明两个样品的相似性越高，其对应系统中的菌群

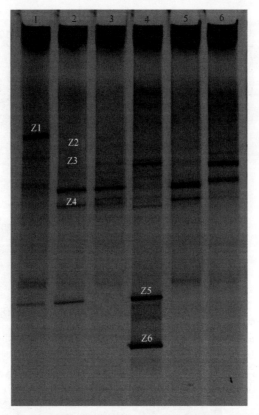

图 5-16　不同林型土壤样品的 PCR 产物的 DGGE 指纹图谱

1. 山杨林；2. 白桦林；3. 黑桦林；4. 落叶松林；5. 落叶松白桦混交林；6. 樟子松落叶松混交林

结构越接近。系统树和 Cs 数据常用来研究不同林型土壤中真菌菌群结构的相似性，结果如图 5-17（a）和图 5-17（b）所示。如图 5-17 所示，白桦林土壤中真菌菌群的构成与其他林型土壤中真菌菌群的构成具有明显的相关性；与落叶松白桦混交林土壤中真菌组成相似性最高，其次为黑桦林、山杨林和落叶松林土壤；与樟子松落叶松林土壤中真菌组成的差异性最大。

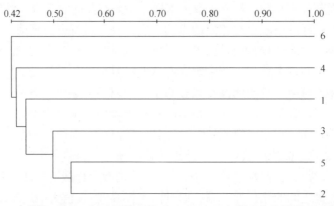

图 5-17（a）　运用 Quantity One 软件中的"UPGMA"方法对各泳道进行系统发育分析

1. 山杨林；2. 白桦林；3. 黑桦林；4. 落叶松林；5. 落叶松白桦混交林；6. 樟子松落叶松混交林

Lane	1	2	3	4	5	6
1	100.0	45.9	43.4	39.8	44.8	36.6
2	45.9	100.0	52.1	52.7	53.4	42.3
3	43.4	52.1	100.0	35.9	47.7	41.5
4	39.8	52.7	35.9	100.0	43.0	40.6
5	44.8	53.4	47.7	43.0	100.0	48.4
6	36.6	42.3	41.5	40.6	48.4	100.0

图 5-17（b）　运用 Quantity One 软件对 DGGE 图谱进行相似性聚类分析

1. 山杨林；2. 白桦林；3. 黑桦林；4. 落叶松林；5. 落叶松白桦混交林；6. 樟子松落叶松混交林

丰度是指一定空间范围内物种的总数，在分析 DGGE 图谱过程中，理论上单一的条带代表一个物种，所以，丰度代表了一个样品中所有条带数量的总和，它反映了群落中优势种群的多样性。香农系数是将物种的相对多度与物种丰度结合起来形成的一种多样性测度方法。所以香农系数模型又称为多样性的信息度量。利用 Quantity One 4.5.2 软件对各泳道的香农系数进行分析，因为香农系数反映该林型土壤中真菌的多样性，所以香农系数越高则表示该林型土壤中真菌多样性越高。在本研究中，黑桦林、山杨林、樟子松落叶松混交林、落叶松白桦混交林、落叶松林、白桦林土壤中真菌菌群的香农系数分别为 3.08、3.17、3.20、3.45、3.24、3.13。落叶松白桦混交林中真菌菌群的香农系数最大，表明该林型土壤中真菌多样性最高；黑桦林土壤中真菌菌群的香农系数最小，表明该林型土壤中真菌多样性最低。

（4）DGGE 条带的序列分析

为了对不同林型土壤真菌多样性和分布有更进一步的了解，将 DGGE 图谱中较为优势的条带切胶回收。对回收的条带进行 PCR 扩增测序后，通过 GenBank 数据库进行比对，其结果见表 5-5。

表 5-5　序列比对结果

条带编号	GenBank 登录号	GenBank 数据库中的最相近序列	最相近序列的 GenBank 登录号	相似度
Z1	KF776496	*Volvopluteus earlei* voucher MA22816	HM562270	99%
Z2	KF776497	*Geomyces destructans*	GU350434	99%
Z3	KF776498	*Arxula terrestris*	AB000663	98%
Z4	KF776499	*Penicillium solitum* strain 20-01	JN642222	99%
Z5	KF776500	*Hemifridericia parva*	GU901906	99%
Z6	KF776501	*Baculentulus tianmushanensis*	AY037169	93%

注：土壤真菌菌群 DGGE 指纹图谱中的主要条带 18S rDNA 测序后与 GenBank 数据库中序列的比对结果

5.4.4　讨论与结论

经 PCR-DGGE 电泳后，从 DGGE 图谱中可以看出，每个样品各自分出若干条带，各条带所代表的 PCR 产物的量和迁移率不同，从而表现出样品中的优势真菌菌群分布不同。在 DGGE 电泳图谱中，处于不同位置的每个条带都是不同属种微生物的 18S rDNA 的核酸片段，其相对亮度代表森林土壤真菌群落中某一特定真菌菌种及其在群落中的相对丰度，电泳条带越亮，表示该菌种的数量越多，电泳条带数量越多，说明微生物种群越多。根据 DGGE 图谱中条带数目不同,可以得出各林型土壤真菌多样性高低顺序依次为:落叶松白桦混交林、落叶松林、樟子松落叶松混交林、山杨林、白桦林和黑桦林,进一步利用 Quantity One 4.5.2 软件对各泳道的香农系数进行分析,得到了相似的结果。根据 DGGE 图谱中条带亮度不同,可以看出各个林型土壤中优势真菌种类是不相同的,同时对 DGGE 图谱中优势条带进行切胶回收、克隆、测序进一步验证了这一结论。上述结论表明:森林土壤真菌区系与森林类型密切相关,这与董爱荣等关于凉水自然保护区森林土壤真菌的多样性研究及姚贤民等关于长白山森林土壤真菌区系研究结果相似。

经过 Quantity One 4.5.2 软件对 DGGE 图谱进行分析后,利用 UPGMA 聚类分析方法构建 6 条泳道的系统树,再将各个泳道与条带的分析结果进行统计学分析,得到相似性指数(Cs)和香农系数。根据系统树和 Cs 数据可以得出:林型越相似,土壤中真菌种类越相近,相反,林型差异越大,土壤中真菌种类差异就越大。如白桦林土壤样品中真菌种类与落叶松白桦混交中真菌种类最相近;阔叶林如白桦林、黑桦林和山杨林土壤真菌种类比较相近,而针叶林如落叶松林和樟子松落叶松混交林土壤真菌种类比较相近。由此可见,生态环境的多样性直接影响了真菌的分布格局,同时森林土壤微生物种群结构的比例特征,在对土壤性质的反映上也起到了重要作用。

5.5 部分土壤真菌的氧化酶系定性检验

对额尔古纳国家级自然保护区黑桦林、山杨林、樟子松落叶松混交林、落叶松白桦混交林、落叶松林、白桦林土壤中可培养真菌进行酶活性分析,主要分析不同林型土壤中可培养真菌是否产漆酶、木质素过氧化物酶、锰过氧化物酶及胆红素氧化物酶,通过定性实验测定不同菌种是否产以上 4 种酶来筛选产酶菌株,为将来筛选高产酶菌株提供原始材料。

5.5.1 实验材料与仪器

(1)材料
选择额尔古纳国家级自然保护区黑桦林、山杨林、樟子松落叶松混交林、落叶松白桦混交林、落叶松林、白桦林土壤中分离到的菌种为研究对象。

(2)生化试剂
甲醇、HCl、碳酸钠、Tris base、酒石酸、酒石酸钠、过氧化氢、硫酸锰、乙酸钠、冰乙酸、磷酸二氢钾、硫酸镁、无水乙醇、葡萄糖、琼脂均是国产分析纯药品(购自北京索莱宝科技有限公司);维生素 B、胆红素、丁香醛连氮、藜芦醇(购自北京庄盟国际生物基因科技有限公司)。

(3)实验仪器
研究用到的主要仪器同"5.4 利用 PCR-DGGE 技术对土壤真菌群结构的分析"。

5.5.2 试剂配制

1)0.2mol/L 碳酸钠:14.3g $Na_2CO_3 \cdot 10H_2O$,加灭菌的去离子水定容至 250mL。

2）胆红素贮存液的配制：胆红素 2mg 加入 0.5mL 甲醇混匀，再逐滴加入 0.5mL Na₂CO₃（0.2mol/L）溶液使其完全溶解，避光，−20℃保存（A 液，3 天有效）。

3）0.1mol/L Tris-HCl（pH 8.1）：12.11g Tris base，加 800mL 去离子水，HCl 调节 pH 至 8.1，加去离子水定容至 1000mL。

4）0.036%(m/V)丁香醛连氮：0.036g 丁香醛连氮，加 100mL 无水乙醇。

5）0.02mol/L 藜芦醇：128μL 藜芦醇，加灭菌的去离子水定容至 10mL。

6）0.054mol/L 过氧化氢溶液：541.6μL 30%的 H_2O_2 溶液，加灭菌的去离子水定容至 100mL。

7）0.25mol/L 酒石酸-酒石酸钠缓冲液（pH 3.0）：配 0.25mol/L 的酒石酸和酒石酸钠溶液各 100mL，然后分别取出部分混合均匀至 pH 为 3.0。（酒石酸：相对分子质量 75，0.1mol/L 溶液为 18.75g/L。酒石酸钠：相对分子质量 230，0.1mol/L 溶液为 57.5g/L。）

8）0.2mol/L 乙酸钠缓冲液（pH 4.5）：0.2mol/L 乙酸钠溶液 4.9mL，0.2mol/L 乙酸溶液 5.1mL。

9）1.6mmol/L 硫酸锰：0.135g MnSO₄·H₂O，加去离子水定容至 500mL。

10）改良 PDA 培养基：20g 葡萄糖，3g KH₂PO₄，1.5g MgSO₄·7H₂O，200g 马铃薯，15g 琼脂，50μg 维生素 B，水 1000mL，pH 自然。

5.5.3　实验方法

1）在超净工作台中将 30 种真菌接种在改良 PDA 平板上，标记、封口后，在 28℃培养箱中，倒置培养 7 天左右。

2）胆红素氧化酶活性测定：将 3mL Tris-HCl（0.1mol/L pH 8.1）的缓冲液加入 A 液 30μL 混匀，25℃水浴 3min，滴加到培养基小孔，观察颜色变化。结果：黄色退去为酶活阳性；没有明显变化的为酶活阴性。

3）锰过氧化物酶活性测定：将 3.4mL 0.05 mol/L 乙酸钠缓冲液（pH 4.5），0.1mL 1.6mmol/L 硫酸锰和 0.1mL 1.6mmol/L 过氧化氢启动液，37℃水浴 3min，滴加到培养基小孔，观察颜色变化。结果：有深褐色产生为酶活阳性；没有明显变化的为酶活阴性。

4）木质素过氧化物酶活性测定：将 0.34mL 的酒石酸-酒石酸钠缓冲液（pH 3.0），0.1mL 0.02mol/L 藜芦醇和 0.01mL 0.054mol/L 过氧化氢启动液，滴加到培养基小孔，观察颜色变化。结果：有紫色产生为酶活阳性；没有明显变化的为酶活阴性。

5）漆酶活性测定：对该方法进行改进，向培养基小孔中滴加 0.036%丁香醛连氮，观察颜色变化。结果：有紫色产生为酶活阳性；没有明显变化的为酶活阴性。

5.5.4　结果与分析

（1）典型菌株酶活实验颜色反应结果

胆红素氧化酶活性测定颜色反应结果为：黄色退去为酶活阳性；没有明显变化的为酶

活阴性，如图 5-18 所示，*Zygorhynchus* sp.（A13）和 *Hypocrea lixii*（E1）的颜色反应结果。

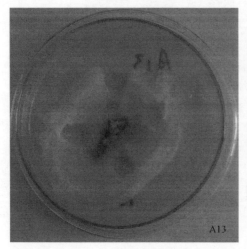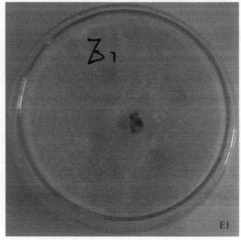

图 5-18　胆红素氧化酶定性测定颜色反应结果

漆酶活性测定颜色反应结果为：有紫色产生为酶活阳性；没有明显变化的为酶活阴性。如图 5-19 所示，*Humicola grisea*（E7）和 *Phoma* sp.（D32）的颜色反应结果。

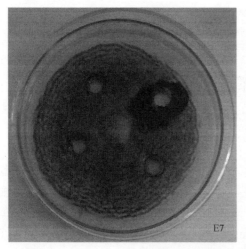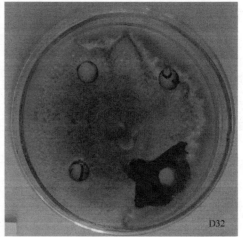

图 5-19　漆酶定性测定颜色反应结果

（2）酶活实验分析统计结果

对 30 种菌株进行 4 种酶活实验分析，结果表明：*Microdiplodia* sp.（C34）、*Phoma* sp.（D32）和 *Humicola grisea*（E7）3 种土壤真菌具有漆酶活性，*Zygorhynchus* sp.（A13）、*Cytospora* sp.（A16）、*Coprinellus xanthothrix*（B3）、*Absidia* sp.（C1）、*Phoma* sp.（D32）、*Trichoderma viride*（H11）、*Hypocrea lixii*（E1）、*Trichoderma citrinoviride*（E2）和 *Pichia guilliermondii*（E48）9 种土壤真菌具有胆红素氧化酶活性，而 30 种土壤真菌都没有锰过氧化物酶和木质素过氧化物酶活性（表 5-6）。

表 5-6　30 种菌株漆酶、胆红素氧化酶、锰过氧化物酶和木质素过氧化物酶定性测定结果

菌编号	酶种类			
	漆酶	木质素过氧化物酶	锰过氧化物酶	胆红素氧化酶
A1	-	-	-	-
A13	-	-	-	+
A16	-	-	-	+
A19	-	-	-	-
A20	-	-	-	-
A23	-	-	-	-
A30	-	-	-	-
B3	-	-	-	+
B9	-	-	-	-
B10	-	-	-	-
C1	-	-	-	+
C37	-	-	-	-
C34	+	-	-	-
C39	-	-	-	-
D22	-	-	-	-
D32	+	-	-	+
D38	-	-	-	-
D40	-	-	-	-
D42	-	-	-	-
H11	-	-	-	+
H18	-	-	-	-
H32	-	-	-	-
H51	-	-	-	-
E1	-	-	-	+
E2	-	-	-	+
E12	-	-	-	-
E51	-	-	-	-
E54	-	-	-	-
E7	+	-	-	-
E48	-	-	-	+
总计	3	0	0	9

5.5.5　结论

对 30 种土壤真菌进行漆酶、胆红素氧化酶、锰过氧化物酶和木素过氧化物酶定性实验测定后，得出 3 种土壤真菌具有漆酶活性，9 种土壤真菌具有胆红素氧化酶活性，而 30 种土壤真菌都没有锰过氧化物酶和木质素过氧化物酶活性。*Microdiplodia* sp.（C34）、*Phoma* sp.（D32）、*Humicola grisea*（E7）、*Zygorhynchus* sp.（A13）、*Cytospora* sp.（A16）、

Coprinellus xanthothrix（B3）、*Absidia* sp.（C1）、*Trichoderma viride*（H11）、*Hypocrea lixii*（E1）、*Trichoderma citrinoviride*（E2）和 *Pichia guilliermondii*（E48）虽然产酶水平相对较低，但 12 种土壤真菌都具有生长周期短、生活史简单、易于遗传改造并实现大规模发酵等优点。本研究拓展了漆酶和胆红素氧化酶的来源，其蛋白质结构、酶学、生化性质、发酵条件、基因克隆、催化特性及发酵条件有待深入研究。

5.6　分离菌种目录

从内蒙古额尔古纳国家级自然保护区土壤样品中，共分离、鉴定出 26 属 40 种真菌，并获得纯培养保藏于东北林业大学微生物实验室。

（1）被孢霉属 *Mortierella*

　　1）高山被孢霉 *Mortierella alpine*

　　2）轮枝被孢霉 *Mortierella verticillata*

　　3）长孢被孢霉 *Mortierella elongata*

　　4）*Mortierella zonata*

（2）木霉属 *Trichoderma*

　　1）橘绿木霉 *Trichoderma citrinoviride*

　　2）绿色木霉 *Trichoderma viride*

（3）鬼伞属 *Coprinellus*

　　1）庭院小鬼伞 *Coprinellus xanthothrix*

（4）虫草属 *Cordyceps*

　　1）大团囊虫草 *Cordyceps ophioglossoides*

（5）生赤壳属 *Bionectria*

　　1）淡色生赤壳菌 *Bionectria ochroleuca*

（6）毕赤酵母属 *Pichia*

　　1）季氏毕赤酵母 *Pichia guilliermondii*

（7）壳囊孢属 *Cytospora*

　　1）壳囊孢菌 *Cytospora* sp.

（8）盾盘菌属 *Scutellinia*

　　1）*Scutellinia* sp.

（9）青霉属 *Penicillium*

　　1）托姆青霉 *Penicillium thomii*

　　2）变灰青霉 *Penicillium canescens*

　　3）铅色青霉 *Penicillium lividum*

　　4）团青霉 *Penicillium commune*

　　5）暗边青霉 *Penicillium soppii*

　　6）小刺青霉 *Penicillium spinulosum*

（10）茎点霉属 *Phoma*

　　1）*Phoma* sp.

（11）链格孢属 *Alternaria*

　　1）互隔交链孢霉 *Alternaria alternate*

（12）疣瓶孢属 *Eladia*

　　1）小囊疣瓶孢 *Eladia saccula*

（13）红酵母属 *Rhodotorula*

　　1）粘红酵母 *Rhodotorula glutinis*

（14）肉座菌属 *Hypocrea*

　　1）哈茨木霉有性型 *Hypocrea lixii*

（15）伞状霉属 *Umbelopsis*

　　1）深黄伞形霉 *Umbelopsis isabellina*

　　2）*Umbelopsis vinacea*

　　3）*Umbelopsis angularis*

　　4）*Umbelopsis abellina*

（16）镰刀菌属 *Fusarium*

　　1）*Fusarium armeniacum*

　　2）三线镰刀菌 *Fusarium tricinctum*

　　3）腐皮镰刀菌 *Fusarium solani*

（17）毛霉属 *Mucor*

　　1）冻土毛霉 *Mucor hiemalis*

（18）犁头霉属 *Absidia*

　　1）*Absidia* sp.

（19）微壳色单隔孢属 *Microdiplodia*

　　1）*Microdiplodia* sp.

（20）弯颈霉属 *Tolypocladium*

　　1）*Tolypocladium cylindrosporum*

（21）小球腔菌属 *Leptosphaeria*

　　1）*Leptosphaeria* sp.

（22）油瓶霉属 *Lecythophora*

　　1）可变油瓶霉 *Lecythophora mutabilis*

（23）接霉属 *Zygorhynchus*

　　1）莫勒接霉 *Zygorhynchus moelleri*

（24）腐质霉属 *Humicola*

　　1）*Humicola grisea*

（25）蜡蚧属 *Lecanicillium*

　　1）渐狭蜡蚧菌 *Lecanicillium attenuatum*

（26）曲霉属 *Aspergillus*

　　1）塔宾曲霉 *Aspergillus tubingensis*

6 大型真菌多样性

6.1 大型真菌的种类及分布

本保护区属寒温带大陆性气候，水平地带性森林植被主要为寒温带针叶林，分布着大面积的原始针叶林，树种组成比较简单，以兴安落叶松（*Larix gmelini*）、白桦（*Betula platyphylla*）、山杨（*Populus davidiana*）和樟子松（*Pinus sylvestris* var. *mongolica*）等为建群种或优势种。不同海拔还分布着塔藓-东北赤杨-兴安落叶松林、偃松-（岳桦）兴安落叶松林、偃松矮曲林等垂直带的地带性植被，但是保护区内地貌高差不大，导致保护区植被垂直分部不明显。保护区共有野生植物887种，隶属于150科436属，其中地衣植物69种，隶属于15科33属；高等植物818种，隶属于135科403属，包括苔藓植物（164种）、蕨类植物（24种）、裸子植物（5种）、被子植物（625种）。保护区包括6个植被型、14个植被亚型、34个群系组、41个群系、52个群丛。保护区土壤类型共划为4个土类、10个亚类。植物种类的多样性、植被类型的多样性、土壤类型的多样性，决定了本保护区大型真菌种类、地理成分的多样性丰富（和相近纬度其他保护区相比较）。

菌物多样性是森林物种多样性和生态稳定的决定因素之一，其多样性的丧失可以直接影响森林生态系统乃至加剧地球的温室效应。因此对菌物的保护在我国森林保护、可持续发展及生态环境建设上占据重要的位置。大型真菌是高等真菌的重要组成类群，是森林生物多样性的重要组成部分，在森林生态系统中起着关键的降解还原作用，维持森林生态系统的物质循环和能量流动；同时，大型真菌也是重要的生物资源，与人类的生产与生活密切相关，具有重要的社会经济价值，大型真菌中的部分种类是引起木材或立木腐朽的木腐菌；很多种类是重要的食用菌与药用菌；有些是重要的森林病原菌；还有些种类能够降解复杂的化合物，在生物制浆、纸浆生物漂白、造纸废水、染料废水处理、生物修复等领域具有广泛的应用潜力。生物多样性包含所有植物、动物、微生物物种，以及所有的生态系统及其形成的生态过程，大型真菌多样性是生物多样性的重要组成部分，目前中国已知菌物种类达14 700种，其中木材腐朽菌达1300余种。额尔古纳国家级自然保护区所在的内蒙古森林工业集团（简称森工）林区是我国最大的国有林区之一，但过去对内蒙古森工林区大型真菌的研究较少，仅有一些零散的资料报道。对额尔古纳国家级自然保护区大型真菌的研究资料更少。通过对本保护区不同地点、不同植被类型、不同寄主的调查，并结合室内鉴定和查阅资料，认为本区大型真菌有321种，隶属于39科110属。其中担子菌占绝大部分，有313种，子囊菌只有8种。其分布的种类主要是低温型和广温型的真菌种群，多孔菌类和伞菌类占有相当大的比例，多孔菌类达到33属88种。多孔菌类在上述不同森林类型中，生长在活立木、枯立木、倒木、伐桩等的干、干茎、根茎、枯枝上，引起木材腐朽，对寄主种类、部位都有一定的选择性，与寄主长期协同进化建立了腐屑"食物链"生态关系，也是森林生态系统中重要的组成部分。树种越多，即"食物链"成网越复杂，多孔菌种类越多。

伞菌类大部分是低温型和广温型种群，广泛分布在本保护区各种森林类型的地上、枯枝落叶层上，少数生长在倒木、伐桩上，也是森林生态系统中的重要组成部分。伞菌中的红菇科、牛肝菌科、丝膜菌科等的一些种与寄主建立共生关系，形成外生菌根，其分布与寄主有密切关系。

6.2 大型真菌资源

根据大型真菌的经济价值，可分为食用菌、药用菌（药用和抗癌）、毒菌、木材腐朽菌和外生菌根菌5大类，总计39科110属321种（表6-1）。本保护区已知食用菌64属183种；药用菌28属84种，记录具有抗癌活性成分的有109种；毒菌19属36种；木材腐朽菌68属139种；外生菌根菌20属77种（表6-2）。

表6-1　额尔古纳国家级保护区大型真菌资源类型

类别	科名	属数	种数	食用菌 属	食用菌 种	药用菌 属	药用菌 种	药用菌 抗癌	毒菌 属	毒菌 种	木腐菌 属	木腐菌 种	菌根菌 属	菌根菌 种
担子菌门	蜡伞科 Hygrophoraceae	1	6	1	5	0	0	0	0	0	1	1	1	4
	侧耳科 Pleurotaceae	3	13	3	11	2	6	4	0	0	3	12	0	0
	裂褶菌科 Schizophyllaceae	1	1	1	1	1	1	1	0	0	1	1	0	0
	鹅膏菌科 Amanitaceae	1	5	1	2	1	1	1	1	3	0	0	1	5
	光柄菇科 Pluteaceae	2	3	2	2	0	0	0	0	0	1	2	0	0
	白蘑科 Tricholomataceae	19	61	17	56	10	13	24	4	6	7	11	4	17
	蘑菇科 Agaricaceae	3	11	2	10	1	3	4	2	4	0	0	0	0
	鬼伞科 Coprinaceae	1	7	1	6	1	3	5	1	4	0	0	0	0
	球盖菇科 Strophariaceae	2	11	2	11	1	4	6	2	5	2	4	0	0
	丝膜菌科 Cortinariaceae	2	12	1	5	0	0	2	1	1	0	0	1	11
	铆钉菇科 Gomphidiaceae	1	1	1	1	1	1	0	0	0	0	0	1	1
	牛肝菌科 Boletaceae	5	22	5	20	1	2	6	1	1	2	2	5	19
	红菇科 Russulaceae	2	25	2	17	2	7	10	2	6	0	0	2	24
	鸡油菌科 Cantharellaceae	1	2	1	2	1	1	2	0	0	0	0	2	2
	珊瑚菌科 Clavariaceae	3	3	2	2	0	0	0	1	1	0	0	0	0
	杯瑚菌科 Clavicoronaceae	1	1	1	1	0	0	0	0	0	0	0	0	0
	枝瑚菌科 Ramariaceae	1	4	1	3	1	1	0	0	0	1	1	0	0
	绣球菌科 Sparassidaceae	1	1	1	1	0	0	1	0	0	0	0	0	0
	革菌科 Thelephoraceae	1	2	0	0	0	0	0	0	0	1	2	0	0
	刺革菌科 Hymenochaetaceae	1	1	0	0	0	0	0	0	0	1	1	0	0
	韧革菌科 Stereaceae	1	4	0	0	0	0	0	0	0	1	4	0	0
	齿菌科 Hydnaceae	2	2	1	1	0	0	0	0	0	1	1	1	1
	猴头菌科 Hericiaceae	1	3	1	3	1	2	1	0	0	1	3	0	0
	多孔菌科 Polyporaceae	33	88	6	9	14	20	33	1	1	32	81	1	1

续表

类别	科名	属数	种数	食用菌		药用菌			毒菌		木腐菌		菌根菌	
				属	种	属	种	抗癌	属	种	属	种	属	种
担子菌门	喇叭菌科 Catharellaceae	1	1	0	0	0	0	0	0	0	1	1	0	0
	皱孔菌科 Meruliaceae	2	2	1	1	1	1	1	0	0	2	2	0	0
	灵芝科 Ganodermataceae	2	2	0	0	2	2	2	0	0	2	2	0	0
	银耳科 Tremellaceae	3	3	2	2	1	1	1	0	0	3	3	0	0
	木耳科 Auriculariales	1	1	1	1	1	1	1	0	0	1	1	0	0
	马勃科 Lycoperdaceae	3	10	3	5	3	9	4	0	0	0	0	1	1
	地星科 Geastraceae	1	1	0	0	1	1	0	0	0	0	0	0	0
	鸟巢菌科 Nidulariaceae	1	2	0	0	1	2	0	0	0	0	0	0	0
	鬼笔科 Phallaceae	1	1	0	0	1	1	0	0	0	0	0	0	0
	花耳科 Dacrymycetaceae	1	1	0	0	1	1	0	0	0	1	1	0	0
子囊菌门	球壳菌科 Sphaeriaceae	1	1	0	0	0	0	0	0	0	1	1	0	0
	地舌科 Geoglossaceae	1	1	1	1	0	0	0	0	0	1	1	0	0
	胶陀螺科 Bulgariaceae	1	1	0	0	0	0	0	1	1	1	1	0	0
	盘菌科 Pezizaceae	1	1	1	1	0	0	0	0	0	0	0	0	0
	马鞍菌科 Helvellaceae	2	4	2	3	0	0	0	2	3	0	0	0	0
总计	39	111	322	64	183	50	84	109	19	36	68	139	20	86

表6-2 额尔古纳国家级保护区大型真菌资源用途总览表

序号	科名/中名	拉丁名	食用菌		药用菌		毒菌	木腐菌	外生菌根菌
			食用	驯化	药用	抗癌			
	1 蜡伞科	**Hygrophoraceae**							
1	蜡黄蜡伞	*Hygrophorus chlorophanus*	√						
2	白蜡伞	*Hygrophorus eburnesus*	√						√
3	纯白蜡伞	*Hygrophorus ligatus*	√						
4	柠檬黄蜡伞	*Hygrophorus lucorum*	√						√
5	单色蜡伞	*Hygrophorus unicolor*							√
6	红菇蜡伞	*Hygrophorus russula*	√						√
	2 侧耳科	**Pleurotaceae**							
7	短柄侧耳	*Pleurotus anserinus*	√					√	
8	金顶侧耳	*Pleurotus citrinopileatus*	√	√	√			√	
9	黄白侧耳	*Pleurotus cornucopiae*	√	√	√	√		√	
10	侧耳	*Pleurotus ostreatus*	√	√		√		√	
11	裂皮侧耳	*Pleurotus corticatus*	√		√			√	
12	紫孢侧耳	*Pleurotus sapidus*	√	√				√	
13	贝形侧耳	*Pleurotus porrigens*	√	√				√	
14	榆干侧耳	*Pleurotus ulmarius*			√			√	
15	黄毛侧耳	*Pleurotus nidulans*	√					√	

序号	科名/中名	拉丁名	食用菌		药用菌		毒菌	木腐菌	外生菌根菌
			食用	驯化	药用	抗癌			
16	长柄侧耳	*Pleurotus spodoleucus*							
17	亚侧耳	*Hohenbuehelia serotina*	√	√		√		√	
18	革耳	*Panus rudis*	√		√	√		√	
19	紫革耳	*Panus torulosus*			√			√	
	3 裂褶菌科	**Schizophyllaceae**							
20	裂褶菌	*Schizophyllum commne*	√	√	√	√		√	
	4 鹅膏菌科	**Amanitaceae**							
21	毒蝇鹅膏菌	*Amanita muscaria*			√	√	√		√
22	雪白毒鹅膏菌	*Amanita nivalis*	√						√
23	白柄黄盖鹅膏菌	*Amanita junquillea*							√
24	豹斑毒鹅膏菌	*Amanita pantherina*					√		√
25	灰鹅膏菌	*Amanita vaginata*	√				√		√
	5 光柄菇科	**Pluteaceae**							
26	灰光柄菇	*Pluteus cervinus*	√					√	
27	粉褐光柄菇	*Pluteus depauperatus*						√	
28	银丝草菇	*Volvariella bombycina*	√	√					
	6 白蘑科	**Tricholomataceae**							
29	鳞皮扇菇	*Panellus stypicus*			√	√	√		
30	豹皮香菇	*Lentinus lepideus*	√	√	√	√		√	
31	虎皮香菇	*Lentinus tigrinus*	√	√				√	
32	香菇	*Lentinus edodes*	√	√				√	
33	白环粘奥德蘑	*Oudemansiella mucida*	√		√	√		√	
34	紫晶蜡蘑	*Laccaria amethystea*	√			√			
35	红蜡蘑	*Laccaria laccata*	√			√			√
36	条柄蜡蘑	*Laccaria proxima*	√						√
37	刺孢蜡蘑	*Laccaria tortilia*	√						√
38	白香蘑	*Lepista caespitosa*	√						
39	灰紫香蘑	*Lepista glaucocana*	√						
40	紫丁香蘑	*Lepista nuda*	√	√	√	√			
41	粉紫香蘑	*Lepista personata*	√						√
42	花脸香蘑	*Lepista sordida*	√	√					
43	肉色香蘑	*Lepista irina*	√			√			
44	苦口蘑	*Tricholoma acerbum*	√			√	√		√
45	黄褐口蘑	*Tricholoma fulvum*	√			√			√
46	香杏口蘑	*Tricholoma gambosum*	√			√			√
47	球根口蘑	*Tricholoma hulbigerum*	√						√
48	土豆口蘑	*Tricholoma japonicum*	√						√

续表

序号	科名/中名	拉丁名	食用菌		药用菌		毒菌	木腐菌	外生菌根菌
			食用	驯化	药用	抗癌			
49	口蘑	*Tricholoma mongolicum*	√	√	√	√			√
50	杨树口蘑	*Tricholoma populinum*	√		√		√		√
51	棕灰口蘑	*Tricholoma terreum*	√						√
52	虎斑口蘑	*Tricholoma tigrinum*					√		√
53	红鳞口蘑	*Tricholoma vaccinum*	√			√			√
54	香杏丽蘑	*Calocybe gambosa*	√	√	√				
55	小白杯伞	*Clitocybe candicans*	√						
56	亚白杯伞	*Clitocybe catinus*	√						
57	杯伞	*Clitocybe infundibuliformis*	√			√			
58	卷边杯伞	*Clitocybe inversa*	√						
59	大杯伞	*Clitocybe maxima*	√					√	
60	水粉杯伞	*Clitocybe nebularis*	√			√	√		
61	黄杯伞	*Clitocybe splendens*	√						
62	假灰杯伞	*Pseudoclitocybe cyathiformis*	√			√			
63	银白离褶伞	*Lyophyllum connatum*	√						
64	灰离褶伞	*Lyophyllum cinerascens*	√			√			
65	荷叶离褶伞	*Lyophyllum decastes*	√	√					
66	褐离褶伞	*Lyophyllum fumosum*	√						
67	北方蜜环菌	*Armillaria borealis*	√		√				
68	蜜环菌	*Armillaria mellea*	√	√	√	√		√	√
69	假蜜环菌	*Armillaria tabescens*	√	√	√	√		√	√
70	红褐小蜜环菌	*Armillariella polymyces*	√					√	
71	冬菇	*Flammulina velutipes*	√	√	√	√		√	
72	堆金钱菌	*Collybia acervata*	√						
73	栎金钱菌	*Collybia dryophila*	√						
74	宽褶菇	*Collybia platyphylla*	√						
75	铦囊蘑	*Melanoleuca cognata*	√						
76	钟形铦囊蘑	*Melanoleuca exscissa*	√						
77	草生铦囊蘑	*Melanoleuca graminicola*	√						
78	条柄铦囊蘑	*Melanoleuca grammnopodia*	√						
79	黑白铦囊蘑	*Melanoleuca melaleuca*	√						
80	直柄铦囊蘑	*Melanoleuca strictipes*	√						
81	大白桩菇	*Leucopaxillus giganteus*	√	√	√				
82	洁小菇	*Mycena pura*	√			√	√		
83	褐小菇	*Mycena alcalina*				√			
84	丛生斜盖伞	*Clitopilus caespitosus*	√			√			
85	斜盖伞	*Clitopilus prunulus*	√						

续表

序号	科名/中名	拉丁名	食用菌		药用菌		毒菌	木腐菌	外生菌根菌
			食用	驯化	药用	抗癌			
86	橙黄小皮伞	*Marasmius aurantiacus*						√	
87	硬柄小皮伞	*Marasmius oreades*	√		√	√			
88	白黄微皮伞	*Marasmiellus coilobasis*						√	
89	颗粒囊皮伞	*Cystoderma granulosus*	√						
	7 蘑菇科	**Agaricaceae**							
90	细环柄菇	*Lepiota clypeolaria*	√				√		
91	肥脚白鬼伞	*Leucocoprinus cepaestipes*					√		
92	野蘑菇	*Agaricus arvensis*	√	√	√	√			
93	假根蘑菇	*Agaricus bresadolianus*	√						
94	双孢蘑菇	*Agaricus bisporus*	√	√	√	√			
95	蘑菇	*Agaricus campestris*	√	√	√	√			
96	小白蘑菇	*Agaricus comtulus*	√						
97	污白蘑菇	*Agaricus excelleus*	√						
98	双环林地蘑菇	*Agaricus placomyces*	√			√	√		
99	白林地蘑菇	*Agaricus silricola*	√				√		
100	褐缘鳞蘑菇	*Agaricus squamuliferus*	√						
	8 鬼伞科	**Coprinaceae**							
101	墨汁鬼伞	*Coprinus atramentarius*	√		√	√	√		
102	毛头鬼伞	*Coprinus comatus*	√	√	√	√	√		
103	灰盖鬼伞	*Coprinus cinereus*	√						
104	白斑鬼伞	*Coprinus ebulbosus*					√		
105	晶粒鬼伞	*Coprinus micaceus*	√			√	√		
106	皱纹鬼伞	*Coprinus plicatilis*	√			√			
107	粪鬼伞	*Coprinus sterquilinus*	√		√	√			
	9 球盖菇科	**Strophariaceae**							
108	毛柄库恩菌	*Kuehneromyces mutabilis*	√	√			√	√	
109	黄伞	*Pholiota adiposa*	√	√	√	√			
110	金毛环锈伞	*Pholiota aurivella*	√					√	
111	白鳞环锈伞	*Pholiota destruens*	√			√			
112	黄鳞环锈伞	*Pholiota flammans*	√			√	√		
113	光滑环锈伞	*Pholiota nameko*	√	√	√	√		√	
114	尖鳞黄伞	*Pholiota squarrosoides*	√				√	√	
115	翘鳞环锈伞	*Pholiota squarrosa*	√			√	√		
116	地鳞伞	*Pholiota terrestris*	√			√			
117	地毛腿环锈伞	*Pholiota terrigena*	√						
118	滑菇	*Pholiota nameko*	√						

续表

序号	科名/中名	拉丁名	食用菌		药用菌		毒菌	木腐菌	外生菌根菌
			食用	驯化	药用	抗癌			
	10 丝膜菌科	**Cortinariaceae**							
119	白紫丝膜菌	*Cortinarius albovilaceus*	√						√
120	环柄丝膜菌	*Cortinarius armilatus*	√						√
121	亮色丝膜菌	*Cortinarius claricolir*	√						√
122	粘柄丝膜菌	*Cortinarius collinitus*	√		√				√
123	棕褐丝膜菌	*Cortinarius infractus*							√
124	丁香紫丝膜菌	*Cortinarius lilacinus*							√
125	皮革黄丝膜菌	*Cortinarius malachius*							√
126	浅棕色丝膜菌	*Cortinarius obtusus*							√
127	退紫丝膜菌	*Cortinarius traganus*							√
128	白柄丝膜菌	*Cortinarius varius*							√
129	粘液丝膜菌	*Cortinarius vibratilis*	√		√				√
130	浅黄丝盖伞	*Inocybe fastigiata*					√		
	11 铆钉菇科	**Gomphidiaceae**							
131	血红铆钉菇	*Gomphidius rutilus*	√		√				√
	12 牛肝菌科	**Boletaceae**							
132	紫红小牛肝菌	*Boletinus asiaticus*	√						√
133	空柄小牛肝菌	*Boletinus cavipes*	√		√				√
134	小牛肝菌	*Boletinus paluster*	√						√
135	松林小牛肝菌	*Boletinus pinetorum*	√						√
136	虎皮小牛肝菌	*Boletinus pictus*	√						√
137	美色假牛肝菌	*Boletus spectabilis*	√					√	
138	美味牛肝菌	*Boletus edulis*	√		√	√			√
139	灰褐牛肝菌	*Boletus griseus*	√						√
140	桃红牛肝菌	*Boletus regius*	√			√			√
141	白柄黏盖牛肝菌	*Suillus albidipes*	√						√
142	点柄黏盖牛肝菌	*Suillus granulatus*	√			√			√
143	厚环黏盖牛肝菌	*Suillus grevillei*	√			√			√
144	灰环黏盖牛肝菌	*Suillus laricinus*	√			√			√
145	虎皮黏盖牛肝菌	*Suillus pictus*	√						√
146	美色黏盖牛肝菌	*Suillus spectabilis*	√					√	
147	红鳞黏盖牛肝菌	*Suillus spraguei*							√
148	橙黄疣柄牛肝菌	*Leccinum aurantiacum*	√						√
149	黄皮疣柄牛肝菌	*Leccinum crocipodium*	√						√
150	污白疣柄牛肝菌	*Leccinum holopus*	√						√
151	栎疣柄牛肝菌	*Leccinum quorcinum*	√						√
152	褐疣柄牛肝菌	*Leccinum scabrum*	√						√

序号	科名/中名	拉丁名	食用菌		药用菌		毒菌	木腐菌	外生菌根菌
			食用	驯化	药用	抗癌			
153	褐绒盖牛肝菌	*Xerocomus badius*	√				√		√
	13 红菇科	**Russulaceae**							
154	黄斑红菇	*Russula aurata*	√			√			√
155	花盖红菇	*Russula cyanoxantha*	√		√				√
156	退色红菇	*Russula decolorans*	√						√
157	大白菇	*Russula delica*	√		√	√			√
158	密褶黑菇	*Russula densifolia*			√		√		√
159	毒红菇	*Russula emetica*			√		√		√
160	臭黄菇	*Russula foetens*			√	√	√		√
161	红黄红菇	*Russula luteolacta*					√		
162	全缘红菇	*Russula integra*	√		√				√
163	蜜黄红菇	*Russula ochroleuca*	√						√
164	青灰红菇	*Russula patazurea*	√						√
165	血红菇	*Russula sanguinea*	√			√			√
166	粉红菇	*Russula subdepallens*	√						√
167	凹黄红菇	*Russula veternosa*							√
168	绿菇	*Russula virescens*	√		√	√			√
169	黄袍红菇	*Russula xerampelina*	√			√			√
170	香乳菇	*Lactarius camphoratus*	√			√			√
171	松乳菇	*Lactarius deliciosus*	√						√
172	稀褶乳菇	*Lactarius hygrophroides*	√			√			√
173	细质乳菇	*Lactarius mitissimus*	√						√
174	白乳菇	*Lactarius piperatus*			√				√
175	黄毛乳菇	*Lactarius representaneus*					√		√
176	血红乳菇	*Lactarius sanguifluus*	√						√
177	亚绒白乳菇	*Lactarius subvellerreus*				√			√
178	毛头乳菇	*Lactarius torminosus*					√		√
	14 鸡油菌科	**Cantharellaceae**							
179	鸡油菌	*Cantharellus cibarius*	√		√	√			√
180	小鸡油菌	*Cantharellus minor*	√			√			√
	15 珊瑚菌科	**Clavariaceae**							
181	皱锁瑚菌	*Clavulina rugosa*	√						
182	杵棒菌	*Clavariadelphus pistillaris*	√				√		
183	白须胡菌	*Pterula multifida*							
	16 杯瑚菌科	**Clavicoronaceae**							
184	杯瑚菌	*Clavicorona pyxidata*	√						

序号	科名/中名	拉丁名	食用菌		药用菌		毒菌	木腐菌	外生菌根菌
			食用	驯化	药用	抗癌			
	17 枝瑚菌科	**Ramariaceae**							
185	尖顶枝瑚菌	*Ramaria opiculata*	√			√			
186	小孢密枝瑚菌	*Ramaria bourdotiana*						√	
187	密枝瑚菌	*Ramaria stricta*	√						
188	黄枝瑚菌	*Ramaria flava*	√		√				
	18 绣球菌科	**Sparassidaceae**							
189	绣球菌	*Sparassia crispa*	√			√			
	19 革菌科	**Thelephoraceae**							
190	掌状革菌	*Thelephora palmata*							√
191	疣革菌	*Thelephora terrestris*							√
	20 刺革菌科	**Hymenochaetaceae**							
192	辐裂刺革菌	*Hymenochaete tabacina*						√	
	21 韧革菌科	**Stereaceae**							
193	扁韧革菌	*Stereum ostrea*						√	
194	杨紫痣韧革菌	*Stereum rufum*						√	
195	毛韧革菌	*Stereum hirsutum*						√	
196	亚绒毛韧革菌	*Stereum subtomentosum*						√	
	22 齿菌科	**Hydnaceae**							
197	美味齿菌	*Hydnum repandum*	√						√
198	绒盖齿菌	*Steccherinum ochraceum*						√	
	23 猴头菌科	**Hericiaceae**							
199	珊瑚状猴头菌	*Hericium coralloides*	√	√	√			√	
200	猴头菌	*Hericium erinaceum*	√	√	√	√		√	
201	假猴头菌	*Hericium laciniatum*	√	√				√	
	24 多孔菌科	**Polyporaceae**							
202	灰树花	*Grifola frondosa*	√	√	√				
203	猪苓	*Polyporus umbellatus*	√	√	√	√			
204	黑柄多孔菌	*Polyporus varius*			√	√		√	
205	暗绒多孔菌	*Polyporus ciliatus*						√	
206	黑柄拟多孔菌	*Polyporus melanopus*			√	√		√	
207	黄褐多孔菌	*Polyporus badias*							√
208	拟多孔菌	*Polyporus brumalis*	√					√	
209	波缘多孔菌	*Polyporus confluens*	√						√
210	黄多孔菌	*Polyporus elegans*			√				
211	青柄多孔菌	*Polyporus picipes*						√	
212	黄薄芝	*Polyporus membranaceus*						√	
213	皱皮孔菌	*Ischnoaerma resinosum*	√			√		√	

序号	科名/中名	拉丁名	食用菌		药用菌		毒菌	木腐菌	外生菌根菌
			食用	驯化	药用	抗癌			
214	污白干酪菌	*Tyromyces amygdalinus*						√	
215	裂干酪菌	*Tyromyces fissilis*						√	
216	绒盖干酪菌	*Tyromyces pubescens*				√		√	
217	薄皮干酪菌	*Tyromyces chioneus*						√	
218	硫磺菌	*Laetiporus sulphureus*	√	√	√	√		√	
219	肉色栓菌	*Trametes dickinsii*						√	
220	绒毛栓菌	*Trametes pubescens*			√			√	
221	香栓菌	*Trametes suaveolens*						√	
222	粗毛栓菌	*Trametes gallica*						√	
223	赭栓孔菌	*Trametes ochracea*						√	
224	长绒毛栓菌	*Trametes villosa*						√	
225	齿贝栓菌	*Trametes cervina*						√	
226	东方栓菌	*Trametes orientalis*			√	√		√	
227	毛栓菌	*Trametes hirsuta*						√	
228	二型云芝	*Coriolus biformis*				√		√	
229	鲑贝云芝	*Coriolus consors*			√	√		√	
230	毛云芝	*Coriolus hirsutus*			√	√		√	
231	单色云芝	*Coriolus unicolor*			√	√		√	
232	云芝	*Coriolus versicolor*		√	√	√		√	
233	环带革孔菌	*Coriolus polyzona*							
234	伸长云芝	*Coriolus elonggtus*						√	
235	桦褶孔菌	*Lenzites betulina*			√	√	√	√	
236	东方褶孔菌	*Lenzites japonica*						√	
237	桦剥管菌	*Piptoporus betulinus*	√			√		√	
238	桦褐孔菌	*Inonotus obliqus*			√	√		√	
239	斑褐孔菌	*Inonotus punctata*			√			√	
240	冷杉褐褶菌	*Gloeophyllum abietinum*						√	
241	茴香褐褶菌	*Gloeophyllum odoratum*						√	
242	褐褶菌	*Gloeophyllum saepiarium*						√	
243	大孔菌	*Favolus alvecolaris*				√		√	
244	漏斗大孔菌	*Favolus arcularius*	√			√		√	
245	宽鳞大孔菌	*Favolus squamosus*	√			√		√	
246	木蹄层孔菌	*Fomes fomentarius*			√	√		√	
247	药用拟层孔菌	*Fomitopsis officinalis*			√	√		√	
248	红缘拟层孔菌	*Fomitopsis pinicola*				√		√	
249	粉肉拟层孔菌	*Fomitopsis cajander*						√	
250	隆迪木层孔菌	*Phellinus lundellii*			√			√	

序号	科名/中名	拉丁名	食用菌		药用菌		毒菌	木腐菌	外生菌根菌
			食用	驯化	药用	抗癌			
251	平滑木层孔菌	*Phellinus laevigatus*						√	
252	针层孔菌	*Phellinus igniarius*			√	√		√	
253	裂蹄针层孔菌	*Phellinus linteus*				√		√	
254	松针层孔菌	*Phellinus pini*				√		√	
255	稀针层孔菌	*Phellinus robustus*				√		√	
256	小孔毡被菌	*Spongipellis spumens*						√	
257	毡被菌	*Spongipellis litsehaueri*						√	
258	褐紫囊孔菌	*Hirchioporus fusco-violaceus*				√		√	
259	冷杉囊孔菌	*Hirchioporus abietinus*				√		√	
260	扇形小孔菌	*Microporus flabelliformis*						√	
261	辐射状纤孔菌	*Inonotus radiatus*			√	√		√	
262	粗毛纤孔菌	*Inonotus hispidus*			√	√		√	
263	茶色拟迷孔菌	*Daedaleopsis confragosa*				√		√	
264	日本拟迷孔菌	*Daedaleopsis nipponnica*						√	
265	红拟迷孔菌	*Daedaleopsis rubescens*						√	
266	三色拟迷孔菌	*Daedaleopsis tricolor*				√		√	
267	迪金斯迷孔菌	*Daedalea dickinsii*				√		√	
268	冷杉附毛菌	*Trichaptum abietinum*						√	
269	囊孔附毛菌	*Trichaptum biforme*						√	
270	桦附毛菌	*Trichaptum pargamenum*						√	
271	落叶松囊孔菌	*Trichaptum laricinum*						√	
272	毛囊附毛菌	*Trichaptum byssogenum*						√	
273	褐紫附毛菌	*Trichaptum fusco-violaceum*						√	
274	黑管孔菌	*Bjerkandera adusta*						√	
275	亚黑管菌	*Bjerkandera fumosa*						√	
276	白囊耙齿菌	*Irpex lacteus*						√	
277	一色齿毛菌	*Cerrena unicolor*						√	
278	血红密孔菌	*Pycnoporus sanguineus*						√	
279	鲜红密孔菌	*Pycnoporus cinnabarinus*						√	
280	威兰薄孔菌	*Antrodia vaillantii*						√	
281	棉絮薄孔菌	*Antrodia gossyptium*						√	
282	苹果薄孔菌	*Antrodia malicola*						√	
283	白薄孔菌	*Antrodia albida*						√	
284	丝光钹孔菌	*Coltricia cinnamomea*							√
285	绒毛尖孔菌	*Mucronoporus tomentosus*							
286	二色半胶菌	*Gloeoporus dichrous*						√	
287	盘异薄孔菌	*Datronia scutellata*						√	

续表

序号	科名/中名	拉丁名	食用菌		药用菌		毒菌	木腐菌	外生菌根菌
			食用	驯化	药用	抗癌			
288	黄白多年卧孔菌	*Perenniporia subacida*				√		√	
289	岛生异担子菌	*Heterobasidion insulare*						√	
	25 喇叭菌科	**Catharellaceae**							
290	波状沟褶菌	*Trogia crispa*						√	
	26 皱孔菌科	**Meruliaceae**							
291	射脉菌	*Lopharia mirabilis*	√		√			√	
292	胶皱孔菌	*Merulius tremellusus*			√			√	
	27 灵芝科	**Ganodermataceae**							
293	扁芝	*Elfvingia applanata*			√	√		√	
294	松杉灵芝	*Ganoderma tsugae*		√	√	√		√	
	28 银耳科	**Tremellaceae**							
295	金耳	*Tremella aurantialba*	√	√	√	√		√	
296	黑胶菌	*Exidia glandulosa*	√					√	
297	肉色盘革菌	*Eichleriella incarnata*						√	
	29 木耳科	**Auriculariales**							
298	黑木耳	*Auricularia auricula*	√	√	√	√		√	
	30 马勃科	**Lycoperdaceae**							
299	网纹马勃	*Lycoperdon perlatum*	√		√				√
300	小马勃	*Lycoperdon pusillum*			√				
301	粒皮马勃	*Lycoperdon asperum*			√				
302	梨形马勃	*Lycoperdon pyriforme*	√			√			
303	白刺马勃	*Lycoperdon wrightii*			√				
304	龟裂秃马勃	*Calvatia caelata*	√		√				
305	头状秃马勃	*Calvatia craniiformis*	√		√				
306	大马勃	*Calvatia gigantean*		√	√	√			
307	紫色马勃	*Calvatia lilacina*			√	√			
308	栓皮马勃	*Mycenastrum corium*	√		√				
	31 地星科	**Geastraceae**							
309	尖顶地星	*Geastrum triplex*			√				
	32 鸟巢菌科	**Nidulariaceae**							
310	粪生黑蛋巢菌	*Cyathus stercoreus*			√				
311	隆纹黑蛋巢菌	*Cyathus striatus*			√				
	33 鬼笔科	**Phallaceae**							
312	白鬼笔	*Phallus impudicus*			√				
	34 花耳科	**Dacrymycetaceae**							
313	掌状花耳	*Dacrymyces palmatus*			√			√	
	35 球壳菌科	**Sphaeriaceae**							

续表

序号	科名/中名	拉丁名	食用菌		药用菌		毒菌	木腐菌	外生菌根菌
			食用	驯化	药用	抗癌			
314	炭球菌	*Daldinia concentrica*						√	
	36 地舌科	**Geoglossaceae**							
315	黄地勺菌	*Spathularia flavida*	√					√	
	37 胶陀螺科	**Bulgariaceae**							
316	黑皱盘菌	*Inonomidotis fulvotingens*					√	√	
	38 盘菌科	**Pezizaceae**							
317	林地盘菌	*Peziza sylvestris*	√						
	39 马鞍菌科	**Helvellaceae**							
318	皱柄白马鞍菌	*Helvella crispa*	√						
319	棱柄马鞍菌	*Helvella lacunosa*	√				√		
320	鹿花菌	*Gyromitra esculenta*	√				√		
321	赭鹿花菌	*Gyromitra infula*					√		

（1）食用菌资源

额尔古纳国家级自然保护区食用菌有 64 属 183 种，广泛分布在各种植被类型中，如兴安落叶松林、兴安落叶松-樟子松混交林、白桦林、黑桦林、蒙古栎林、偃松林、榛子灌丛等，其中利用价值大的有 50 多种，大部分又兼有药用价值，当地传统食用的有 20 多种。白蘑科的食用菌最丰富，17 属 56 种，其中蜜环菌（榛蘑）、紫丁香蘑、花脸香蘑、棕灰口蘑和香杏口蘑是著名的野生食用菌，分布广泛，产量大，在当地有一定的采集量和食用习惯。其次还有榆干离褶伞、灰离褶伞、大杯伞等都是味道鲜美的食用菌。牛肝菌科可食用菌物已知有 20 种，较为重要的有虎皮小牛肝菌、褐疣柄牛肝菌、美味牛肝菌等，但很多种当地人不认识，统称为"黏团子"，部分种类采集食用。

猴头菌科的猴头菌、珊瑚状猴头菌、假猴头菌在保护区内有一定数量的储量，特别是在蒙古栎林、黑桦-蒙古栎混交林内分布较多。每年猴头菌有一定采集量，但当地市场供应的多半是外地人工栽培的猴头菌。

蘑菇科食用菌有 10 种，分布于保护区的干旱阳坡、谷间草原、草甸等草地上，也有部分种分布于林中。野蘑菇、双孢蘑菇、林地蘑菇、白林地蘑菇等，均是世界著名食用菌。双孢蘑菇是世界栽培产量最大的蘑菇，中国栽培产量又占世界第一位，主要在河南、山东等地栽培，目前已经实现工厂化栽培，但是随着栽培区北移，东北及内蒙古东部地区开始大量栽培。

球盖菇科可食用种类 11 种，以鳞伞属种类居多，如金毛环锈伞、黄鳞环锈伞、翘鳞环锈伞、地鳞伞、地毛腿环锈伞、滑菇等，另外黄伞、毛柄库恩菌也是重要的野生食用菌资源。红菇科有可食用的真菌 17 种。其次丝膜菌科、鬼伞科、铆钉菇科、木耳科等的一些种类也有分布，但不多，应很好保护开发利用。子囊菌可食用的有 3 科 4 属 5 种，其中马鞍菌科鹿花菌等在当地有食用习惯，但是棱柄马鞍菌、鹿花菌有毒，也是毒菌资源，食用时不宜多食并注意烹制方式，最好不食用。

（2）药用真菌资源

保护区已知药用真菌资源 28 属 84 种，记录具有抗癌活性成分的有 109 种，主要集中在伞菌和多孔菌类，不少是药食兼用菌。

药用真菌资源主要是多孔菌类的一些种，如松杉灵芝、云芝、扁芝、粗毛纤孔菌、桦褐孔菌、裂蹄木层孔菌、火木层孔菌等。其中生长在枫桦和岳桦活立木上的桦褐孔菌，含有抗癌活性物质，引起国内外医药界学者的关注，正在开发利用。红缘拟层孔菌等多孔菌类的粗提物或某些化合物具有抑制某些癌症细胞株生长的活性。

伞菌类中的白蘑科、红菇科、侧耳科等，不少都是药食兼用菌，如蜜环菌、香蘑、紫丁香蘑、口蘑、铆钉菇、野蘑菇、双孢蘑菇、墨汁鬼伞、毛头鬼伞、黄伞、全缘红菇和花盖红菇等。

（3）毒菌资源

保护区已知毒菌有 19 属 36 种，主要集中在鹅膏菌科、白蘑科、蘑菇科、鬼伞科、球盖菇科、红菇科和马鞍菌科。主要有毒蝇鹅膏菌、细环柄菇、肥脚白鬼伞、白斑鬼伞、晶粒鬼伞、密褶黑菇、臭黄菇和红黄红菇等。

（4）外生菌根资源

有的真菌不仅需要生长在森林生态环境内，同时在长期演化过程中还需与树木形成共生关系，即形成树木生长必不可少的外生菌根。

保护区已知外生菌根菌 20 属 77 种。主要是牛肝菌科、红菇科、丝膜菌科、口蘑科、蜡伞科和铆钉菇科的真菌。上述科中的白蘑科、丝膜菌科、牛肝菌科、红菇科等的一些种均为外生菌根菌。这些菌根菌同松科、壳斗科、桦木科、杨柳科等树木普遍形成共生外生菌根，尤其是兴安落叶松、樟子松、云杉、冷杉、桦等地带性植被建群树种，与真菌共生关系极为密切。外生菌根菌对这些树木的更新、生长发育及森林生态系统的结构和功能都有重要的生态意义。

（5）木材腐朽菌

额尔古纳国家级自然保护区已知木材腐朽菌 68 属 139 种，主要集中在多孔菌类，共 32 属 81 种，占 58.3%。另外侧耳科、白蘑科、韧革菌科、猴头菌科中还有一些种。多孔菌中全部 33 属 88 种中绝大部分属、种是木腐菌，如木层孔菌属、革盖菌属、囊孔菌属、栓菌属、干酪菌属等。伞菌类中也有木材腐朽菌，一般称为木生菌，如口蘑科的香菇属、侧耳属和蜜环菌属，球盖菇科的鳞伞属。

多孔菌是木材腐朽菌中非常重要的一个类群，这些多孔菌大多数生长在保护区森林生态系统的倒木和腐烂木上，通过将木材中的纤维素、半纤维素和木质素分解为自身及其他生物可利用的小分子物质，完成森林生态系统的物质转移，促进森林生态系统中的物质循环和能量流动。以白腐真菌为例，它们是迄今所知的唯一能够彻底地把复杂的木质素等高分子化合物降解成 CO_2 和 H_2O 的生物。如果任由木质素在土壤中自然分解，由于其化学性质相当稳定，该过程需要 3000 年。一些多孔菌具有较大子实体，常作为鸟类和昆虫甚至部分小型哺乳动物的食物来源或作为它们的栖息环境。而在一些成熟林分中多孔菌可以将木材软化，因而利于鸟类以树干凿洞为巢。同时这些真菌造成的腐烂木质残体也为苔藓和其他一些植物提供了生长基质，因此很多研究者都形象地将其称为生态系统中杰出的"工程师"。由于具有较大子实体且生长位置固定，野外易于观察；子实体的发生与分布受森林环境条件影响较大；有时也是某些生物生存必不可少的条件，因而多孔菌常被用于森林生态系统的指示生物，反映森林生态系统的保护状况及濒危物种的受威胁程度。如有人将红冠啄木鸟（*Melanerpes rubricapillus*）与松木层孔菌相联系，通过观察南方松心材腐朽木的数量变化，推断红冠啄木鸟种群动态变化。

多孔菌除在生态系统中发挥重要的生态功能外，很多种类本身具有良好的经济价值。多孔菌中大部分具有药用价值，含多糖和多肽类活性物质，具有调节、增强人体免疫力，抗肿瘤，降血压等功效，如云芝（*Coriolus versicolor*）、桦褐孔菌（*Inonotus obliquus*）等都是中国传统名贵中药。有些多孔菌具有大型肉质子实体，营养丰富，蛋白质含量较高，具有很好的食用价值，如猪苓（*Polyporus umbellatus*）。另外一些多孔菌具有工业应用价值，如血红密孔菌（*Pycnoporus sanguineus*）和栓菌属（*Trametes* ssp.）的部分种类能够产生高活性漆酶，而漆酶底物特异性较低，能够催化降解多种芳香族化合物，被广泛应用于食品工业、造纸工业、环境污染物降解等方面。研究表明，黑管孔菌（*Bjerkandera adusta*）、一色齿毛菌（*Cerrena unicolor*）、硬毛粗盖孔菌（*Funalia trogii*）、香栓菌（*Trametes suaveolens*）等对刚果红、橙黄 G、茜素红、结晶紫、中性红和亚甲蓝等不同结构的人工染料均显示出较强的脱色能力，具有潜在的生态修复价值。在保护好重要生物类群的前提下，可以合理开发和利用这些宝贵的生物资源。

我国目前共发现多孔菌 604 种，额尔古纳国家级自然保护区共发现多孔菌 88 种，占全国的 14.6%。在所有的木材腐朽木中，褐腐真菌约占 15%，白腐真菌约占 85%。褐色腐朽的残余物木质素相当稳定，对针叶树特别是落叶松的天然更新具有重要作用。落叶松的幼苗通常生长在褐色腐朽的残留物上，主要因为该残留物能够增加土壤的通风和保水能力，促进外生菌根的形成和非共生微生物的固氮作用，改善土壤温度，降低土壤的 pH 和增加养分中阳离子的交换，对针叶树种子的萌发和幼苗的发育非常重要，类似报道也见于国外针叶林生态系统更新的研究。由于保护区地处寒温带针叶林区，褐腐真菌对针叶林的生长具有重要的维护作用。

绝大部分多孔菌生长在倒木和腐朽木上，生长在活立木上的种类较少。人工林和经营的林分下几乎没有倒木和腐朽木，这种类型的森林中多孔菌的多样性很低，且基本上都是多孔菌常见种。原始森林中倒木和腐朽木丰富，多孔菌在此类森林中多样性很高，但由于对原始森林的砍伐和天然林的减少，对多孔菌的生境造成了巨大的破坏，造成多孔菌的种群数量逐渐减少。由于多孔菌的绝大多数种类生长基质是木材，对森林中倒木和腐朽木的保存，特别是对原始森林的保护，对多孔菌资源的保护具有重要意义。

6.3　大型真菌优势科属分析

6.3.1　优势科分析

优势科是指种类众多，其数量和种类对该地区的大型真菌区系起着至关重要作用的科。优势属是指在该地区大型真菌中所含种类多，分布范围广的属。以种的多少为依据判断优势科（表 6-3），保护区大型真菌种类最多的科是多孔菌科，共有 88 种，占全部大型真菌种数的 27.4%；其次是白蘑科，共有 61 种，占全部大型真菌种数的 19.0%；第

3 大科为红菇科，有 25 种，占全部大型真菌种数的 7.8%；后面依次是牛肝菌科（22 种，占全部种类 6.9%）、侧耳科（13 种，占 4.0%）、丝膜菌科（12 种，占 3.7%）、球盖菇科和蘑菇科（都是 11 种，占 3.4%）、马勃科（10 种，占 3.1%）。10 种以上（含 10 种）的科 9 个，共计 253 种，占全部种类的 78.8%，而 9 个科仅占全部科的 23.1%，这些都是广布全球或主要分布于北半球温带地区的科。10 种以下的科 30 个，占全部科的 76.9%，包括鹅膏菌科（5 种）、蜡伞科（6 种）、鬼伞科（7 种）等，共计 67 种，仅占全部种类的 20.9%。

表 6-3　额尔古纳国家级自然保护区优势科（≥10 种）的统计

科名	种数	占全部种类比例/%
侧耳科 Pleurotaceae	13	4.0
白蘑科 Tricholomataceae	61	19.0
蘑菇科 Agaricaceae	11	3.4
球盖菇科 Strophariaceae	11	3.4
丝膜菌科 Cortinariaceae	12	3.7
牛肝菌科 Boletaceae	22	6.9
红菇科 Russulaceae	25	7.8
多孔菌科 Polyporaceae	88	27.4
马勃科 Lycoperdaceae	10	3.1
总　计	253	78.7

6.3.2　优势属分析

保护区大型真菌共有 110 属。超过 5 个种的优势属 22 个，全部为担子菌，共有 172 种，占本保护区种类的 53.6%，而仅占总属数的 20.0%（表 6-4）。这既与额尔古纳国家级自然保护区的地理位置相符，又能反映出本地区真菌的地理分布特点。只含有 1 个种的属 54 个，占本保护区 49.1%，其中 *Hohenbuehelia*、*Schizophyllum*、*Piptoporus*、*Irpex*、*Cerrena*、*Fomes*、*Elfvingia* 为重要的单种属。单种属比例接近总属数的 50%，也是本保护区植被类型、植物种类丰度与低纬度保护区相比偏低、偏少的具体表现。单种属统计结果见表 6-5。

表 6-4　额尔古纳国家级自然保护区优势属（≥5 种）的统计

属名	种数	占总数/%	分布型	习性
蜡伞属 *Hygrophorus*	6	1.9	D2	草腐
侧耳属 *Pleurotus*	10	3.1	D1	木腐
鹅膏属 *Amanita*	5	1.6	D1	草腐
香蘑属 *Lepista*	6	1.9	D2	草腐
口蘑属 *Tricholoma*	10	3.1	D1	草腐
杯伞属 *Clitocybe*	7	2.2	D1	草腐

属名	种数	占总数/%	分布型	习性
囊蘑属 *Melanoleuca*	6	1.9	D1	草腐
蘑菇属 *Agaricus*	9	2.8	D1	草腐
鬼伞属 *Coprinus*	7	2.2	D1	草腐
鳞伞属 *Pholiota*	10	3.1	D2	木腐
丝膜菌属 *Cortinarius*	11	3.4	D2	草腐
小牛肝菌属 *Boletinus*	5	1.6	D1	草腐
乳牛肝菌属 *Suillus*	7	2.2	D2	草腐
疣柄牛肝菌属 *Leccinum*	5	1.6	D1	草腐
红菇属 *Russula*	16	5.0	D1	草腐
乳菇属 *Lactarius*	9	2.8	D2	草腐
多孔菌属 *Polyporus*	10	3.1	D1	木腐
栓菌属 *Trametes*	9	2.8	D1	木腐
革盖菌属 *Coriolus*	7	2.2	D1	木腐
层孔菌属 *Phellinul*	6	1.9	D1	木腐
附毛孔菌属 *Trichaptum*	6	1.9	D3	木腐
网纹马勃属 *Lycoperdon*	5	1.6	D1	草腐
总　计	172	53.6		

表 6-5　额尔古纳国家级自然保护区单种属的统计

种名	种学名
亚侧耳	*Hohenbuehelia serotina*
裂褶菌	*Schizophyllum commne*
银丝草菇	*Volvariella bombycina*
鳞皮扇菇	*Panellus stypicus*
白环粘奥德蘑	*Oudemansiella mucida*
香杏丽蘑	*Calocybe gambosa*
假灰杯伞	*Pseudoclitocybe cyathiformis*
冬菇	*Flammulina velutipes*
大白桩菇	*Leucopaxillus giganteus*
白黄微皮伞	*Marasmiellus coilobasis*
颗粒囊皮伞	*Cystoderma granulosus*
细环柄菇	*Lepiota clypeolaria*
肥脚白鬼伞	*Leucocoprinus cepaestipes*
毛柄库恩菌	*Kuehneromyces mutabilis*
浅黄丝盖伞	*Inocybe fastigiata*
血红铆钉菇	*Gomphidius rutilus*
褐绒盖牛肝菌	*Xerocomus badius*
皱锁瑚菌	*Clavulina rugosa*
杵棒菌	*Clavariadelphus pistillaris*

种名	种学名
白须胡菌	*Pterula multifida*
杯瑚菌	*Clavicorona pyxidata*
绣球菌	*Sparassia crispa*
辐裂刺革菌	*Hymenochaete tabacina*
美味齿菌	*Hydnum repandum*
绒盖齿菌	*Steccherinum ochraceum*
灰树花	*Grifola frondosa*
硫磺菌	*Laetiporus sulphureus*
桦剥管菌	*Piptoporus betulinus*
木蹄层孔菌	*Fomes fomentarius*
扇形小孔菌	*Microporus flabelliformis*
迪金斯迷孔菌	*Daedalea dickinsii*
白囊耙齿菌	*Irpex lacteus*
一色齿毛菌	*Cerrena unicolor*
丝光铍孔菌	*Coltricia cinnamomea*
绒毛尖孔菌	*Mucronoporus tomentosus*
二色半胶菌	*Gloeoporus dichrous*
盘异薄孔菌	*Datronia scutellata*
黄白多年卧孔菌	*Perenniporia subacida*
岛生异担子菌	*Heterobasidion insulare*
波状沟褶菌	*Trogia crispa*
射脉菌	*Lopharia mirabilis*
胶皱孔菌	*Merulius tremellusus*
金耳	*Tremella aurantialba*
黑胶菌	*Exidia glandulosa*
肉色盘革菌	*Eichleriella incarnata*
黑木耳	*Auricularia auricula*
栓皮马勃	*Mycenastrum corium*
尖顶地星	*Geastrum triplex*
炭球菌	*Daldinia concentrica*
黄地勺菌	*Spathularia flavida*
黑皱盘菌	*Inonomidotis fulvotingens*
林地盘菌	*Peziza sylvestris*
白鬼笔	*Phallus impudicus*
掌状花耳	*Dacrymyces palmatus*

6.4 额尔古纳国家级自然保护区大型真菌属地理成分分析

菌物的区系是指一定区域所有真菌或某类真菌种类的总称，是真菌在一定自然环境，特别是自然历史环境中发展演化的结果。菌物区系地理学是研究世界或某一区域所有真菌种类的组成、现代和过去的分布及它们的起源和演化历史的科学。真菌区系的地理成分是按照属或种等分类单元的分布类型划分的，区系地理学研究的重要方法是分布类型的划分，分布类型是指研究类群（科、属、种等）的分布图示始终一致的再现，同一分布类型的真菌有着大致相同的分布范围和形成历史，但是同一地区的真菌可以有各种不同的真菌分布类型，分析某一地区的真菌分布类型有助于了解该地区真菌区系各种成分的特征与性质。

真菌区系的地理成分是按照属或种的分布类型划分的。由于目前对各属种现代分布区未必知道得很清楚，因此地理成分分析的准确性只能说是相对的。根据对110属真菌地理分布区的比较研究结果，参考吴征镒（2006）关于中国种子植物属的分布区类型系统，将额尔古纳国家级自然保护区大型真菌属划分为3个类型。

1 世界分布（D1）

世界分布指广泛分布于世界各大洲而没有特殊分布中心的属，该分布型在本地占有较大比例。包括侧耳属（*Pleurotus*）、亚侧耳属（*Hohenbuehelia*）、扇菇属（*Panellus*）、裂褶菌属（*Schizophyllum*）、鹅膏属（*Amanita*）、光柄菇属（*Pluteus*）、蜡蘑属（*Laccaria*）、口蘑属（*Tricholoma*）、杯伞属（*Clitocybe*）、蜜环菌属（*Armillaria*）、堆金钱菌属（*Collybia*）、囊蘑属（*Melanoleuca*）、小菇属（*Mycena*）、皮伞属（*Marasmius*）、微皮伞属（*Marasmiellus*）、环柄菇属（*Lepiota*）、蘑菇属（*Agaricus*）、鬼伞属（*Coprinus*）、丝盖伞属（*Inocybe*）、小牛肝菌属（*Boletinus*）、假小牛肝菌属（*Boletus*）、疣柄牛肝菌属（*Leccinum*）、红菇属（*Russula*）、杯瑚菌属（*Clavicorona*）、枝瑚菌属（*Ramaria*）、掌状革菌属（*Thelephora*）、多孔菌属（*Polyporus*）、干酪菌属（*Tyromyces*）、栓菌属（*Trametes*）、革盖菌属（*Coriolus*）、褶孔菌属（*Lenzites*）、褐孔菌属（*Fuscoporia*）、层孔菌属（*Phellinul*）、粘褶菌属（*Gloeophyllum*）、拟层孔菌属（*Fomitopsis*）、绵皮孔菌属（*Spongipellis*）、木耳属（*Auricularia*）、炭球菌属（*Daldinia*）、鹿花菌属（*Gyromitra*）、地星属（*Geastrum*）、网纹马勃属（*Lycoperdon*）等71个属，占本保护区全部属的64.5%。

2 北温带分布（D2）

北温带分布指广泛分布于北半球（欧亚大陆及北美）温带地区的属。包括蜡伞属（*Hygrophorus*）、奥德菇属（*Oudemansiella*）、香蘑属（*Lepista*）、离褶伞属（*Lyophyllum*）、冬菇属（*Flammulina*）、白桩菇属（*Leucopaxillus*）、库恩菌属（*Kuehneromyces*）、鳞伞属（*Pholiota*）、丝膜菌属（*Cortinarius*）、铆钉菇属（*Gomphidius*）、乳牛肝菌属（*Suillus*）、乳菇属（*Lactarius*）、杵棒菌属（*Clavariadelphus*）、猴头菌属（*Hericium*）、层孔菌属（*Phellinul*）、马勃属（*Calvatia*）、马鞍菌属（*Helvella*）等32个属，占本保护区全部属的29.1%。

3 泛热带分布（D3）

泛热带分布包括革耳属（*Panus*）、香菇属（*Lentinus*）、白鬼伞属（*Leucocoprinus*）、刺革菌属（*Hymenochaete*）、羽瑚菌属（*Pterula*）、大孔菌属（*Favolus*）、附毛孔菌属（*Trichaptum*）等7个属，占6.4%。

本保护区尚未发现东亚分布、东亚-北美间断分布，世界分布和北温带分布占绝对优势，占全部属的93.6%，这与大青沟自然保护区世界分布属和温带分布属占全部属

83.1%的研究结果相似。说明尽管本地区处于寒温带地区，但它从地带性分布上看仍具备典型的北温带特征。其植物组成上也有大量东北植物区系、华北植物区系、蒙古植物区系的植物侵入本区域，即该区域南邻北温带，是向寒温带过渡地区，本区域受相邻植物区影响较大。

6.5　额尔古纳国家级自然保护区大型真菌种地理成分分析

参考《中国东北部种子植物种的分布区类型》（傅沛云，2003），把额尔古纳国家级自然保护区大型真菌种的地理分布区类型，划分为 11 类型及 3 个亚型。

1　世界分布

毒蝇鹅膏菌（*Amanita muscaria*）、灰鹅膏菌（*Amanita vaginata*）、灰光柄菇（*Pluteus cervinus*）、粉褐光柄菇（*Pluteus depauperatus*）、豹皮香菇（*Lentinus lepideus*）、红蜡蘑（*Laccaria laccata*）、冬菇（*Flammulina velutipes*）、北方蜜环菌（*Armillaria borealis*）、蜜环菌（*Armillaria mellea*）、栎金钱菌（*Collybia dryophila*）、水粉杯伞（*Clitocybe nebularis*）、假灰杯伞（*Pseudoclitocybe cyathiformis*）、大白桩菇（*Leucopaxillus giganteus*）、细环柄菇（*Lepiota clypeolaria*）、蘑菇（*Agaricus campestris*）、野蘑菇（*Agaricus arvensis*）、墨汁鬼伞（*Coprinus atramentarius*）、毛头鬼伞（*Coprinus comatus*）、晶粒鬼伞（*Coprinus micaceus*）、灰盖鬼伞（*Coprinus cinereus*）、毛柄库恩菌（*Kuehneromyces mutabilis*）、浅黄丝盖伞（*Inocybe fastigiata*）、黄皮疣柄牛肝菌（*Leccinum crocipodium*）、黄斑红菇（*Russula aurata*）、毒红菇（*Russula emetica*）、密枝瑚菌（*Ramaria stricta*）、毛韧革菌（*Stereum hirsutum*）、美味齿菌（*Hydnum repandum*）、针层孔菌（*Phellinus igniarius*）、隆迪木层孔菌（*Phellinus lundellii*）、桦褶孔菌（*Lenzites betulina*）、冷杉附毛菌（*Trichaptum abietinum*）、桦附毛菌（*Trichaptum pargamenum*）、黑管孔菌（*Bjerkandera adusta*）、漏斗大孔菌（*Favolus arcularius*）、白囊耙齿菌（*Irpex lacteus*）、云芝（*Coriolus versicolor*）、毛云芝（*Coriolus hirsutus*）、赭栓孔菌（*Trametes ochracea*）、薄皮干酪菌（*Tyromyces chioneus*）、二色半胶菌（*Gloeoporus dichrous*）、盘异薄孔菌（*Datronia scutellata*）、裂褶菌（*Schizophyllum commne*）、硫磺菌（*Laetiporus sulphureus*）、网纹马勃（*Lycoperdon perlatum*）、小马勃（*Lycoperdon pusillum*）、尖顶地星（*Geastrum triplex*）、粪生黑蛋巢菌（*Cyathus stercoreus*）、白鬼笔（*Phallus impudicus*）、炭球菌（*Daldinia concentrica*）等。这些种是世界广布种，分布范围通常跨寒、温、热三带或至少跨其中的两带，几乎遍布世界各大洲，而没有特殊的分布中心。这类成分的广泛分布说明自然保护区内具有多种多样的自然环境条件。

2　北温带-北极分布

小白杯伞（*Clitocybe candicans*）、亚白杯伞（*Clitocybe catinus*）、假蜜环菌（*Armillaria tabescens*）、洁小菇（*Mycena pura*）、褐小菇（*Mycena alcalina*）、亮色丝膜菌（*Cortinarius claricolir*）、血红铆钉菇（*Gomphidius rutilus*）、灰环黏盖牛肝菌（*Suillus laricinus*）、花盖红菇（*Russula cyanoxantha*）等。此分布类型的分布范围可从北极带分布到欧、亚、北美三洲温带地区北部，或海拔较高区域。这种分布类型出现及其比例符合本保护区的地理位置及保护区的基础海拔。

4 北温带分布

白蜡伞（*Hygrophorus eburnesus*）、红菇蜡伞（*Hygrophorus russula*）、黄毛侧耳（*Pleurotus nidulans*）、金顶侧耳（*Pleurotus citrinopileatus*）、裂皮侧耳（*Pleurotus corticatus*）、紫晶蜡蘑（*Laccaria amethystea*）、条柄蜡蘑（*Laccaria proxima*）、花脸香蘑（*Lepista sordida*）、银白离褶伞（*Lyophyllum connatum*）、褐离褶伞（*Lyophyllum fumosum*）、黑白铦囊蘑（*Melanoleuca melaleuca*）、条柄铦囊蘑（*Melanoleuca grammnopodia*）、白环粘奥德蘑（*Oudemansiella mucida*）、苦口蘑（*Tricholoma acerbum*）、土豆口蘑（*Tricholoma japonicum*）、棕灰口蘑（*Tricholoma terreum*）、小白杯伞（*Clitocybe candicans*）、亚白杯伞（*Clitocybe catinus*）、杯伞（*Clitocybe infundibuliformis*）、黄杯伞（*Clitocybe splendens*）、堆金钱菌（*Collybia acervata*）、栎金钱菌（*Collybia dryophila*）、双环林地蘑菇（*Agaricus placomyces*）、假根蘑菇（*Agaricus bresadolianus*）、小白蘑菇（*Agaricus comtulus*）、白林地蘑菇（*Agaricus silricola*）、金毛环锈伞（*Pholiota aurivella*）、地鳞伞（*Pholiota terrestris*）、粘柄丝膜菌（*Cortinarius collinitus*）、棕褐丝膜菌（*Cortinarius infractus*）、虎皮小牛肝菌（*Boletinus pictus*）、美味牛肝菌（*Boletus edulis*）、橙黄疣柄牛肝菌（*Leccinum aurantiacum*）、褐疣柄牛肝菌（*Leccinum scabrum*）、点柄黏盖牛肝菌（*Suillus granulatus*）、密褶黑菇（*Russula densifolia*）、细质乳菇（*Lactarius mitissimus*）、松乳菇（*Lactarius deliciosus*）、稀褶乳菇（*Lactarius hygrophroides*）、白乳菇（*Lactarius piperatus*）、猴头菌（*Hericium erinaceum*）、杯瑚菌（*Clavicorona pyxidata*）、桦褐孔菌（*Inonotus obliquus*）、粗毛纤孔菌（*Inonotus hispidus*）、黑柄多孔菌（*Polyporus varius*）、红缘拟层孔菌（*Fomitopsis pinicola*）、粉肉拟层孔菌（*Fomitopsis cajander*）、茶色拟迷孔菌（*Daedaleopsis confragosa*）、落叶松囊孔菌（*Trichaptum laricinum*）、褐紫附毛菌（*Trichaptum fusco-violaceum*）、亚黑管菌（*Bjerkandera fumosa*）、香栓菌（*Trametes suaveolens*）、绒毛栓菌（*Trametes pubescens*）、毛栓菌（*Trametes hirsuta*）、一色齿毛菌（*Cerrena unicolor*）、鲜红密孔菌（*Pycnoporus cinnabarinus*）、威兰薄孔菌（*Antrodia vaillantii*）、冷杉褐褶菌（*Gloeophyllum abietinum*）、茴香褐褶菌（*Gloeophyllum odoratum*）、深褐褶菌（*Gloeophyllum sepiarium*）、褐紫囊孔菌（*Hirschioporus fusco-violaceus*）、黄白多年卧孔菌（*Perenniporia subacida*）、木蹄层孔菌（*Fomes fomentarius*）、肉色栓菌（*Trametes dickinsii*）、桦剥管菌（*Piptoporus betulinus*）、梨形马勃（*Lycoperdon pyriforme*）、龟裂秃马勃（*Calvatia caelata*）、头状秃马勃（*Calvatia craniiformis*）、黄地勺菌（*Spathularia flavida*）等。该分布类型分布于欧亚大陆温带地区，其范围可向北达西伯利亚一带，这正是本保护区处于寒温带的典型反应。

4-1 北温带和南温带间断分布

这个分布亚型分布范围从北半球温带区域间断分布到南半球温带地区。本保护区内只有 1 种，即雪白毒鹅膏菌 *Amanita nivalis*。

5 旧世界温带分布

三色拟迷孔菌（*Daedaleopsis tricolor*）、暗绒多孔菌（*Polyporus ciliatus*）、粪鬼伞（*Coprinus sterquilinus*）、黄白侧耳（*Pleurotus cornucopiae*）、银丝草菇（*Volvariella bombycina*）、灰紫香蘑（*Lepista glaucocana*）、口蘑（*Tricholoma mongolicum*）、杨树口蘑（*Tricholoma populinum*）、丁香紫丝膜菌（*Cortinarius lilacinus*）、松乳菇（*Lactarius* deliciosus)、小孢密枝瑚菌（*Ramaria bourdotiana*）、小孔毡被菌（*Spongipellis spumens*）。分布于欧亚大陆温带地区，多数种能分布至西伯利亚一带。

6 亚洲-北美分布

黑木耳（*Auricularia auricula*）、粉紫香蘑（*Lepista personata*）、红鳞口蘑（*Tricholoma vaccinum*）、红缘拟层孔菌（*Fomitopsis pinicola*）。分布于亚洲与北美洲温带地区，在亚洲的分布范围超出东亚，向北常达西伯利亚一带，西至中亚等地。

8 东亚分布

迪金斯迷孔菌（*Daedalea dickinsii*）、白紫丝膜菌（*Cortinarius albovilaceus*）。分布于东亚地区，范围从喜马拉雅一直到朝鲜、日本和俄罗斯（远东偏南部），向西以森林为边界。

9 俄罗斯远东区-日本分布

虎皮黏盖牛肝菌（*Suillus pictus*）、杵棒菌（*Clavariadelphus pistillaris*）、珊瑚状猴头菌（*Hericium coralloides*）、拟多孔菌（*Polyporus brumalis*）。以俄罗斯远东区-日本为分布中心，常达到中国东北和朝鲜。

22 北温带-热带分布

紫晶蜡蘑（*Laccaria amethystea*）、硬柄小皮伞（*Marasmius oreades*）、双环林地蘑菇（*Agaricus placomyces*）、黄伞（*Pholiota adiposa*）、臭黄菇（*Russula foetens*）、全缘红菇（*Russula integra*）、粉红菇（*Russula subdepallens*）、亚绒白乳菇（*Lactarius subvellerreus*）、鳞皮扇菇（*Panellus stypicus*）、豹斑毒鹅膏菌（*Amanita pantherina*）。间断分布于亚洲与北美洲温带地区，并向南延伸到热带一定区域。

22-1 旧世界温带-热带分布

厚环黏盖牛肝菌（*Suillus grevillei*）。分布于欧亚大陆温带地区，并向南延伸到热带一定区域。

22-2 亚洲北美温带-热带分布

点柄黏盖牛肝菌（*Suillus granulatus*）、黄鳞环锈伞（*Pholiota flammans*）、皱纹鬼伞（*Coprinus plicatilis*）。间断分布于亚洲与北美洲温带地区，并向南延伸到热带一定区域。

23 泛热带成分分布

大孔菌（*Favolus alveolaris*）、宽鳞大孔菌（*Favolus squamosus*）、辐裂刺革菌（Hymenochaete tabacina）、白须胡菌（*Pterula multifida*）、松林小牛肝菌（*Boletinus pinetorum*）、鸡油菌（*Cantharellus cibarius*）。这些种类的出现，暗示了该地区大型真菌区系的变化与该地区植被的过渡规律基本一致。分布于东、西两半球热带地区，并常延伸至亚热带与温带地区。

25 旧世界热带分布

紫丁香蘑（*Lepista nuda*）、白乳菇（*Lactarius piperatus*）。分布于亚洲、非洲、大洋洲热带地区，并常延伸至亚热带与温带地区。

28 中国特有分布

皱皮孔菌（*Ischnoaerma resinosum*）、香栓菌（*Trametes suaveolens*）。

综上所述，世界分布、北温带分布，所占比例最高，北温带-北极分布稍微低于前两者。表明：温带性质分布型的种数最多，占大多数，是组成本地区大型真菌的主体（体现了本地区区系主要是温带性质）；北温带-北极分布较高，表明本保护区的地理位置处于北半球高纬度地区，这些种也多是东亚地区的分布型种和一些北半球温带较广布的分布种；亚寒带-寒带性质分布型种数有一定比例；热带性质分布型的种数量最少，它们无疑多是一些古老的第三纪残留成分，其种数虽少，但可为本地区真菌区系与热带早期历史联系、形成发展提供历史证据和遗迹。

6.6　与相关自然保护区大型真菌多样性比较

额尔古纳国家级自然保护区与相邻地区植被类型比较见表 6-6。

表 6-6　乌玛自然保护区与相邻地区真菌科、属、种多样性比较表

植被区域	地点	高等植物种类	植被型	植被亚型	群系组	群系	群丛组或群丛	大型真菌科数、属数和种数	资料
寒温带针叶林区域	额尔古纳国家级自然保护区 51°29′25″N～52°06′00″N 120°00′26″E～120°58′02″E 为 100%	818	6	14	—	41	52	39、110、321	本次科考
	内蒙古乌玛自然保护区 52°27′52″N～53°20′00″N 120°01′20″E～121°49′00″E	1025	6	14	31	35	60	29、78、204	科考报告
	与额尔古纳国家级自然保护区比率/%	125.3	100	100	—	85.4	115.4	74.4、70.9、63.4	
	内蒙古牛耳河自然保护区 51°22′0″N～51°42′04″N 122°0′0″E～122°32′36″E	654	6	15	20	27	—	33、75、115	科考报告
	与额尔古纳国家级自然保护区对比率/%	63.8	100	107		65.9		84.6、68.2、35.7	
	大兴安岭地区 49°20′N～53°30′N 119°40′E～127°22′E	—	6	14	19	27	80	—、—、—	大兴安岭植被
	与额尔古纳国家级自然保护区对比率/%	—	100	100		65.9	153.8	—、—、—	
温带针阔混交林区域	黑龙江翠北自然保护区 N48°22′38″N～40°30′30″N E128°27′E～128°50′18″E	1112	5	13	20	27	52	31、114、300	科考报告
	与额尔古纳国家级自然保护区对比率/%	108.5	83	92.9	—	65.9	100	79.5、103.6、93.2	
	黑龙江莴河鹰嘴峰自然保护区 44°31′53″N～44°52′30″N 128°11′18″E～128°26′48″E	1151	5	9	35	52	—	26、99、228	科考报告
	与额尔古纳国家级自然保护区对比率/%	140.7	83	64.3	—	126.8	—	66.7、90.0、70.8	
	内蒙古大清沟自然保护区 120°13′N～122°15′N 42°45′E～42°48′E	713 （微管植物）	—	—	—	—	—	63、148、302	图力古尔
	与额尔古纳国家级自然保护区对比率/%		—	—	—	—	—	161.5、134.5、93.8	

从亚热带常绿阔叶林区域到温带针阔混交林区域，再到寒温带针叶林区域，随着纬度的提高，高等植物种类和植被类型逐渐减少，大型真菌科、属、种也逐渐减少，单种属的数量和单属科的数量不断增加，这显然与其所处的地理位置、气候及植被条件息息相关。真菌的分布虽然与其伴生的植物有很密切的关系，但其分布范围又绝不仅限于同地植物的

分布范围，也就是说植物多样性在一定程度上决定真菌多样性。但是，实际上许多大型真菌属、种的分布远比我们现在了解的分布范围要广得多，这是相关专著缺乏及野外工作肤浅所导致的。表 6-6 统计了不同保护区，在不同时期出版或考察的成果，由于考察时期不同、考察人员不同导致考察成果会有很大偏差，因此，表 6-6 的统计、比较结果仅有一定参考价值。

6.7 额尔古纳国家级自然保护区大型真菌名录

额尔古纳国家级自然保护区大型真菌名录如下，共 2 个门，39 科 110 属 321 种。

（一）担子菌门

1. 蜡伞科 Hygrophoraceae
（1）蜡黄蜡伞 *Hygrophorus chlorophanus*
（2）白蜡伞 *Hygrophorus eburnesus*
（3）纯白蜡伞 *Hygrophorus ligatus*
（4）柠檬黄蜡伞 *Hygrophorus lucorum*
（5）单色蜡伞 *Hygrophorus unicolor*
（6）红菇蜡伞 *Hygrophorus russula*

2. 侧耳科 Pleurotaceae
（7）短柄侧耳 *Pleurotus anserinus*
（8）金顶侧耳 *Pleurotus citrinopileatus*
（9）黄白侧耳 *Pleurotus cornucopiae*
（10）侧耳 *Pleurotus ostreatus*
（11）裂皮侧耳 *Pleurotus corticatus*
（12）紫孢侧耳 *Pleurotus sapidus*
（13）贝形侧耳 *Pleurotus porrigens*
（14）榆干侧耳 *Pleurotus ulmarius*
（15）黄毛侧耳 *Pleurotus nidulans*
（16）长柄侧耳 *Pleurotus spodoleucus*
（17）亚侧耳 *Hohenbuehelia serotina*
（18）革耳 *Panus rudis*
（19）紫革耳 *Panus torulosus*

3. 裂褶菌科 Schizophyllaceae
（20）裂褶菌 *Schizophyllum commne*

4. 鹅膏菌科 Amanitaceae
（21）毒蝇鹅膏菌 *Amanita muscaria*
（22）雪白毒鹅膏菌 *Amanita nivalis*
（23）白柄黄盖鹅膏菌 *Amanita junquillea*

（24）豹斑毒鹅膏菌 *Amanita pantherina*

（25）灰鹅膏菌 *Amanita vaginata*

5. 光柄菇科 Pluteaceae

（26）灰光柄菇 *Pluteus cervinus*

（27）粉褐光柄菇 *Pluteus depauperatus*

（28）银丝草菇 *Volvariella bombycina*

6. 白蘑科 Tricholomataceae

（29）鳞皮扇菇 *Panellus stypicus*

（30）豹皮香菇 *Lentinus lepideus*

（31）虎皮香菇 *Lentinus tigrinus*

（32）香菇 *Lentinus edodes*

（33）白环粘奥德蘑 *Oudemansiella mucida*

（34）紫晶蜡蘑 *Laccaria amethystea*

（35）红蜡蘑 *Laccaria laccata*

（36）条柄蜡蘑 *Laccaria proxima*

（37）刺孢蜡蘑 *Laccaria tortilia*

（38）白香蘑 *Lepista caespitosa*

（39）灰紫香蘑 *Lepista glaucocana*

（40）紫丁香蘑 *Lepista nuda*

（41）粉紫香蘑 *Lepista personata*

（42）花脸香蘑 *Lepista sordida*

（43）肉色香蘑 *Lepista irina*

（44）苦口蘑 *Tricholoma acerbum*

（45）黄褐口蘑 *Tricholoma fulvum*

（46）香杏口蘑 *Tricholoma gambosum*

（47）球根口蘑 *Tricholoma hulbigerum*

（48）土豆口蘑 *Tricholoma japonicum*

（49）口蘑 *Tricholoma mongolicum*

（50）杨树口蘑 *Tricholoma populinum*

（51）棕灰口蘑 *Tricholoma terreum*

（52）虎斑口蘑 *Tricholoma tigrinum*

（53）红鳞口蘑 *Tricholoma vaccinum*

（54）香杏丽蘑 *Calocybe gambosa*

（55）小白杯伞 *Clitocybe candicans*

（56）亚白杯伞 *Clitocybe catinus*

（57）杯伞 *Clitocybe infundibuliformis*

（58）卷边杯伞 *Clitocybe inversa*

（59）大杯伞 *Clitocybe maxima*

（60）水粉杯伞 *Clitocybe nebularis*

（61）黄杯伞 *Clitocybe splendens*

（62）假灰杯伞 *Pseudoclitocybe cyathiformis*

（63）银白离褶伞 *Lyophyllum connatum*

（64）灰离褶伞 *Lyophyllum cinerascens*

（65）荷叶离褶伞 *Lyophyllum decastes*

（66）褐离褶伞 *Lyophyllum fumosum*

（67）北方蜜环菌 *Armillaria borealis*

（68）蜜环菌 *Armillaria mellea*

（69）假蜜环菌 *Armillaria tabescens*

（70）红褐小蜜环菌 *Armillriella polymyces*

（71）冬菇 *Flammulina velutipes*

（72）堆金钱菌 *Collybia acervata*

（73）栎金钱菌 *Collybia dryophila*

（74）宽褶菇 *Collybia platyphylla*

（75）铦囊蘑 *Melanoleuca cognata*

（76）钟形铦囊蘑 *Melanoleuca exscissa*

（77）草生铦囊蘑 *Melanoleuca graminicola*

（78）条柄铦囊蘑 *Melanoleuca grammnopodia*

（79）黑白铦囊蘑 *Melanoleuca melaleuca*

（80）直柄铦囊蘑 *Melanoleuca strictipes*

（81）大白桩菇 *Leucopaxillus giganteus*

（82）洁小菇 *Mycena pura*

（83）褐小菇 *Mycena alcalina*

（84）丛生斜盖伞 *Clitopilus caespitosus*

（85）斜盖伞 *Clitopilus prunulus*

（86）橙黄小皮伞 *Marasmius aurantiacus*

（87）硬柄小皮伞 *Marasmius oreades*

（88）白黄微皮伞 *Marasmiellus coilobasis*

（89）颗粒囊皮伞 *Cystoderma granulosus*

7. 蘑菇科 Agaricaceae

（90）细环柄菇 *Lepiota clypeolaria*

（91）肥脚白鬼伞 *Leucocoprinus cepaestipes*

（92）野蘑菇 *Agaricus arvensis*

（93）假根蘑菇 *Agaricus bresadolianus*

（94）双孢蘑菇 *Agaricus bisporus*

（95）蘑菇 *Agaricus campestris*

（96）小白蘑菇 *Agaricus comtulus*

（97）污白蘑菇 *Agaricus excelleus*

（98）双环林地蘑菇 *Agaricus placomyces*

（99）白林地蘑菇 *Agaricus silricola*

（100）褐缘鳞蘑菇 *Agaricus squamuliferus*

8. 鬼伞科 Coprinaceae

（101）墨汁鬼伞 *Coprinus atramentarius*

（102）毛头鬼伞 *Coprinus comatus*

（103）灰盖鬼伞 *Coprinus cinereus*

（104）白斑鬼伞 *Coprinus ebulbosus*

（105）晶粒鬼伞 *Coprinus micaceus*

（106）皱纹鬼伞 *Coprinus plicatilis*

（107）粪鬼伞 *Coprinus sterquilinus*

9. 球盖菇科 Strophariaceae

（108）毛柄库恩菌 *Kuehneromyces mutabilis*

（109）黄伞 *Pholiota adiposa*

（110）金毛环锈伞 *Pholiota aurivella*

（111）白鳞环锈伞 *Pholiota destruens*

（112）黄鳞环锈伞 *Pholiota flammans*

（113）光滑环锈伞 *Pholiota nameko*

（114）尖鳞黄伞 *Pholiota squarrosoides*

（115）翘鳞环锈伞 *Pholiota squarrosa*

（116）地鳞伞 *Pholiota terrestris*

（117）地毛腿环锈伞 *Pholiota terrigena*

（118）滑菇 *Pholiota nameko*

10. 丝膜菌科 Cortinariaceae

（119）白紫丝膜菌 *Cortinarius albovilaceus*

（120）环柄丝膜菌 *Cortinarius armilatus*

（121）亮色丝膜菌 *Cortinarius claricolir*

（122）粘柄丝膜菌 *Cortinarius collinitus*

（123）棕褐丝膜菌 *Cortinarius infractus*

（124）丁香紫丝膜菌 *Cortinarius lilacinus*

（125）皮革黄丝膜菌 *Cortinarius malachius*

（126）浅棕色丝膜菌 *Cortinarius obtusus*

（127）退紫丝膜菌 *Cortinarius traganus*

（128）白柄丝膜菌 *Cortinarius varius*

（129）粘液丝膜菌 *Cortinarius vibratilis*

（130）浅黄丝盖伞 *Inocybe fastigiata*

11. 铆钉菇科 Gomphidiaceae

（131）血红铆钉菇 *Gomphidius rutilus*

12. 牛肝菌科 Boletaceae

（132）紫红小牛肝菌 *Boletinus asiaticus*

（133）空柄小牛肝菌 *Boletinus cavipes*

（134）小牛肝菌 *Boletinus paluster*

（135）松林小牛肝菌 *Boletinus pinetorum*

（136）虎皮小牛肝菌 *Boletinus pictus*

（137）美色假牛肝菌 *Boletus spectabilis*

（138）美味牛肝菌 *Boletus edulis*

（139）灰褐牛肝菌 *Boletus griseus*

（140）桃红牛肝菌 *Boletus regius*

（141）白柄黏盖牛肝菌 *Suillus albidipes*

（142）点柄黏盖牛肝菌 *Suillus granulatus*

（143）厚环黏盖牛肝菌 *Suillus grevillei*

（144）灰环黏盖牛肝菌 *Suillus laricinus*

（145）虎皮黏盖牛肝菌 *Suillus pictus*

（146）美色黏盖牛肝菌 *Suillus spectabilis*

（147）红鳞黏盖牛肝菌 *Suillus spraguei*

（148）橙黄疣柄牛肝菌 *Leccinum aurantiacum*

（149）黄皮疣柄牛肝菌 *Leccinum crocipodium*

（150）污白疣柄牛肝菌 *Leccinum holopus*

（151）栎疣柄牛肝菌 *Leccinum quorcinum*

（152）褐疣柄牛肝菌 *Leccinum scabrum*

（153）褐绒盖牛肝菌 *Xerocomus badius*

13. 红菇科 Russulaceae

（154）黄斑红菇 *Russula aurata*

（155）花盖红菇 *Russula cyanoxantha*

（156）退色红菇 *Russula decolorans*

（157）大白菇 *Russula delica*

（158）密褶黑菇 *Russula densifolia*

（159）毒红菇 *Russula emetica*

（160）臭黄菇 *Russula foetens*

（161）红黄红菇 *Russula luteolacta*

（162）全缘红菇 *Russula integra*

（163）蜜黄红菇 *Russula ochroleuca*

（164）青灰红菇 *Russula patazurea*

（165）血红菇 *Russula sanguinea*

（166）粉红菇 *Russula subdepallens*

（167）凹黄红菇 *Russula veternosa*

（168）绿菇 *Russula virescens*

（169）黄袍红菇 *Russula xerampelina*

（170）香乳菇 *Lactarius camphoratus*

（171）松乳菇 *Lactarius deliciosus*

（172）稀褶乳菇 *Lactarius hygrophroides*

（173）细质乳菇 *Lactarius mitissimus*

（174）白乳菇 *Lactarius piperatus*

（175）黄毛乳菇 *Lactarius representaneus*

（176）血红乳菇 *Lactarius sanguifluus*

（177）亚绒白乳菇 *Lactarius subvellerreus*

（178）毛头乳菇 *Lactarius torminosus*

14. 鸡油菌科 Cantharellaceae

（179）鸡油菌 *Cantharellus cibarius*

（180）小鸡油菌 *Cantharellus minor*

15. 珊瑚菌科 Clavariaceae

（181）皱锁瑚菌 *Clavulina rugosa*

（182）杵棒菌 *Clavariadelphus pistillaris*

（183）白须胡菌 *Pterula multifida*

16. 杯瑚菌科 Clavicoronaceae

（184）杯瑚菌 *Clavicorona pyxidata*

17. 枝瑚菌科 Ramariaceae

（185）尖顶枝瑚菌 *Ramaria opiculata*

（186）小孢密枝瑚菌 *Ramaria bourdotiana*

（187）密枝瑚菌 *Ramaria stricta*

（188）黄枝瑚菌 *Ramaria flava*

18. 绣球菌科 Sparassidaceae

（189）绣球菌 *Sparassia crispa*

19. 革菌科 Thelephoraceae

（190）掌状革菌 *Thelephora palmata*

（191）疣革菌 *Thelephora terrestris*

20. 刺革菌科 Hymenochaetaceae

（192）辐裂刺革菌 *Hymenochaete tabacina*

21. 韧革菌科 Stereaceae

（193）扁韧革菌 *Stereum ostrea*

（194）杨紫痣韧革菌 *Stereum rufum*

（195）毛韧革菌 *Stereum hirsutum*

（196）亚绒毛韧革菌 *Stereum subtomentosum*

22. 齿菌科 Hydnaceae

（197）美味齿菌 *Hydnum repandum*

（198）绒盖齿菌 *Steccherinum ochraceum*

23. 猴头菌科 Hericiaceae

（199）珊瑚状猴头菌 *Hericium coralloides*

（200）猴头菌 *Hericium erinaceum*

（201）假猴头菌 *Hericium laciniatum*

24. 多孔菌科 Polyporaceae

（202）灰树花 *Grifola frondosa*

（203）猪苓 *Polyporus umbellatus*

（204）黑柄多孔菌 *Polyporus varius*

（205）暗绒多孔菌 *Polyporus ciliatus*

（206）黑柄拟多孔菌 *Polyporus melanopus*

（207）黄褐多孔菌 *Polyporus badias*

（208）拟多孔菌 *Polyporus brumalis*

（209）波缘多孔菌 *Polyporus confluens*

（210）黄多孔菌 *Polyporus elegans*

（211）青柄多孔菌 *Polyporus picipes*

（212）黄薄芝 *Polyporus membranaceus*

（213）皱皮孔菌 *Ischnoaerma resinosum*

（214）污白干酪菌 *Tyromyces amygdalinus*

（215）裂干酪菌 *Tyromyces fissilis*

（216）绒盖干酪菌 *Tyromyces pubescens*

（217）薄皮干酪菌 *Tyromyces chioneus*

（218）硫磺菌 *Laetiporus sulphureus*

（219）肉色栓菌 *Trametes dickinsii*

（220）绒毛栓菌 *Trametes pubescens*

（221）香栓菌 *Trametes suaveolens*

（222）粗毛栓菌 *Trametes gallica*

（223）赭栓孔菌 *Trametes ochracea*

（224）长绒毛栓菌 *Trametes villosa*

（225）齿贝栓菌 *Trametes cervina*

（226）东方栓菌 *Trametes orientalis*

（227）毛栓菌 *Trametes hirsuta*

（228）二型云芝 *Coriolus biformis*

（229）鲑贝云芝 *Coriolus consors*

（230）毛云芝 *Coriolus hirsutus*

（231）单色云芝 *Coriolus unicolor*

（232）云芝 *Coriolus versicolor*

（233）环带革孔菌（赭革孔菌）*Coriolus polyzona*

（234）伸长云芝 *Coriolus elonggtus*

（235）桦褶孔菌 *Lenzites betulina*

（236）东方褶孔菌 *Lenzites japonica*

（237）桦剥管菌 *Piptoporus betulinus*

（238）桦褐孔菌 *Inonotus obliqua*

（239）斑褐孔菌 *Inonotus punctata*

（240）冷杉褐褶菌 *Gloeophyllum abietinum*

（241）茴香褐褶菌 *Gloeophyllum odoratum*

（242）褐褶菌 *Gloeophyllum saepiarium*

（243）大孔菌 *Favolus alveolaris*

（244）漏斗大孔菌 *Favolus arcularius*

（245）宽鳞大孔菌 *Favolus squamosus*

（246）木蹄层孔菌 *Fomes fomentarius*

（247）药用拟层孔菌 *Fomitopsis officinalis*

（248）红缘拟层孔菌 *Fomitopsis pinicola*

（249）粉肉拟层孔菌 *Fomitopsis cajander*

（250）隆迪木层孔菌 *Phellinus lundellii*

（251）平滑木层孔菌 *Phellinus laevigatus*

（252）针层孔菌 *Phellinus igniarius*

（253）裂蹄针层孔菌 *Phellinus linteus*

（254）松针层孔菌 *Phellinus pini*

（255）稀针层孔菌 *Phellinus robustus*

（256）小孔毡被菌 *Spongipellis spumens*

（257）毡被菌 *Spongipellis litsehaueri*

（258）褐紫囊孔菌 *Hirschioporus fusco-violaceus*

（259）冷杉囊孔菌 *Hirschioporus abietinus*

（260）扇形小孔菌 *Microporus flabelliformis*

（261）辐射状纤孔菌 *Inonotus radiatus*

（262）粗毛纤孔菌 *Inonotus hispidus*

（263）茶色拟迷孔菌 *Daedaleopsis confragosa*

（264）日本拟迷孔菌 *Daedaleopsis nipponnica*

（265）红拟迷孔菌 *Daedaleopsis rubescens*

（266）三色拟迷孔菌（三色革裥菌）*Daedaleopsis tricolor*

（267）迪金斯迷孔菌 *Daedalea dickinsii*

（268）冷杉附毛菌 *Trichaptum abietinum*

（269）囊孔附毛菌 *Trichaptum biforme*

（270）桦附毛菌 *Trichaptum pargamenum*

（271）落叶松囊孔菌 *Trichaptum laricinum*

（272）毛囊附毛菌 *Trichaptum byssogenum*

（273）褐紫附毛菌 *Trichaptum fusco-violaceum*

（274）黑管孔菌 *Bjerkandera adusta*

（275）亚黑管菌 *Bjerkandera fumosa*

（276）白囊耙齿菌 *Irpex lacteus*

（277）一色齿毛菌 *Cerrena unicolor*

（278）血红密孔菌 *Pycnoporus sanguineus*

（279）鲜红密孔菌 *Pycnoporus cinnabarinus*

（280）威兰薄孔菌 *Antrodia vaillantii*

（281）棉絮薄孔菌 *Antrodia gossyptium*

（282）苹果薄孔菌 *Antrodia malicola*

（283）白薄孔菌 *Antrodia albida*

（284）丝光钹孔菌 *Coltricia cinnamomea*

（285）绒毛尖孔菌 *Mucronoporus tomentosus*

（286）二色半胶菌 *Gloeoporus dichrous*

（287）盘异薄孔菌 *Datronia scutellata*

（288）黄白多年卧孔菌 *Perenniporia subacida*

（289）岛生异担子菌 *Heterobasidion insulare*

25. 喇叭菌科 Catharellaceae

（290）波状沟褶菌 *Trogia crispa*

26. 皱孔菌科 Meruliaceae

（291）射脉菌 *Lopharia mirabilis*

（292）胶皱孔菌 *Merulius tremellusus*

27. 灵芝科 Ganodermataceae

（293）树舌扁芝 *Elfvingia applanata*

（294）松杉灵芝 *Ganoderma tsugae*

28. 银耳科 Tremellaceae

（295）金耳 *Tremella aurantialba*

（296）黑胶菌 *Exidia glandulosa*

（297）肉色盘革菌 *Eichleriella incarnate*

29. 木耳科 Auriculariales

（298）黑木耳 *Auricularia auricula*

30. 马勃科 Lycoperdaceae

（299）网纹马勃 *Lycoperdon perlatum*

（300）小马勃 *Lycoperdon pusillum*

（301）粒皮马勃 *Lycoperdon asperum*

（302）梨形马勃 *Lycoperdon pyriforme*

（303）白刺马勃 *Lycoperdon wrightii*

（304）龟裂秃马勃 *Calvatia caelata*

（305）头状秃马勃 *Calvatia craniiformis*

（306）大马勃 *Calvatia gigantean*

（307）紫色马勃 *Calvatia lilacina*

（308）栓皮马勃 *Mycenastrum corium*

31. 地星科 Geastraceae

（309）尖顶地星 *Geastrum triplex*

32. 鸟巢菌科 Nidulariaceae

（310）粪生黑蛋巢菌 *Cyathus stercoreus*

（311）隆纹黑蛋巢菌 *Cyathus striatus*

33. 鬼笔科 Phallaceae

（312）白鬼笔 *Phallus impudicus*

34. 花耳科 Dacrymycetaceae

（313）掌状花耳 *Dacrymyces palmatus*

（二）子囊菌门

35. 球壳菌科 Sphaeriaceae

（314）炭球菌 *Daldinia concentrica*

36. 地舌科 Geoglossaceae

（315）黄地勺菌 *Spathularia flavida*

37. 胶陀螺科 Bulgariaceae

（316）黑皱盘菌 *Inonomidotis fulvotingens*

38. 盘菌科 Pezizaceae

（317）林地盘菌 *Peziza sylvestris*

39. 马鞍菌科 Helvellaceae

（318）皱柄白马鞍菌 *Helvella crispa*

（319）棱柄马鞍菌 *Helvella lacunosa*

（320）鹿花菌 *Gyromitra esculenta*

（321）赭鹿花菌 *Gyromitra infula*

7 脊椎动物多样性

7.1 鱼类多样性

7.1.1 鱼类种类组成

额尔古纳国家级自然保护区属于额尔古纳河流域，由额尔古纳河干流与支流组合形成。由于区内地形复杂，水蚀作用强，河网较为发达，河网密度系数 0.2～0.3km/km²，有大量山泉小溪分布其间，河川径流量丰沛，保护区内河流纵横，水资源十分丰富，也就决定了本区鱼类资源的多样性。

依据本次考察与文献记载，额尔古纳国家级自然保护区鱼类包括圆口纲 1 目 1 科 1 种，鱼纲 6 目 12 科 40 种，占内蒙古自治区鱼类种数（100 种）的 40.00%（详见 7.1.5）。

圆口纲是脊椎动物中最低等的类群，种类及数量均极少，在内蒙古记录有 1 目 1 科 1 种，在额尔古纳国家级自然保护区有记录，即雷氏七鳃鳗（*Lampetra reissneri*），被列入《中国濒危动物红皮书》中。

鱼纲种类中鲤科鱼类最多（22 种），占保护区鱼类总数的 55.00%，鲑科 5 种，占保护区鱼类总数的 12.50%，鳅科鱼类 3 种，占保护区鱼类总数的 7.5%，鲿科鱼类 2 种，占保护区鱼类总数的 5.00%，其他 8 科各 1 种，占保护区鱼类总数的 20.00%，详见表 7-1。

表 7-1 额尔古纳国家级自然保护区鱼类目科组成

序号	目、科名	种数	百分比
I	鲟形目 ACIPENSERIFORMES	1	2.50%
1	鲟科 Acipenseridae	1	2.50%
II	鲑形目 SALMONIFORMES	7	17.50%
2	鲑科 Salmonidae	5	12.50%
3	茴鱼科 Thymallidae	1	2.50%
4	狗鱼科 Esocidae	1	2.50%
III	鲤形目 CYPRINIFORMES	25	62.50%
5	鲤科 Cyprinidae	22	55.00%
6	鳅科 Cobitidae	3	7.50%
IV	鲶形目 SILURIFORMES	3	7.50%
7	鲶科 Siluridae	1	2.50%
8	鲿科 Bagridae	2	5.00%
V	鳕形目 GADIFORMES	3	7.50%
9	鳕科 Gadidae	1	2.50%
10	塘鳢科 Eleotridae	1	2.50%
11	鳢科 Channidae	1	2.50%
VI	鲉形目 SCORPAENIFORMES	1	2.50%
12	杜父鱼科 Cottidae	1	2.50%

　　从栖息类型看，保护区鱼类主要包括 3 个类型：缓流或静水中的湖泊定居类型、江河畔洄游类型、冷水性溪流类型。

　　缓流或静水中定居类型，如鲶（*Silurus asotus*）、鲤（*Cyprinus carpio*）、银鲫（*Carassius auratus gibelio*）、葛氏鲈塘鳢（*Perccottus glehni*）、麦穗鱼（*Pseudorasbora parva*）等，这些鱼在缓流或静水中占优势，构成缓流或静水中鱼类的主体；冷水性缓流类型，如哲罗鱼（*Hucho taimen*）、细鳞鱼（*Brachymystax lenok*）、东北雅罗鱼（*Leuciscus waleckii*）等是典型的冷水鱼代表；江河畔洄游类型，如鲢（*Hypophthalmichthys molitrix*）等。

　　从食性看，保护区鱼类可分为 3 个类型，以动物性食物为主的肉食性鱼类，共计 22 种，占保护区鱼类种类的 55.00%，如哲罗鱼、细鳞鱼、黑斑狗鱼（*Esox reicherti*）、江鳕（*Lota lota*）等；以水草和浮游植物为主要食物的植食性鱼类 4 种，占保护区鱼类总数的 10.00%，如黑龙江花鳅（*Cobitis lutheri*）、北方泥鳅（*Misgurnus bipartitus*）、鲢等；兼食动物的杂食性鱼类 14 种，占保护区鱼类总数的 35.00%，如鲤、鲫、麦穗等（表 7-2）。

表 7-2　额尔古纳国家级自然保护区鱼类食性种类组成

取食类型	种数	百分比
肉食性鱼类	22	55.00%
植食性鱼类	4	10.00%
杂食性鱼类	14	35.00%
合　计	40	100.00%

7.1.2　鱼类区系分析

　　保护区鱼类区系属古北界黑龙江过渡亚区。有南（中印）北（南北）交界、鱼类种类复杂的特点，它包含着北寒带、亚寒带、北温带乃至亚热带的鱼类，根据起源、分布和生态习性划分，按照鱼类的起源由六个复合体组成（表 7-3）。

表 7-3　额尔古纳国家级自然保护区鱼类区系组成

区系类型	种数	百分比
上第三纪区系复合体	11	27.50%
北极淡水区系复合体	3	7.50%
北方平原区系复合体	8	20.00%
北方山区区系复合体	7	17.50%
江河平原区系复合体	7	17.50%
亚热带平原区系复合体	4	10.00%
合　计	40	100.00%

（1）上第三纪区系复合体

　　形成于第三纪早期，在北半球北温带地区，并在第四纪冰川期后残留下来的鱼类。本区有 12 种，有雷氏七鳃鳗（*Lampetra reissneri*）、施氏鲟（*Acipenser schrencki*）、大麻哈

（*Oncorhynchus keta*）、拟赤梢鱼（*Pseudaspius leptocephalus*）、黑龙江鳑鲏（*Rhodeus sericeus*）、麦穗鱼（*Pseudorasbora parva*）、细体鮈（*Gobio tenuicorpus*）、鲤（*Cyprinus carpio*）、银鲫（*Carassius auratus gibelio*）、鲢（*Hypophthalmichthys molitrix*）、北方泥鳅（*Misgurnus bipartitus*）、鲶（*Silurus asotus*），占本区鱼类种数的27.50%。

（2）北极淡水区系复合体

形成于欧亚北部高寒带北冰洋沿岸，是一些耐严寒种类，有卡达白鲑（*Coregonus chadary*）、乌苏里白鲑（*Coregonus ussuriensis*）和江鳕（*Lota lota*）等，占本区鱼类种数的7.50%。

（3）北方平原区系复合体

起源于寒原带北冰洋沿岸耐严寒的冷水性鱼类，有黑斑狗鱼（*Esox reicherti*）、真鲹（*Phoxinus phoxinus*）、湖鲹（*Phoxinus percnurus*）、花江鲹（*Phoxinus czekanowskii*）、东北雅罗鱼（*Leuciscus waleckii*）、平口鮈（*Ladislavia taczanowskii*）、凌源鮈（*Gobio lingyuanensis*）、黑龙江花鳅（*Cobitis lutheri*）等，占本区鱼类种数的20.00%。

（4）北方山区区系复合体

起源于北半球北部亚寒山区的鱼类，与北方平原鱼类相比较，更喜水清、高氧、流大、低温的水域环境。有哲罗鱼（*Hucho taimen*）、细鳞鱼（*Brachymystax lenok*）、黑龙江茴鱼（*Thymallus arcticus*）、洛氏鲹（*Phoxinus lagowskii*）、犬首鮈（*Gobio gobio cymocephalus*）、北方条鳅（*Nemachilus nudus*）、黑龙江中杜父鱼（*Mesocottus haitej*）等，占本区鱼类种数的17.50%。

（5）江河平原区系复合体

系第三纪形成于长江平原，适应于季风气候的鱼类。大多数的鲤科鱼类属于这一复合体，有马口鱼（*Opsariichthys bidens*）、餐鱼（*Hemiculter leucisculus*）、唇䱻（*Hemibarbus labeo*）、花䱻（*Hemibarbus maculatus*）、条纹拟白鮈（*Paraleucogobio strigatus*）、黑鳍鳈（*Sarcocheilichthys nigripinnis*）、棒花鱼（*Abbottina rivularis*），占本区鱼类种数的17.50%。

（6）亚热带平原区系复合体

起源于南岭以南的亚热带地区、适于高温、耐缺氧的鱼类，有黄颡鱼（*Pelteobagrus fulvidraco*）、乌苏里拟鲿（*Pseudobagrus ussuriensis*）、葛氏鲈塘鳢（*Perccottus glehni*）、乌鳢（*Channa argus*），占本区鱼类种数的10.00%。

7.1.3 鱼类保护物种

保护区内列入《中国濒危动物红皮书》种类有雷氏七鳃鳗（*Lampetra reissneri*）、施氏鲟（*Acipenser schrencki*）、哲罗鱼（*Hucho taimen*）、乌苏里白鲑（*Coregonus ussuriensis*）和黑龙江茴鱼（*Thymallus arcticus*）5种。属于IUCN红皮书濒危种类有哲罗鱼（*Hucho taimen*）、细鳞鱼（*Brachymystax lenok*）2种。

7.1.4 鱼类重要种类

（1）施氏鲟（*Acipenser schrencki*）

外形似鳇，最明显区别在于吻端较尖。头略呈三角形，头顶部扁平。口下位，较小，成一横列，口唇具褶皱，似花瓣状。口前方具触须 2 对，横行并列，吻下面胡的基部有 7 个突起，故俗称"七粒浮子"。尾鳍为歪尾型，上叶长而尖，背部呈灰褐色，腹部银白色。典型的河道鱼，与鳇相似，为一种中下层鱼类，几乎所有时间内都在活动。日常所见的多为单独活动。很少聚集，在江中春季涨水风浪大时行动更为活跃，平时多栖息于大江的江心、江套及涡流里，更喜水色透明，底质为石块、砂砾的水域内。一般体重 5kg 左右，最长可达 3m，重约 85kg，为大型贵重的经济鱼类。具有较高的营养价值，除供鲜食外，可以熏制，其味更佳。鱼卵尤为名贵的食品，鳔及脊索都为鱼胶的原料。黑龙江流域有一定的蕴藏量，但也必需注意资源的保护，使其保持最高的产量。

（2）哲罗鱼（*Hucho taimen*）

体形长，稍侧扁；背部略平直，头部平扁。口端位，吻尖，口裂大。上颌骨游离，其末端超过眼后缘；上、下颌，犁骨，腭骨及舌上均有小细齿。鳞细小，侧线完全。有脂鳍。鳃膜不连于峡部。栖息于水质清澈，水温不超过 20℃ 的水域中，属冷水性鱼类。夏季多生活在山区支流中，秋末冬季进入河流深水区。为凶猛肉食性鱼类，四季均可摄食，冬季食性仍很强，仅在夏季水温升高时或在繁殖期摄食强度减弱，甚至停食。主要以其他鱼类为食。哲罗鱼是淡水冷水性大型经济鱼类，最大个体重可达 80kg，是我国高寒地区山溪河流中的名贵特产鱼类之一，但目前资源数量不多，应加强资源保护与恢复。

（3）细鳞鱼（*Brachymystax lenok*）

体长而侧扁，吻钝，口裂小。背部及体侧散布黑色较大斑点，斑点多在背部及侧线以上，背鳍及脂鳍上也有斑点。上颌骨后缘在眼中央垂直线以前；上、下颌，犁骨及腭骨上均有齿。鳞细小，侧线完全。有脂鳍，且与下方臀鳍相对；胸鳍位低，背鳍与腹鳍相对，尾鳍分叉较深。栖息于水质清澈的江河溪流中，常年水温较低，不超过 20℃，冬季在江河及支流的深水区越冬。为肉食性鱼类，主要以无脊椎动物、小鱼为食。细鳞鱼是名贵冷水性经济鱼类。但目前数量已很少，急需加强资源保护与恢复。

（4）黑斑狗鱼（*Esox reicherti*）

体长形，稍侧扁。吻长，口裂大，口似鸭嘴形。上、下颌，犁骨，腭骨上均具锐齿。背鳍后位，与臀鳍相对。背部、体侧及鳍上均散布有圆形黑斑点。栖息于河流支叉的缓流浅水区，或湖泊、水库中的开阔区。凶猛的肉食性鱼类，极贪食。以各种鱼类为食。黑斑狗鱼是捕捞生产的对象，其肉味鲜美，价值较高。

（5）东北雅罗鱼（*Leuciscus waleckii*）

体长形，侧扁但较宽，腹部圆。头部较小。口端位。鳃耙短小，排列稀疏。下咽齿较细长，末端钩状。鳞片圆形，有辐射状条纹。分布广，适宜各种水环境。杂食性。为中小型食用鱼类，喜集群，易捕捉。在条件适宜的情况下很容易形成群体。

（6）银鲫（*Carassius auratus gibelio*）

体侧扁而高。头小，吻钝，下唇厚。无须。鳃耙细长。鳞片大，侧线完全。生活于静水或流水水域，喜栖息于水草丛生的水体，对各种水环境适应性很强，耗氧量低。杂食性，以高等植物碎片、腐屑、浮游植物为主食，也食底栖动物、浮游动物。是一种常见的经济鱼类，分布广泛，耐低氧、耐高寒，是发展水域养殖业的重要鱼类。

（7）江鳕（*Lota lota*）

体形长，头部平扁，后部侧扁。有一根颐须。背鳍2个，第一背鳍短小，第二背鳍延长至接近尾鳍；腹鳍喉位。鳞片埋于皮内，侧线完全。体侧散布不规则的白色斑块。为典型的冷水性鱼类，栖息于江河或通江河的湖泊深层，喜水质清澈、沙砾底质的水域，最适温度15～18℃，最高温度不超过23℃。肉食性。是一种经济价值很高的食用鱼类，味美价高。此鱼肝脏肥大，含脂量高，可提制鱼肝油。

（8）乌鳢（*Channa argus*）

体圆筒形，尾部侧扁。头尖而扁平，头部被有鳞片。口大；上、下颌，犁骨均有尖细齿。眼小。背鳍、臀鳍都很长。体背部、体侧暗黑色，体侧有许多不规则的黑斑。营底栖生活，喜栖息于水域沿岸泥底、水草丛生的潜水区。性凶猛，肉食性，常潜伏于水草中待机捕捉食物。适应性强，耐缺氧。是天然水域的大型经济鱼类，肉味鲜美，含肉量高，具有很高的养殖开发价值。

7.1.5　额尔古纳国家级自然保护区鱼类名录（表7-4）

表7-4　额尔古纳国家级自然保护区鱼类名录

序号	中文名	学名	食性	数量	区系类型	保护级别	经济价值
	圆口纲 CYCLOSTOMATA						
I	**七鳃鳗目**	**PETROMYZONIFORMES**					
1	七鳃鳗科	Petromyzonidae					
（1）	雷氏七鳃鳗	*Lampetra reissneri*	1	+	1	Ⅳa	O※
	鱼纲 OSTEICHTHYES						
I	**鲟形目**	**ACIPENSERIFORMES**					
1	鲟科	Acipenseridae					
（1）	施氏鲟	*Acipenser schrencki*	1	+	1	Ⅳ	+++※
II	**鲑形目**	**SALMONIFORMES**					
2	鲑科	Salmonidae					+
（2）	大麻哈	*Oncorhynchus keta*	1	+	1		+++※
（3）	哲罗鱼	*Hucho taimen*	1	+	4	Ⅳb	+++
（4）	细鳞鱼	*Brachymystax lenok*	1	+	4	b	+++
（5）	乌苏里白鲑	*Coregonus ussuriensis*	1	+	2	Ⅳ	+++
（6）	卡达白鲑	*Coregonus chadary*	1	+	2		+
3	茴鱼科	Thymallidae					
（7）	黑龙江茴鱼	*Thymallus arcticus*	1	+	4	Ⅳ	++
4	狗鱼科	Esocidae					
（8）	黑斑狗鱼	*Esox reicherti*	1	+	3		++
III	**鲤形目**	**CYPRINIFORMES**					
5	鲤科	Cyprinidae					
（9）	马口鱼	*Opsariichthys bidens*	1	+	5		+

续表

序号	中文名	学名	食性	数量	区系类型	保护级别	经济价值
（10）	真鲅	*Phoxinus phoxinus*	3	+	3		+
（11）	湖鲅	*Phoxinus percnurus*	3	+	3		+
（12）	花江鲅	*Phoxinus czekanowskii*	3	+	3		+
（13）	洛氏鲅	*Phoxinus lagowskii*	3	+	4		+
（14）	东北雅罗鱼	*Leuciscus waleckii*	3	++	3		++
（15）	拟赤梢鱼	*Pseudaspius leptocephalus*	3	+	1		++
（16）	餐鱼	*Hemiculter leucisculus*	3	++	5		++※
（17）	黑龙江鳑鲏	*Rhodeus sericeus*	2	+	1		O※
（18）	唇䱻	*Hemibarbus labeo*	1	++	5		++※
（19）	花䱻	*Hemibarbus maculatus*	1	++	5		++
（20）	条纹拟白鮈	*Paraleucogobio strigatus*	3	+	5		O
（21）	麦穗鱼	*Pseudorasbora parva*	3	+	1		+
（22）	平口鮈	*Ladislavia taczanowskii*	3	+	3		O
（23）	黑鳍鳈	*Sarcocheilichthys nigripinnis*	1	+	5		+
（24）	凌源鮈	*Gobio lingyuanensis*	1	+	3		O
（25）	犬首鮈	*Gobio gobio cymocephalus*	1	+	4		O
（26）	细体鮈	*Gobio tenuicorpus*	1	+	1		O
（27）	棒花鱼	*Abbottina rivularis*	3	++	5		+
（28）	鲤	*Cyprinus carpio*	3	+++	1		+++※
（29）	银鲫	*Carassius auratus gibelio*	3	++	1		++※
（30）	鲢	*Hypophthalmichthys molitrix*	2	++	1		++※
6	鳅科	Cobitidae					
（31）	北方条鳅	*Nemachilus nudus*	3	+	4		O
（32）	黑龙江花鳅	*Cobitis lutheri*	2	++	3		+※
（33）	北方泥鳅	*Misgurnus bipartitus*	2	+	1		O
IV	鲶形目	**SILURIFORMES**					
7	鲶科	Siluridae					
（34）	鲶	*Silurus asotus*	1	++	1		+++※
8	鲿科	Bagridae					
（35）	黄颡鱼	*Pelteobagrus fulvidraco*	1	++	6		++※
（36）	乌苏里拟鲿	*Pseudobagrus ussuriensis*	1	+	6		O
V	鳕形目	**GADIFORMES**					
9	鳕科	Gadidae					
（37）	江鳕	*Lota lota*	1	++	2		++
10	塘鳢科	Eleotridae					
（38）	葛氏鲈塘鳢	*Perccottus glehni*	1	++	6		++
11	鳢科	Channidae					
（39）	乌鳢	*Channa argus*	1	+	6		++※

序号	中文名	学名	食性	数量	区系类型	保护级别	经济价值
VI	**鲉形目**	**SCORPAENIFORMES**					
12	杜父鱼科	Cottidae					
（40）	黑龙江中杜父鱼	*Mesocottus haitej*	1	+	4		+※

注：食性：1. 肉食性鱼类；2. 植食性鱼类；3. 杂食性鱼类

数量：+++优势种；++常见种；+稀有种

区系：1. 上第三纪区系类群；2. 北极淡水区系类群；3. 北方平原区系类群；4. 北方山区区系类群；5. 江河平原区系类群；6. 亚热带平原区系类群

保护级别：IV. 列入《中国濒危动物红皮书》；a. 列入 IUCN 红皮书极危种类；b. 列入 IUCN 红皮书濒危种类；c. 列入 IUCN 红皮书易危种类

经济价值：+++大；++较大；+小；O无；※药用

7.2 两栖爬行类多样性

7.2.1 两栖爬行类种类组成

经本次调查及历史文献，保护区现有两栖动物 2 目 4 科 6 种（见 7.2.6），其中有尾目 1 种，无尾目 5 种。爬行动物分属 2 目 3 科 6 种（见 7.2.7），其中蜥蜴目 1 科 2 种，蛇目 2 科 4 种。

7.2.2 两栖爬行类区系分析

保护区地处大兴安岭主脉和伊勒呼里山东部，属于寒温带大陆性季风气候，冬季酷寒而漫长，每年有 7 个月的冰雪覆盖，生活条件较为严酷。寒冷的气候条件，限制了作为变温动物的两栖、爬行动物的分布，使得在本区内两栖、爬行动物种类组成简单。本区域两栖类动物代表种类有极北鲵（*Salamandrella keyerlingi*）、黑龙江林蛙（*Rana amurensis*），爬行动物的代表种类有胎生蜥蜴（*Lacerta vivipara*）和中介蝮（*Gloydius intermedius*）。

本地区从动物地理区系来看，位于古北界的东北区-大兴安岭亚区和蒙新区-东部草原亚区交界处。在本区分布的 6 种两栖动物中，中华大蟾蜍（*Bufo gargarizans*）、黑斑侧褶蛙（*Pelophylax nigromaculatus*）为古北界和东洋界均有分布的广布种，其余种类都属于古北界种类。6 种爬行动物中，虎斑颈槽蛇（*Rhabdophis tigrinus*）为古北界和东洋界均有分布的广布种，其余都属于古北界种类。

从分布型上看，极北鲵（*Salamandrella keyerlingi*）、黑龙江林蛙（*Rana amurensis*）、胎生蜥蜴（*Lacerta vivipara*）、白条锦蛇（*Elaphe dione*）属于古北型种；东北雨蛙（*Hyli japonica*）、黑龙江草蜥（*Takydromus amurensis*）、乌苏里蝮（*Gloydius ussuriensis*）属于东北型种；花背蟾蜍（*Bufo Raddei*）属于东北-华北型种；中华大蟾蜍（*Bufo gargarizans*）、黑斑侧褶蛙（*Pelophylax nigromaculatus*）属于东部季风区型种；虎斑颈槽蛇（*Rhabdophis tigrinus*）属于季风区型种；中介蝮（*Gloydius intermedius*）中亚型种。

7.2.3 两栖爬行类的分布

由于本保护区位于古北界东北区和蒙新区的交界处,且保护区沿额尔古纳河建设,形状狭长,南部接近蒙新区的东部草原亚区,北部靠近东北区的大兴安岭亚区,使得本区两栖爬行动物分布也有南北差异,例如,黑斑侧褶蛙仅分布于保护区南缘,数量极少;虎斑颈槽蛇渗透到保护区,也仅保护区南部有分布。其余两栖、爬行种类保护区各处均有分布。东北雨蛙、黑龙江林蛙、中华大蟾蜍为两栖类优势种,而爬行动物的优势种为胎生蜥蜴和中介蝮。

7.2.4 两栖爬行类保护物种

保护区所有两栖爬行动物均被列入《国家保护的有益的或者有重要经济、科学研究价值的陆生野生动物名录》(简称《三有名录》),被《中国濒危动物红皮书》列为易危种类的有极北鲵(*Salamandrella keyerlingi*)、虎斑颈槽蛇(*Rhabdophis tigrinus*),列入 IUCN 红皮书易危种类的有极北鲵(*Salamandrella keyerlingi*)、黑龙江林蛙(*Rana amurensis*)、中介蝮(*Gloydius intermedius*)。

7.2.5 两栖爬行类重要种类

(1)黑龙江林蛙(*Rana amurensis*)

皮肤较粗糙。背褶在额部呈折状,背面体侧、后肢背面及后腹部密布圆形大疣。胫跗关节贴体前伸不达眼部。背面常有一条浅色较宽的脊中线。鼓膜部有三角形黑斑。咽、胸及腹部有鲜艳的红色与灰色花斑。雄性无声囊。主要栖息于林间沼泽地、草甸及林内草丛中。5~6 月产卵,10 月初开始进入池塘或溪流深处进行冬眠。在本区内为优势种,可消灭大量有害昆虫,为保护区病虫害防治带来很大益处。此外黑龙江林蛙又是其他鸟、兽的食物,对促进本区自然生态系统的物质循环和能量流动起着积极的作用。本种输卵管质量虽不及中国林蛙,但也可以入药,作为滋补品使用。已被列入《国家保护的有益的或者有重要经济、科学研究价值的陆生野生动物名录》,列入 IUCN 红皮书易危种类。

(2)中介蝮(*Gloydius intermedius*)

头三角形,颈细;体背自颈至尾端有黄褐色横斑,腹面色浅。眼后黑带上缘有一宽而明显的黄白色眉纹。中段背鳞 23 行。有颊窝,有管牙。主要见于低山多石缝和灌丛的地方,以及道路两旁,夏秋季早上及午后在草丛中活动捕食,中午炎热则隐蔽于石山洞穴或灌木丛下鼠洞中,阴凉天气整天在外活动。卵胎生,8 月产仔,9 月中逐渐往背风向阳地方转移,10 月中旬进入冬眠。以蜥蜴或鼠为食物。中介蝮对生态系统中的鼠害防治有一定作用,同时在医药领域具有重要的经济价值和科研价值。已被列入《国家保护的有益的或者有重要经济、科学研究价值的陆生野生动物名录》,列入 IUCN 红皮书易危种类。

7.2.6 额尔古纳国家级自然保护区两栖类名录（表7-5）

表7-5 额尔古纳国家级自然保护区两栖类名录

序号	中文名	学名	栖息生境	数量	分布类型	保护级别	经济价值
I	**有尾目**	**CAUDATA**					
1	小鲵科	Hynobiidae					
（1）	极北鲵	*Salamandrella keyerlingi*	1.2	+	1	III IV c	14
II	**无尾目**	**ANURA**					
2	蟾蜍科	Bufonidae					
（2）	中华大蟾蜍	*Bufo gargarizans*	1.2.3	++	4	III	14
（3）	花背蟾蜍	*Bufo Raddei*	1.2.3	+++	3	III	14
3	雨蛙科	Hylidae					
（4）	东北雨蛙	*Hyli japonica*	1.2.3	++	2	III	14
4	蛙科	Ranidae					
（5）	黑龙江林蛙	*Rana amurensis*	1.2.3	+++	1	III c	124
（6）	黑斑侧褶蛙	*Pelophylax nigromaculatus*	1.2.3	++	5	III	124

注：生境：1. 沼泽；2. 水域；3. 草甸

数量：+++优势种；++常见种；+稀有种

分布类型：1. 古北型；2. 东北型；3. 东北-华北型；4. 东部季风区型；5. 季风区型

保护级别：III. 列入《国家保护的有益的或者有重要经济、科学研究价值的陆生野生动物名录》种类；IV. 列入《中国濒危动物红皮书》种类；c. 列入IUCN红皮书易危种类

经济价值：1. 药用；2. 食用；4. 农林有益

7.2.7 额尔古纳国家级自然保护区爬行类名录（表7-6）

表7-6 额尔古纳国家级自然保护区爬行类名录

序号	中文名	学名	栖息生境	数量	分布类型	保护级别	经济价值
I	**蜥蜴目**	**LACERTILIA**					
1	蜥蜴科	Lacertidae					
（1）	黑龙江草蜥	*Takydromus amurensis*	3.4	++	2	III	14
（2）	胎生蜥蜴	*Lacerta vivipara*	3.4	+	1	III	4
II	**蛇目**	**SERPENTES**					
2	游蛇科	Colubridae					
（3）	白条锦蛇	*Elaphe dione*	3.4	++	1	III	134
（4）	虎斑颈槽蛇	*Rhabdophis tigrinus*	3.4	++	5	III IV	134
3	蝰科	Viperidae					
（5）	中介蝮	*Gloydius intermedius*	3.4	+	6	III c	134
（6）	乌苏里蝮	*Gloydius ussuriensis*	3.4	+	2	III	134

注：生境：3. 草甸；4. 林地

数量：++常见种；+稀有种

分布类型：1. 古北型；2. 东北型；5. 季风区型；6. 中亚型

保护级别：III. 列入《国家保护的有益的或者有重要经济、科学研究价值的陆生野生动物名录》种类；IV. 列入《中国濒危动物红皮书》种类；c. 列入IUCN红皮书易危种类

经济价值：1. 药用；3. 观赏；4. 农林有益

7.3　鸟类多样性

7.3.1　鸟类种类组成

通过对保护区内鸟类资源的系统调查、鉴定和考证，并结合以往资料分析，本区内共有鸟类 238 种，分属 18 目 44 科，约占全国鸟类种数（约 1240 种）的 19.19%。其中，经过全年野外调查共发现鸟类 164 种，有 74 种鸟类通过文献记载本地有分布，但此次调查没有发现。非雀形目鸟类有 17 目 128 种，其中鸻形目最多，有 33 种，占观察鸟类物种数的 13.87%；其次雁形目鸟类 26 种，隼形目 21 种，鸮形目 9 种，鹤形目和䴙形目各 7 种，鸡形目 6 种，鹳形目 4 种，䴙䴘目和鸽形目各 3 种，鹃形目和雨燕目各 2 种，鹈形目、沙鸡目、夜鹰目、佛法僧目和戴胜目各 1 种。雀形目鸟类 19 科 110 种，其中鹟科和燕雀科鸟类最多，各有 16 种（表 7-7）。本地区雀形目鸟类种数稍低于非雀形目鸟类，这与全国和南方省份鸟类两大类群的比例相反，显示出北方鸟类区系的特征。

表 7-7　额尔古纳国家级自然保护区鸟类目科组成

序号	目科	种数	百分比
I	䴙䴘目 PODICIPEDIFORMES	3	1.26%
1	䴙䴘科 Podicipedidae	3	1.26%
II	鹈形目 PELECANIFORMES	1	0.42%
2	鸬鹚科 Phalacrocoracidae	1	0.42%
III	鹳形目 CICONIIFORMES	4	1.68%
3	鹭科 Ardeidae	3	1.26%
4	鹳科 Ciconiidae	1	0.42%
IV	雁形目 ANSERIFORMES	26	10.92%
5	鸭科 Anatidae	26	10.92%
V	隼形目 FALCANIFORMES	21	8.82%
6	鹗科 Pandionidae	1	0.42%
7	鹰科 Accipitridae	16	6.72%
8	隼科 Falconidae	4	1.68%
VI	鸡形目 GALLIFORMES	6	2.52%
9	松鸡科 Tetraonidae	3	1.26%
10	雉科 Phasianidae	3	1.26%
VII	鹤形目 GRUIFORMES	7	2.94%
11	鹤科 Gruidae	3	1.26%
12	秧鸡科 Rallidae	3	1.26%
13	鸨科 Otidae	1	0.42%
VIII	鸻形目 CHARADRIIFORMES	33	13.87%
14	鸻科 Charadriidae	5	2.10%
15	鹬科 Scolopacidae	22	9.24%
16	鸥科 Laridae	6	2.52%

续表

序号	目科	种数	百分比
IX	沙鸡目 PTEROCLIFORMES	1	0.42%
17	沙鸡科 Pteroclididae	1	0.42%
X	鸽形目 COLUMBIFORMES	3	1.26%
18	鸠鸽科 Columbidae	3	1.26%
XI	鹃形目 CUCULIFORMES	2	0.84%
19	杜鹃科 Cuculidae	2	0.84%
XII	鸮形目 STRIGIFORMES	9	3.78%
20	鸱鸮科 Strigidae	9	3.78%
XIII	夜鹰目 CAPRIMULGIFORMES	1	0.42%
21	夜鹰科 Caprimulgidae	1	0.42%
XIV	雨燕目 APODIFORMES	2	0.84%
22	雨燕科 Apodidae	2	0.84%
XV	佛法僧目 CORACIIFORMES	1	0.42%
23	翠鸟科 Alcedinidae	1	0.42%
XVI	戴胜目 UPUPIFORMES	1	0.42%
24	戴胜科 Upupidae	1	0.42%
XVII	䴕形目 PICIFORMES	7	2.94%
25	啄木鸟科 Picidae	7	2.94%
XVIII	雀形目 PASSERIFORMES	110	46.22%
26	百灵科 Alaudidae	2	0.84%
27	燕科 Hirundinidae	4	1.68%
28	鹡鸰科 Motacillidae	8	3.36%
29	山椒鸟科 Campephagidae	1	0.42%
30	太平鸟科 Bombycillidae	2	0.84%
31	伯劳科 Laniidae	3	0.84%
32	椋鸟科 Sturnidae	3	1.26%
33	鸦科 Corvidae	10	4.20%
34	岩鹨科 Prunellidae	2	0.84%
35	鸫科 Turdidae	16	6.72%
36	鹟科 Muscicapidae	6	2.52%
37	莺科 Sylviidae	13	5.46%
38	长尾山雀科 Aegithalidae	1	0.42%
39	山雀科 Paridae	4	2.10%
40	䴓科 Sittidae	1	0.42%
41	旋木雀科 Certhiidae	1	0.42%
42	雀科 Passeridae	2	0.84%
43	燕雀科 Fringillidae	16	6.72%
44	鹀科 Emberizidae	15	6.30%

各种鸟类的居留型是根据野外观察和文献记载来确定的。每种或亚种只记一种主要的

居留型，候鸟中若有夏候鸟或冬候鸟记录的，尽管可能兼有旅鸟，仍记为夏候鸟或冬候鸟。由表 7-5 可知，保护区分布的 238 种鸟类中，留鸟 39 种，占种数的 16.39%；夏候鸟 142 种，占 59.66%；冬候鸟 16 种，占 6.72%；旅鸟 41 种，占 17.23%。当地繁殖鸟类（留鸟和夏候鸟 181 种）占鸟类种数的 76.05%（表 7-8）。

表 7-8　额尔古纳国家级自然保护区鸟类居留类型

居留类型	种数	百分比
留鸟	39	16.39%
夏候鸟	142	59.66%
冬候鸟	16	6.72%
旅鸟	41	17.23%
合计	238	100.00%

由于本区域内夏季温暖，日照时间长，因而鸟类在此期间内有较长的活动时间，对于繁殖极为有利，所以繁殖鸟类（包括留鸟和夏候鸟）所占比例较大，共有 181 种，占 76.05%。而冬季酷寒，日照时间短，鸟类种数则较少。夏候鸟种数是留鸟种数的 3.6 倍，是冬候鸟的种数的 8.9 倍，旅鸟的种数仅占总数的 17.23%，这样的比例也反映出了北方鸟类的种类组成特征。

7.3.2　鸟类区系分析

由于额尔古纳国家级自然保护区的典型植被为寒温带针叶林，与西伯利亚泰加林的区系相似，动物的分布型明显具有北方型的特点。而额尔古纳国家级自然保护区正处于此区域内，鸡形目松鸡科的黑嘴松鸡（*Tetrao parvirostris*）、黑琴鸡（*Lyrurus tetrix*）、花尾榛鸡（*Bonasa bonasia*）；雁形目鸭科的秋沙鸭属（*Mergus*）鸟类；䴕形目啄木鸟科的三趾啄木鸟（*Picoides sridactylus*）；鸮形目鸱鸮科的雪鸮（*Nyctea scandiaca*）、猛鸮（*Surnia ulula*）、乌林鸮（*Strix nebulosa*）、鬼鸮（*Aegolius funereus*）；雀形目中的北噪鸦（*Perisoreus infaustus*）、极北柳莺（*Phylloscopus borealis*）、白翅交嘴雀（*Loxia leucoptera*）、白头鹀（*Emberiza leucocephala*）、苇鹀（*Emberiza pollasi*）、栗鹀（*Emberiza rutila*）等均在此处有一定的分布，而它们均属于古北区寒温带的典型鸟类。同时，本区处于古北界东北区和蒙新区交界处，蒙新区的一些草原鸟类向本区渗透，如大鸨（*Otis tarda*）、沙䳭（*Oenanthe isabellina*）、穗䳭（*Oenanthe oenanthe*）等东洋界的一些鸟类在本区也有少量分布，使得本区鸟类多样性较为复杂。

从鸟类的区系组成上看，本区域 238 种鸟类中，古北种鸟类占有较大的比例，共有 165 种，占种数的 69.33%，其中有大部分（120 种，72.72%）为本区繁殖鸟类，而其余种类迁徙途经本区，为该地旅鸟。广布种鸟类 67 种，占 28.15%，而且其中仅有 1 种为本区旅鸟［针尾鸭（*Anas acuta*）］，不在此处繁殖，其他 32 种均为本区繁殖鸟类。本区域内东洋种有 6 种鸟类（表 7-9）。

表 7-9 额尔古纳国家级自然保护区鸟类区系组成

区系类型	种数	百分比
古北种	165	69.33%
广布种	67	28.15%
东洋种	6	2.52%
合计	230	100.00%

表 7-10 所示为保护区鸟类分布型状况。根据《中国动物地理》鸟类分布型划分，本区鸟类共 9 类分布型，即全北型、古北型、东北型、东北-华北型、季风区型、中亚型、高地型、东洋型和其他。本区域鸟类古北型鸟类最多，共 84 种，占本区鸟类的 35.29%，其次为全北型（55 种）和东北型（54 种），各占 23.11% 和 22.69%，这 3 种类型鸟类（193种）占本区鸟类的 81.09%，而且这 3 种分布型鸟类有 72.16% 为当地繁殖鸟（140 种）。这反映了本区鸟类组成的北方型特点。同时，东北-华北型、季风区型、高地型和东洋型本地共分布 16 种，均为当地繁殖鸟；中亚型有 7 种，仅蒙古沙鸻（*Charadrius mongolus*）和毛腿沙鸡（*Syrrhaptes paradoxus*）不在本地繁殖。本文分布型"其他"按《中国动物地理》中鸟类分布型的划分方法，将分布较为广泛，难以归于上述分布型的鸟类归于"其他"类型[9]，本保护区有 22 种这种类型的鸟类，占鸟类种数的 9.24%，其中有 21 种本地繁殖，只有苍头燕雀（*Fringilla coelebs*）非本地繁殖鸟。

表 7-10 额尔古纳国家级自然保护区鸟类分布型

分布型	种数	繁殖鸟种数
全北型（C）	55	31
古北型（U）	84	64
东北型（M）	54	45
东北-华北型（X）	3	3
季风区型（E）	4	4
中亚型（D）	7	5
高地型（P）	1	1
东洋型（W）	8	8
其他（O）	22	21
合 计	238	182

调查发现灰斑鸠（*Streptopelia decaocto*）和紫翅椋鸟（*Sturnus vulgaris*）在保护区南部有分布，这是大兴安岭地区此两种鸟分布的最北缘。这两种鸟分布区向北方的渗透，可能和全球气候变化有一定关系。

7.3.3 鸟类的生态分布

额尔古纳国家级自然保护区内地型与大兴安岭其他地区较为相似，地势起伏较缓，但由于其地理位置平均海拔较高，其植被除兴安落叶松、白桦、笃斯越桔、偃松等以外，还具有樟子松等分布。其主要生境类型为山地落叶松林和白桦落叶松林，同时也具有一定数量的白桦樟子松林、沼泽落叶松林及沼泽灌丛、水域及沿河等生境存在。

由于本区内树种比较单一，海拔的变化也不明显，因此鸟类在空间分布上没有太大的区别，基本上呈均匀分布，大多数繁殖鸟类分布在两个或两个以上的生境类型（除沼泽灌丛及水域生境）中，很少为一个景观的特有种。

山地落叶松林和白桦落叶松林和白桦樟子松林鸟类的组成差别较小，春季在此生境中鸟类的种类数量均较大，其中以雀形目数量最大，其中以树鹨（*Anthus hodgsoni*）、黄雀（*Carduelis spinus*）、柳莺类、渡鸦（*Corvus corax*）等的数量占有优势，而在松籽较多的林型（如白桦樟子松林）中白翅交嘴雀（*Loxia leucoptera*）的数量较多。冬季则以山雀类、银喉长尾山雀（*Aegithalos caudatus*）、普通䴓（*Sitta europaea*）和䴕形目等鸟类占有优势。

林地中鸟类以松鸡科为代表。较为常见的松鸡科鸟类主要是黑嘴松鸡（*Tetrao parvirostris*）、黑琴鸡（*Lyrurus tetrix*）和花尾榛鸡（*Bonasa bonasia*），它们均属于国家重点保护野生动物。黑嘴松鸡在各林型中均有分布，尤以河谷两侧的沼泽落叶松林中数量较多。而花尾榛鸡则随着四季气候的变化其栖息环境也发生变化，一般来说其冬季主要分布于落叶松林中，而夏季主要分布于河谷两侧。黑琴鸡主要分布于保护区南缘，冬季成大群活动，2012年3月观察到最群体数量为66只。

保护区内河道溪流较多，因而形成沼泽落叶松林及沼泽灌丛、水域及沿河等生境。这里吸引了很多水禽在此繁殖。在沼泽落叶松林及沼泽灌丛生境中，春季数量较大的鸟类主要是灰鹡鸰（*Motacilla cinerea*）、白鹡鸰（*Motacilla alba*）、黄胸鹀（*Emberiza aureola*）、黑眉苇莺（*Acrocephalus bistrigiceps*）等。某些雁鸭类也在此生境繁殖，如琵嘴鸭（*Anas clypeata*）、鹊鸭（*Bucephala clangula*）和鸳鸯（*Aix galericulata*）等。沼泽落叶松林也是松鸡类比较喜欢的生境。大天鹅在春秋两季迁徙路过时会栖息于水域及沿河生境。渡鸦（*Corvus corax*）是保护区分布极广的鸟类，各季节均可见保护区北部河流附近成大群活动。宽阔的河面上夏季常见的鸟类有普通鸬鹚（*Phalacrocorax carbo*）、红嘴鸥（*Larus ridibundus*）、银鸥（*Larus argentatus*）、普通燕鸥（*Sterna hirundo*）、矶鹬（*Tringa hypoleucos*）等，春秋两季迁徙路过的鸻鹬类数量也比较大。保护区南部边缘存在一些农田和草原，使得蓑羽鹤（*Anthropoides virgo*）在此繁殖。

猛禽是本区鸟类的重要组成部分，隼形目在各种生境中均可出现，但黑鸢（*Milvus migrans*）、凤头蜂鹰（*Pernis ptilorhynchus*）、苍鹰（*Accipiter gentilis*）、雀鹰（*Accipiter nisus*）、松雀鹰（*Accipiter virgatus*）、普通鵟（*Buteo buteo*）、金雕（*Aquila chrysaetos*）等偏好出现于林地，而白尾鹞（*Circus cyaneus*）、鹊鹞（*Circus melanoleucos*）、白腹鹞（*Circus spilonotus*）、鹗（*Pandion haliaetus*）等则喜欢沼泽灌丛、水域等生境。隼形目鸟类大多为夏候鸟。本区内鸮形目种类较多，大多属于留鸟和冬候鸟，是冬季林地中的重要猛禽。

7.3.4　夏季鸟类群落结构

2012年6～7月，我们对保护区夏季鸟类群落结构进行了调查。

7.3.4.1 研究方法

调查采用样线法进行，样线共选择 8 条，每条样线调查 2 次。样线设置见图 7-1。8 条样线涵盖针叶林、针阔混交林、草甸沼泽、草甸、河流沼泡和居民区 6 种生境类型。

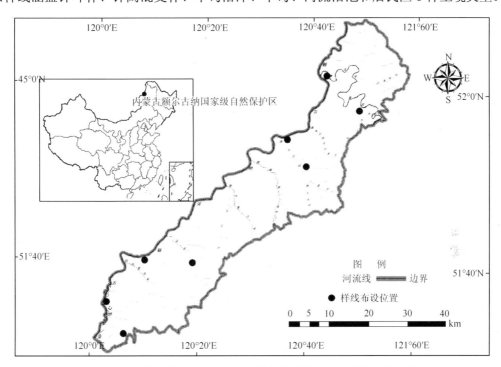

图 7-1 内蒙古额尔古纳国家级自然保护区夏季鸟类样线布设位置

各生境特点如下：①针叶林，以兴安落叶松为主，其次为樟子松和偃松（灌木林），生境为气温低，土层较薄，植物种数较少。②针阔混交林，该类型为落叶阔叶林与针叶林衔接的过渡地带，其生境条件较好，灌木层发育良好，植物种类也较多。③草甸沼泽，又称水湿地，分布在宽河谷、地势较平坦地带，多季节性积水，土层较厚，下面有多年冻土，土壤为腐殖质沼泽土，乔木层稀疏，呈不规则的团状分布，下层木较简单，主要由笃斯越桔、沼柳、绣线菊等组成。④草甸，坡度 15°以下的缓坡、山麓或谷地，此群落面积较小，生产力较高，可分为中生型、湿中生草类和旱生草类林。本生境主要在保护区南部分布。⑤水域及沿河，该生境类型是指河流、湖泊等有明显水面的区域及其沿河灌丛、森林所构成的景观类型。主要调查额尔古纳河、激流河和月亮泡 3 个位点。⑥居民区，该生境是指保护区办公地点和边防哨所驻地。

数据分析过程中，主要使用如下鸟类群落特征参数：鸟种优势度使用不同鸟种个体数占总个体数的百分比表示；物种多样性采用 Shannon-Wienner 指数；均匀性采用 Pielou[12] 指数进行计算；相似性采用 Sorenson 相似性系数公式。

7.3.4.2 夏季各生境鸟类组成

通过 8 条样线观察统计，共记录鸟类 109 种，1169 个鸟类个体。针叶林生境有 46 种鸟类，共观察到鸟类个体 225 个，占观察鸟类个体数的 19.25%，其中沼泽山雀、朱雀、白头鹎是本生境的优势种；针阔混交林生境有 52 种鸟类，共 268 个鸟类个体，占观察鸟类个体数的 22.93%，其中褐头山雀、栗鹀、黄喉鹀是本生境的优势种；草甸生境有 20 种鸟类，观察到 89 个鸟类个体，占观察鸟类个体数的 7.61%，其中黑喉石䳭、蓑羽鹤、穗䳭是本生境的优势种；草甸沼泽生境有 30 种鸟类，观察到 194 个鸟类个体，占观察鸟类个体数的 16.60%，黑喉石䳭、北红尾鸲、灰头鹀是本生境的优势种；河流泡沼生境有 32 种鸟类，观察到鸟类个体 183 个，占观察鸟类个体数的 15.65%，矶鹬、白鹡鸰、琵嘴鸭是本生境的优势种；居民区生境有 34 种鸟类，共 210 个鸟类个体，占观察鸟类个体数的 17.96%，本生境的优势种是家燕、麻雀、金腰燕。

值得注意的是 2012 年 6 月 25 日中午，在保护区南部卡官墓（草甸生境）附近（N51°31′14.22″，E120°01′11.29″）观察到灰斑鸠（*Streptopelia decaocto*）个体 1 只和紫翅椋鸟（*Sturnus vulgaris*）个体 1 只，确认附近没有放生鸟类现象，认为属于自然分布种类，为这两种鸟类在东北地区分布区北缘新纪录。

7.3.4.3　鸟类群落的多样性及均匀性

如表 7-11，在各种生境类型中，针叶林生境的鸟类群落多样性指数最高，为 4.962；草甸沼泽生境的鸟类群落多样性指数最低，为 3.271；其他生境类型的鸟类群落多样性指数分别为针阔混交林生境 4.950，河流泡沼生境 4.631，居民区生境 4.143，草甸生境为 3.817。

在各种生境类型中，河流泡沼生境的鸟类群落均匀性指数最高，为 0.926；草甸沼泽生境的鸟类群落均匀性指数最低，为 0.654；其他生境类型的鸟类群落均匀性指数分别为针叶林生境 0.898，草甸生境 0.883，针阔混交林生境 0.868，居民区生境 0.814。

表 7-11　额尔古纳自然保护区鸟类群落多样性指数及均匀性指数

生境类型	物种数	个体数	鸟类群落多样性指数	鸟类群落均匀性指数
针叶林	46	225	4.962	0.898
针阔混交林	52	268	4.950	0.868
草甸	20	89	3.817	0.883
草甸沼泽	30	194	3.271	0.654
河流泡沼	32	183	4.631	0.926
居民区	34	210	4.143	0.814

7.3.4.4　鸟类群落的相似性

6 种生境的相似性系数见表 7-12，从表 7-12 可以看出针阔混交林生境与草甸沼泽生境的鸟类群落结构相似程度最高，为 0.762；针叶林生境与针阔混交林生境的鸟类群落，其相似性系数为 0.755；草甸沼泽生境与居民区生境的相似性系数为 0.636；针阔混交林与河流泡沼生境的相似性系数最小，仅为 0.048。

表 7-12　额尔古纳自然保护区鸟类群落相似性系数（*K*）

生境类型	针叶林	针阔混交林	草甸	草甸沼泽	河流泡沼	居民区
针叶林	0.755	0.061	0.385	0.051	0.325
针阔混交林		0.222	0.762	0.048	0.512
草甸			0.192	0.154	0.259
草甸沼泽				0.063	0.636
河流泡沼					0.091

7.3.4.5　讨论

物种多样性是反映群落组成结构的重要特征。鸟类群落多样性与其赖以生存的生境有密切关系。夏季在针叶林、针阔混交林和河流泡沼生境中，鸟类正处于繁殖期，由于占区等行为鸟类分布很分散，成群活动较少，使得这种生境鸟类的多样性指数最高，而草甸沼泽生境的鸟类多样性指数较低，是由于本生境往往位于两山之间的山谷中，鸟类种数偏少，黑喉石䳭成为了本生境鸟类的绝对优势，居民区生境分布有燕类、麻雀等集群鸟类，使得多样性指数较低。与之相应的是针叶林、针阔混交林和河流泡沼生境鸟类均匀性较高，而居民区生境和草甸沼泽生境均匀性指数偏低。

尽管大多数鸟类的繁殖区年际变化相对较小，但近年来不断发现少数鸟类扩散速度较快，其中典型的鸟类有白鹭、白头鹎等尤其受到关注。近来关于灰斑鸠和紫翅椋鸟（*Sturnus vulgaris*）分布区不断北移的报道不断出现，本书经认真核实，在我国东北地区，本次发现为这两种鸟繁殖分布区的最北端。目前关于灰斑鸠分布快速扩张的原因尚存在争论，有待今后深入研究。

7.3.5　鸟类的保护物种

额尔古纳国家级自然保护区鸟类保护种类较多，在《国家重点保护野生动物名录》中属于国家级重点保护鸟类有 43 种，占本区鸟类种数的 18.07%。属于国家Ⅰ级重点保护的鸟类有 6 种，即黑鹳（*Ciconia nigra*）、金雕（*Aquila chrysaetos*）、白尾海雕（*Haliaeetus albicilla*）、黑嘴松鸡（*Tetrao parvirostris*）、丹顶鹤（*Grus japonensis*）、大鸨（*Otis tarda*）；属于国家Ⅱ级重点保护的鸟类有 37 种，即角䴙䴘（*Podiceps auritus*）、大天鹅（*Cygnus cygnus*）、小天鹅（*Cygnus columbianus*）、鸳鸯（*Aix galericulata*）、鹗（*Pandion haliaetus*）、凤头蜂鹰（*Pernis ptilorhynchus*）、黑鸢（*Milvus migrans*）、苍鹰（*Accipiter gentilis*）、雀鹰（*Accipiter nisus*）、松雀鹰（*Accipiter virgatus*）、普通䴕（*Buteo buteo*）、毛脚䴕（*Buteo lagopus*）、大䴕（*Buteo hemilasius*）、草原雕（*Aquila rapax*）、乌雕（*Aquila Clanga*）、秃鹫（*Aegypius monachus*）、白尾鹞（*Circus cyaneus*）、鹊鹞（*Circus melanoleucos*）、白腹鹞（*Circus spilonotus*）、燕隼（*Falco subbuteo*）、灰背隼（*Falco columbarius*）、红脚隼（*Falco vespertinus*）、红隼（*Falco tinnunculus*）、黑琴鸡（*Lyrurus tetrix*）、花尾榛鸡（*Bonasa bonasia*）、灰鹤（*Grus grus*）、蓑羽鹤（*Anthropoides virgo*）、小杓鹬（*Numenius minutus*）、雕鸮（*Buto buto*）、雪鸮（*Nyctea scandiaca*）、猛鸮（*Surnia ulula*）、长尾林鸮（*Strix uralensis*）、乌林鸮（*Strix nebulosa*)、花头鸺鹠(*Glaucidium passerinum*)、长耳鸮(*Asio otus*)、短耳鸮(*Asio flammeus*)、鬼鸮(*Aegolius funereus*)等。

本区内列入《国家保护的有益的或者有重要经济、科学研究价值的陆生野生动物名录》(简称《三有名录》)种类有 177 种,占本区鸟类的 74.37%;列入《中日保护候鸟及栖息环境协定》共同保护鸟类有 137 种,占 57.56%;列入《中澳保护候鸟及栖息环境协定》共同保护鸟类有 29 种,占 12.18%;列入 CITES 附录 I 种类有白尾海雕、丹顶鹤、小杓鹬(*Numenius minutus*)等 3 种,占保护区鸟类种数的 1.26%;列入 CITES 附录 II 种类有 28 种,占 11.76%;列入 CITES 附录III 种类有 7 种,占 2.94%;列入 IUCN 红皮书濒危种类有 7 种,占 2.94%(表 7-13)。

表 7-13　额尔古纳国家级自然保护区鸟类保护种类组成

保护类别	种数	百分比
国家 I 级重点保护种类	6	2.52%
国家 II 级重点保护种类	37	15.55%
列入三有名录种类	177	74.37%
列入《中日保护候鸟及栖息环境协定》共同保护鸟类	138	57.56%
列入《中澳保护候鸟及栖息环境协定》共同保护鸟类	29	12.18%
列入 CITES 附录 I 种类	3	1.26%
列入 CITES 附录 II 种类	33	11.76%
列入 CITES 附录III 种类	6	2.94%
列入 IUCN 红皮书极危种类	0	0.00%
列入 IUCN 红皮书濒危种类	7	2.94%
列入 IUCN 红皮书易危种类	33	11.76%

本区属于寒温带植物区系,从鸟类的组成上看既具有典型的北方区系特征,同时又有蒙新区鸟类特征。由于夏日日照时间长、气温高、降水量大、食物丰富,适宜鸟类栖息繁殖,因此这里的繁殖鸟无论从种类还是数量上都比较多,同时也是我国乃至世界上鸟类保护的重要基地,是开展鸟类保护、科研,保护全球生物多样性的重要场所。加强对本区鸟类的保护,具有十分重要的意义。

7.3.6　重要珍稀濒危鸟类

(1) 金雕(*Aquila chrysaetos*)

体长约 87cm。嘴黑褐,基部沾蓝,蜡膜黄色;趾黄;上体暗褐;后颈棕褐,羽端黄;尾端杂褐灰横斑;端斑黑色;翼暗褐,翼下覆羽黑褐;下体几近纯黑褐;跗跖全被羽。金雕在额尔古纳国家级自然保护区各处均可见到,尤喜栖于高山顶的岩石或大树上。2012年 8 月野生动物调查过程中每天均可见到金雕在活动。捕食大中型鸟兽,也食动物尸体。4 月繁殖。在树上或悬崖上营巢。留鸟,属国家 I 级重点保护野生动物。

（2）黑嘴松鸡（*Tetrao parvirostris*）

体长约 95cm。嘴沿黑。眼上裸皮红色。雄鸟头、颈、胸、腹和尾黑，头、颈、胸闪蓝紫和绿辉；余部暗褐；肩、翼上覆羽、次级飞羽、翼外缘、尾覆羽、后腹和胁具白斑；凸尾。雌鸟暗褐杂棕黄横斑；上体和胸褐色较重；喉颈棕黄。主要栖息于落叶松林内，喜于河谷两旁的密林中活动，密度约为 0.14 只/km²。主食落叶松、白桦、毛赤杨等的嫩枝叶和芽，夏季吃少量昆虫，秋季吃越桔浆果。4～6 月繁殖。留鸟，属国家Ⅰ级重点保护野生动物。

（3）黑鹳（*Ciconia nigra*）

体长约 110cm，大型涉禽，嘴、脚均甚长，亦都为红色；头、颈和上体黑色，雄、腹等下体白色。栖息于偏僻而又有较少干扰的森林河谷及森林沼泽水域地带，也会出现在农田和草地，主要以银鲫、东北雅罗鱼、北方泥鳅等小型鱼类为食，此外亦食蛙、蜥蜴、昆虫、啮齿类等。夏候鸟，数量甚少，较为罕见，属国家Ⅰ级重点保护野生动物。

（4）大鸨（*Otis tarda*）

体长约 100cm。嘴短，头长、基部宽大于高。翅大而圆，第 3 枚初级飞羽最长。无冠羽或皱领，雄鸟在喉部两侧有刚毛状的须状羽，其上生有少量的羽瓣。跗蹠等于翅长的1/4。雄鸟的头、颈及前胸灰色，其余下体栗棕色，密布宽阔的黑色横斑。下体灰白色，颏下有细长向两侧伸出的须状纤羽。雌雄鸟的两翅覆羽均为白色，在翅上形成大的白斑，飞翔时十分明显。栖息于广阔草原、半荒漠地带及农田草地，通常成群一起活动。十分善于奔跑，大鸨既食野草，又食甲虫、蝗虫、毛虫等。在额尔古纳国家级自然保护区仅分布于保护区南缘，是由蒙古草原向北渗透入本区域，极为稀少。夏候鸟，属国家Ⅰ级重点保护野生动物。

（5）黑琴鸡（*Lyrurus tetrix*）

体长约为 54cm。黑琴鸡体形中等，雌雄异色。雄鸟通体为黑色，头、颈、喉和下背具蓝绿色金属光泽，翼下具 3 块不同大小形态的白斑，外侧飞羽向外弯曲或古琴状，尾下覆羽白色。雌鸟通体为黄褐色，布满黑色和黑褐色横斑与斑点；翅上亦具宽阔的白色横斑；尾微叉状，仅在飞翔时才能显露，外侧尾羽不向外弯曲。栖息在森林，森林草原、草甸等处。喜欢在针阔混交林及河边灌木丛中活动，在密林中很少见。2012年 3 月观察到最大群体数量为 66 只。黑琴鸡以植物为主食，喜食桦、柳、杨等的嫩叶、芽、花序，以及山丁子、玫瑰等的果实，也拣食麦、谷物，繁殖期还食部分动物性食物，食物有季节性差异。主要天敌为黄鼬、艾虎、狐狸及各种猛禽等。黑琴鸡在保护区为留鸟。黑琴鸡为国家Ⅱ级重点保护动物，必须加强其生境管理。严禁狩猎，保护其繁殖环境。

（6）大天鹅（*Cygnus cygnus*）

体长约 140cm。嘴基黄斑较长，前缘达鼻孔下；头颈长于躯体；跗蹠、蹼、爪均为黑色；体羽洁白，仅头部沾黄。4 月初迁来，10 月初南迁，迁徙季节可见于宽阔河道中成群活动。大天鹅在大兴安岭局部地区有繁殖分布，额尔古纳国家级自然保护区以北不远即有其繁殖地，由于本区缺乏大型水面，目前尚未发现其在本区繁殖。旅鸟，属国家Ⅱ级重点保护野生动物。

（7）鸳鸯（*Aix galericulata*）

体长约 42cm。雄鸟嘴橙红；脚橙黄；头顶、冠羽蓝绿和铜红；白眉纹后缘汇入冠羽；翎领橙红；翼具帆羽，为橙红色。雌鸟冠羽短；冠眼纹白色；上体褐；翼无帆羽；下体污白。栖息于溪流河谷、针叶林或针阔混交林及附近水域。以植物性食物为主，如植物种子等，也食如鱼、蛙等动物性食物。繁殖期常见成对活动，于临水树洞中繁殖。4 月迁来，9 月南迁。额尔古纳国家级自然保护区为其在我国东北地区繁殖的西北界。夏候鸟，属国家 II 级重点保护野生动物。

（8）黑鸢（*Milvus migrans*）

体长约 61cm。嘴黑，蜡膜黄绿；脚黄；比同型其他鹰类色暗；展翼时两翼下初级飞羽基部各有一白斑；凹尾。栖息于林地及河岸生境，晴天可见单只长时间高干翱翔，鼓翼缓慢。主要以鼠、兔等为食，也食鱼、蛙、昆虫等。5~6 月繁殖，在大树或绝壁上营巢，2012 年 8 月野生动物调查过程中每天均可见多只飞翔于河谷林地上空。额尔古纳国家级自然保护区内有一定量分布。夏候鸟，属国家 II 级重点保护野生动物。

（9）花尾榛鸡（*Bonasa bonasia*）

体长约 35cm。嘴黑（雄）或淡黄（雌）；趾褐色；上体棕灰，杂褐横斑；头有短冠；雄鸟颏喉黑，周围白；雌鸟颏喉棕黄杂褐斑；翎领边缘、肩羽、中覆羽及下体羽端白；肩胁常有锈红斑；外测尾羽褐杂灰白斑，次端斑黑，端斑白；下体羽有马蹄形棕褐斑。主要栖息于林下有茂密灌丛的落叶松白桦林内。主食植物性食物，以各种植物的芽、嫩枝花序、果实及种子为食，夏季也食部分动物性食物。4~6 月繁殖。留鸟，属国家 II 级重点保护野生动物。

（10）雪鸮（*Nyctea scandiaca*）

体长约 59cm。嘴、爪黑；体白，杂褐色点斑或鳞状斑；无耳突，面盘不显著；雄鸟近纯白，仅头顶、颈、肩、翼、体侧、尾上覆羽和尾羽有稀疏点斑。雌鸟除面盘、喉、上胸中央、肛周、尾下覆羽、下背、翼下覆羽、腋羽、跗跖羽为纯白外，均杂褐、黑褐横斑或点斑。栖息于森林或林缘旷野，冬日白天可见到飞翔活动。食物以鸟、鼠等为主，也捕食野兔。10 月迁来本区，翌年 3 月北迁。大兴安岭地区为其主要越冬区。冬候鸟，属国家 II 级重点保护野生动物。

（11）猛鸮（*Surnia ulula*）

体长约 36cm。嘴峰黄白；虹膜淡黄；上体羽黑褐与白横斑相杂；上背下缘有黑褐"V"形横带斑；肩羽外侧缘较白；尾羽约具 10 道白横斑；后颈、前胸两侧有黑横斑；喉褐；前颈和胸白色；胸稀杂褐点斑；腹至尾下覆羽满杂褐横斑。栖息于落叶松林或针阔混交林，多在白天活动。捕食鼠类和小鸟等。10 月迁来本区，翌年 3 月北迁。冬候鸟，属国家 II 级重点保护野生动物。

（12）乌林鸮（*Surnis nebulosa*）

体长约 60cm。嘴黄；通体褐色与灰白斑杂；面盘呈黑白相间的同心环；喉黑褐色，两侧各有一白斑；胸、腹灰白色，具褐色轴纹和细横斑；头至尾上覆羽轴纹褐色杂蠹状斑；肩羽外侧有一纵列白斑；初级飞羽内翈棕黄色杂褐斑；翼下覆羽主要为白色杂褐斑。栖息于落叶松白桦混交林内，有时也见于沟谷杂木林中，白天停栖于大树枝上，夜间活动觅食。

食物以鼠类为主。5～6 月繁殖。乌林鸮在我国只有大兴安岭分布。留鸟，属国家Ⅱ级重点保护野生动物。

7.3.7 额尔古纳国家级自然保护区鸟类名录（表7-14）

表 7-14 额尔古纳国家级自然保护区鸟类名录

序号	中文名	学名	生境	数量	留居	区系	分布型	保护级别	经济价值
I	䴙䴘目	PODICIPEDIFORMES							
1	䴙䴘科	Podicipedidae							
（1）	小䴙䴘	*Tachybatus ruficollis*	W	+	S	C	W	Ⅲc	124
（2）	角䴙䴘	*Podiceps auritus*	W	−	P	C	C	Ⅱ Ⅳ	24
（3）	凤头䴙䴘	*Podiceps cristatus*	W	++	S	P	C	ⅢⅣ	24
II	鹈形目	PELECANIFORMES							
2	鸬鹚科	Phalacrocoracidae							
（4）	普通鸬鹚	*Phalacrocorax carbo*	W	++	S	C	O	Ⅲ	124
III	鹳形目	CICONIIFORMES							
3	鹭科	Ardeidae							
（5）	苍鹭	*Ardea cinerea*	M	++	S	C	U	ⅢⅣ	1234
（6）	紫背苇鳽	*Ixobrychus eurhythmus*	M	+	S	C	E	ⅢⅣ	24
（7）	大麻鳽	*Botaurus stellaris*	M	+	S	C	U	ⅢⅣ	24
4	鹳科	Ciconiidae							
（8）	黑鹳	*Ciconia nigra*	M	−	S	P	U	Ⅰ ⅣBc	234
IV	雁形目	ANSERIFORMES							
5	鸭科	Anatidae							
（9）	鸿雁	*Anser cygnoides*	WMGL	+++	S	P	M	ⅢⅣc	1234
（10）	豆雁	*Anser fabalis*	WMGL	++	P	P	U	ⅢⅣ	1234
（11）	灰雁	*Anser anser*	WMGL	++	P	P	U	Ⅲ	1234
（12）	大天鹅	*Cygnus cygnus*	WM	++	S	C	C	Ⅱ Ⅳ	1234
（13）	小天鹅	*Cygnus columbianus*	WM	−	P	P	C	Ⅱ Ⅳ	234
（14）	赤麻鸭	*Tadorna ferruginea*	WM	+	P	P	U	ⅢⅣ	1234
（15）	翘鼻麻鸭	*Tadorna tadorna*	WM	+	S	P	U	Ⅲ	234
（16）	针尾鸭	*Anas acuta*	W	++	S	C	C	ⅢⅣC	234
（17）	绿翅鸭	*Anas crecca*	WM	++	S	C	C	ⅢⅣC	234
（18）	花脸鸭	*Anas formosa*	WM	+	P	P	M	ⅢⅣCc	234
（19）	罗纹鸭	*Anas falcata*	WM	++	S	P	M	ⅢⅣc	234
（20）	绿头鸭	*Anas platyrhynchos*	WML	+++	S	C	C	ⅢⅣ	1234
（21）	斑嘴鸭	*Anas poecilorhyncha*	WML	+++	S	C	W	Ⅲ	1234
（22）	赤膀鸭	*Anas strepera*	WM	++	S	C	U	ⅢⅣ	234
（23）	赤颈鸭	*Anas penelope*	WM	++	S	P	C	ⅢⅣC	234
（24）	白眉鸭	*Anas querquedula*	W	+	S	P	U	ⅢⅣ Ⅴ C	234

序号	中文名	学名	生境	数量	留居	区系	分布型	保护级别	经济价值
(25)	琵嘴鸭	*Anas clypeata*	WM	++	S	C	C	ⅢⅣⅤC	234
(26)	红头潜鸭	*Aythya ferina*	W	++	S	P	C	ⅢⅣ	234
(27)	青头潜鸭	*Aythya baeri*	W	+	S	P	M	ⅢⅣc	234
(28)	凤头潜鸭	*Aythya fuligula*	W	++	P	P	U	ⅢⅣ	234
(29)	鸳鸯	*Aix galericulata*	WF	+	S	P	E	Ⅱc	1234
(30)	小绒鸭	*Pollysticta stelleri*	W	0	P	P	C	Ⅲ	234
(31)	丑鸭	*Histrionicus histrionicus*	W	0	P	C	C	ⅢⅣ	234
(32)	鹊鸭	*Bucephala clangula*	WF	++	P	C	C	ⅢⅣ	234
(33)	红胸秋沙鸭	*Mergus serrator*	WF	+	S	C	C	ⅢⅣ	1234
(34)	普通秋沙鸭	*Mergus merganser*	WF	++	S	C	C	ⅢⅣ	1234
Ⅴ	隼形目	FALCANIFORMES							
6	鹗科	Pandionidae							
(35)	鹗	*Pandion haliaetus*	WMGL	+	S	C	C	ⅡBc	12345
7	鹰科	Accipitridae							
(36)	凤头蜂鹰	*Pernis ptilorhynchus*	GFL	++	S	P	W	ⅡBc	2345
(37)	黑鸢	*Milvus migrans*	MFLR	++	S	C	U	ⅡB	12345
(38)	苍鹰	*Accipiter gentilis*	F	+	S	C	C	ⅡB	12345
(39)	雀鹰	*Accipiter nisus*	F	++	S	P	U	ⅡB	12345
(40)	松雀鹰	*Accipiter virgatus*	F	++	S	O	W	ⅡⅣB	2345
(41)	普通鵟	*Buteo buteo*	MGLF	++	S	C	U	ⅡBc	12345
(42)	毛脚鵟	*Buteo lagopus*	GFL	++	W	C	C	ⅡⅣBc	2345
(43)	大鵟	*Buteo hemilasius*	MGLF	+	S	C	D	ⅡBc	12345
(44)	金雕	*Aquila chrysaetos*	MGF	+	S	C	C	ⅠBc	1234
(45)	草原雕	*Aquila rapax*	MG	+	S	C	U	ⅡBc	2345
(46)	乌雕	*Aquila Clanga*	MGF	0	W	P	U	ⅡBb	2345
(47)	白尾海雕	*Haliaeetus albicilla*	WMF	0	S	C	U	ⅠAb	2345
(48)	秃鹫	*Aegypius monachus*	GF	0	S	P	O	ⅡⅣBc	12345
(49)	白尾鹞	*Circus cyaneus*	MG	++	S	C	C	ⅡⅣBc	2345
(50)	鹊鹞	*Circus melanoleucos*	MG	++	S	P	M	ⅡⅣBc	2345
(51)	白腹鹞	*Circus spilonotus*	MG	++	S	P	M	ⅡⅣBc	2345
8	隼科	Falconidae							
(52)	燕隼	*Falco subbuteo*	MGF	+	S	P	U	ⅡⅣB	2345
(53)	灰背隼	*Falco columbarius*	MGLF	+	P	P	C	ⅡⅣB	2345
(54)	红脚隼	*Falco vespertinus*	MGF	++	S	P	U	ⅡB	2345
(55)	红隼	*Falco tinnunculus*	MGF	++	S	C	O	ⅡBc	2345
Ⅵ	鸡形目	GALLIFORMES							
9	松鸡科	Tetraonidae							
(56)	黑嘴松鸡	*Tetrao parvirostris*	F	++	R	P	M	Ⅰb	234

序号	中文名	学名	生境	数量	留居	区系	分布型	保护级别	经济价值
（57）	黑琴鸡	*Lyrurus tetrix*	F	++	R	P	U	Ⅱc	234
（58）	花尾榛鸡	*Bonasa bonasia*	F	++	R	P	U	Ⅱc	1234
10	雉科	Phasianidae							
（59）	斑翅山鹑	*Perdix dauuricae*	GF	+	R	P	D	Ⅲc	124
（60）	鹌鹑	*Cotunix coturnix*	G	++	S	C	O	ⅢⅣ	124
（61）	雉鸡	*Phasianus colchicus*	GF	+++	R	P	O	Ⅲ	1234
Ⅶ	鹤形目	GRUIFORMES							
11	鹤科	Gruidae							
（62）	灰鹤	*Grus grus*	MGL	+	P	P	U	ⅡⅣB	1234
（63）	丹顶鹤	*Grus japonensis*	MGL	−	S	P	M	Ⅰ Ab	1234
（64）	蓑羽鹤	*Anthropoides virgo*	MG	++	S	P	D	Ⅱ B	1234
12	秧鸡科	Rallidae							
（65）	普通秧鸡	*Rallus aquaticus*	M	+	S	C	U	ⅢⅣ	124
（66）	花田鸡	*Porzana exquisita*	M	−	S	P	M	Ⅳ	234
（67）	骨顶鸡	*Fulico atra*	W	+	S	P	O	Ⅲ	234
13	鸨科	Otidae							
（68）	大鸨	*Otis tarda*	G	−	S	P	O	Ⅰ Bc	1234
Ⅷ	鸻形目	CHARADRIIFORMES							
14	鸻科	Charadriidae							
（69）	凤头麦鸡	*Vanellus vanellus*	MG	+++	S	P	U	ⅢⅣ	24
（70）	金斑鸻	*Pluvialis dominica*	MG	++	P	C	C	ⅢⅣ Ⅴ	24
（71）	剑鸻	*Charadrius placidus*	MG	+	S	P	C	Ⅲ Ⅴ	24
（72）	金眶鸻	*Charadrius dubius*	MG	++	S	C	O	Ⅲ Ⅴ	24
（73）	蒙古沙鸻	*Charadrius mongolus*	MG	+	P	C	D	ⅢⅣ Ⅴ	24
15	鹬科	Scolopacidae							
（74）	小杓鹬	*Numenius minutus*	MG	+	S	P	M	Ⅱ ⅣAc	24
（75）	白腰杓鹬	*Numenius arquata*	MG	+	S	P	U	ⅢⅣ Ⅴc	24
（76）	大杓鹬	*Numenius madagascariensis*	MG	+	S	P	M	ⅢⅣ Ⅴc	124
（77）	鹤鹬	*Tringa erythropus*	M	++	S	P	U	ⅢⅣ	24
（78）	红脚鹬	*Tringa totanus*	M	+	S	P	U	ⅢⅣ c	24
（79）	白腰草鹬	*Tringa ochropus*	M	++	S	P	U	ⅢⅣ	124
（80）	泽鹬	*Tringa stagnatilis*	M	++	S	P	U	ⅢⅣ Ⅴ	24
（81）	青脚鹬	*Tringa nebularia*	M	++	S	P	U	ⅢⅣ Ⅴ	24
（82）	林鹬	*Tringa glareola*	M	++	S	P	U	ⅢⅣ Ⅴ	24
（83）	矶鹬	*Tringa hypoleucos*	M	++	S	P	C	ⅢⅣ Ⅴ	24
（84）	翻石鹬	*Arenaria interpres*	M	+	P	C	C	ⅢⅣ Ⅴ	24
（85）	孤沙锥	*Gallinago solitaria*	M	+	P	P	U	ⅢⅣb	24
（86）	针尾沙锥	*Gallinago stenura*	M	+++	P	P	U	ⅢⅣ	24

续表

序号	中文名	学名	生境	数量	留居	区系	分布型	保护级别	经济价值
（87）	扇尾沙锥	*Gallinago gallinago*	M	++	S	C	U	ⅢⅣ	24
（88）	大沙锥	*Gallinago megala*	M	+	S	P	U	ⅢⅣ Ⅴ	24
（89）	丘鹬	*Scolopax rusticola*	M	++	S	P	U	ⅢⅣ	24
（90）	长趾滨鹬	*Calidris subminuta*	M	+	P	P	M	ⅢⅣ Ⅴ	24
（91）	红胸滨鹬	*Calidris ruficollis*	M	+	P	P	M	ⅢⅣ Ⅴ	24
（92）	青脚滨鹬	*Calidris temminckii*	M	++	P	P	U	ⅢⅣ	24
（93）	黑腹滨鹬	*Calidris alpina*	M	+	P	C	C	ⅢⅣ	24
（94）	三趾鹬	*Crocethia alba*	M	+	P	P	C	Ⅲ	24
（95）	阔嘴鹬	*Limicola falcinellus*	M	++	P	P	C	ⅢⅣ Ⅴ	34
16	鸥科	Laridae							
（96）	银鸥	*Larus argentatus*	WG	++	S	C	C	ⅢⅣ	2345
（97）	棕头鸥	*Larus brunnicephalus*	WG	+	P	P	U	ⅢⅣ	2345
（98）	红嘴鸥	*Larus ridibundus*	WG	+++	S	P	P	ⅢⅣ	1245
（99）	须浮鸥	*Chlidonias hybrida*	W	+	S	P	U	Ⅲ	24
（100）	白翅浮鸥	*Chlidonias leucoptera*	W	++	S	P	U	Ⅲ Ⅴ	24
（101）	普通燕鸥	*Sterna hirundo*	W	+++	S	C	C	ⅢⅣ Ⅴ	24
Ⅸ	沙鸡目	PTEROCLIFORMES							
17	沙鸡科	Pteroclididae							
（102）	毛腿沙鸡	*Syrrhaptes paradoxus*	GL	++	W	P	D	Ⅲc	1234
Ⅹ	鸽形目	COLUMBIFORMES							
18	鸠鸽科	Columbidae							
（103）	岩鸽	*Columba rupestris*	F	+	S	P	O	Ⅲ	124
（104）	山斑鸠	*Streptopelia orientalis*	F	+++	S	C	E	Ⅲ	124
（105）	灰斑鸠	*Streptopelia decaocto*	F	+	S	O	W	Ⅲ	125
Ⅺ	鹃形目	CUCULIFORMES							
19	杜鹃科	Cuculidae							
（106）	四声杜鹃	*Cuculus micropterus*	F	++	S	O	W	Ⅲ	1245
（107）	大杜鹃	*Cuculus canorus*	F	++	S	C	O	ⅢⅣ	1245
Ⅻ	鸮形目	STRIGIFORMES							
20	鸱鸮科	Strigidae							
（108）	雕鸮	*Buto buto*	FL	+	R	P	U	Ⅱ Bb	12345
（109）	雪鸮	*Nyctea scandiaca*	GFL	++	W	C	C	Ⅱ ⅣB	245
（110）	猛鸮	*Surnia ulula*	FL	+	W	C	C	Ⅱ Bc	245
（111）	长尾林鸮	*Strix uralensis*	FL	++	R	C	U	Ⅱ Bc	245
（112）	乌林鸮	*Strix nebulosa*	FL	+	R	C	C	Ⅱ Bc	245
（113）	花头鸺鹠	*Glaucidium passerinum*	F	++	R	P	U	Ⅱ Bc	245
（114）	长耳鸮	*Asio otus*	FLR	++	R	C	C	Ⅱ ⅣB	1245
（115）	短耳鸮	*Asio flammeus*	FLR	+	R	C	C	Ⅱ ⅣB	245

序号	中文名	学名	生境	数量	留居	区系	分布型	保护级别	经济价值
（116）	鬼鸮	*Aegolius funereus*	F	−	R	C	C	ⅡBb	2345
XIII	夜鹰目	CAPRIMULGIFORMES							
21	夜鹰科	Caprimulgidae							
（117）	普通夜鹰	*Caprimulgus indicus*	F	++	S	C	W	ⅢⅣ	145
XIV	雨燕目	APODIFORMES							
22	雨燕科	Apodidae							
（118）	白喉针尾雨燕	*Hirundapus caudacutus*	GF	++	S	O	W	ⅢⅣ V	45
（119）	白腰雨燕	*Apus pacificus*	GF	+	S	P	M	ⅢⅣ V	45
XV	佛法僧目	CORACIIFORMES							
23	翠鸟科	Alcedinidae							
（120）	普通翠鸟	*Alcedo atthis*	WF	++	S	C	O	Ⅲ	14
XVI	戴胜目	UPUPIFORMES							
24	戴胜科	Upupidae							
（121）	戴胜	*Upupa epops*	FRLR	++	S	C	O	Ⅲ	145
XVII	䴕形目	PICIFORMES							
25	啄木鸟科	Picidae							
（122）	蚁䴕	*Jynx torquilla*	F	++	S	P	U	Ⅲ	145
（123）	黑枕绿啄木鸟	*Picus canus*	F	++	R	P	U	Ⅲ	245
（124）	黑啄木鸟	*Dryocopus martius*	F	++	R	P	U	Ⅲ	245
（125）	大斑啄木鸟	*Picoides major*	F	++	R	P	U	Ⅲ	1245
（126）	白背啄木鸟	*Picoides leucotos*	F	++	R	P	U	ⅢⅣ	145
（127）	小斑啄木鸟	*Picoides minor*	F	++	R	P	U	Ⅲ	145
（128）	三趾啄木鸟	*Picoides sridactylus*	F	+	R	P	C	Ⅲ	45
XVIII	雀形目	PASSERIFORMES							
26	百灵科	Alaudidae							
（129）	云雀	*Alauda arvensis*	GL	++	S	P	U	Ⅲ	1245
（130）	角百灵	*Eremophila alpestris*	GL	++	P	P	C	ⅢⅣ	24
27	燕科	Hirundinidae							
（131）	灰沙燕	*Riparia riparia*	GL	++	S	C	C	ⅢⅣ	15
（132）	家燕	*Hirundo rustica*	GRL	+++	S	C	C	ⅢⅣ V	15
（133）	金腰燕	*Hirundo daurica*	GRL	+++	S	C	O	ⅢⅣ	15
（134）	毛脚燕	*Delichon urbica*	GRL	+++	S	C	U	ⅢⅣ	15
28	鹡鸰科	Motacillidae							
（135）	黄鹡鸰	*Motacilla flava*	MGF	++	S	P	U	ⅢⅣ V	45
（136）	黄头鹡鸰	*Motacilla citreola*	MGF	+	S	P	U	ⅢⅣ V	45
（137）	灰鹡鸰	*Motacilla cinerea*	MGF	+++	S	P	O	Ⅲ V	45
（138）	白鹡鸰	*Motacilla alba*	MGF	+++	S	P	O	ⅢⅣ V	145
（139）	田鹨	*Anthus novaseelandiae*	MGF	+	S	C	M	ⅢⅣ	145

续表

序号	中文名	学名	生境	数量	留居	区系	分布型	保护级别	经济价值
(140)	布氏平原鹨	*Anthus godlewskii*	GL	+	S	P	D	III	45
(141)	树鹨	*Anthus hodgsoni*	FR	+++	S	P	M	IIIIV	45
(142)	红喉鹨	*Anthus cervinus*	GF	+	P	C	U	IIIIV	45
29	山椒鸟科	Campephagidae							
(143)	灰山椒鸟	*Pericrocotus divaricatus*	F	++	S	O	M	IIIIV	45
30	太平鸟科	Bombycillidae							
(144)	太平鸟	*Bombycilla garrulus*	F	++	W	C	C	IIIIV	45
(145)	小太平鸟	*Bombycilla japonica*	F	+	W	P	M	IIIIVc	45
31	伯劳科	Laniidae							
(146)	红尾伯劳	*Lanius cristatus*	MLGF	++	S	P	X	IIIIV	145
(147)	红背伯劳	*Lanius collurio*	F	+	S	P	U	III	45
(148)	灰伯劳	*Lanius excubitor*	GF	+	P	P	C	III	45
32	椋鸟科	Sturnidae							
(149)	北椋鸟	*Sturnus sturnus*	GF	+	S	P	X	III	245
(150)	灰椋鸟	*Sturnus cineraceus*	GF	+++	S	P	X	III	1245
(151)	紫翅椋鸟	*Sturnus vulgaris*	GF	+	S	O	O	III	1246
33	鸦科	Corvidae							
(152)	北噪鸦	*Perisoreus infaustus*	F	++	R	P	U		125
(153)	松鸦	*Garrulus glandarius*	F	++	R	C	U		245
(154)	灰喜鹊	*Cyanopica cyana*	GLF	+++	R	P	U	III	45
(155)	喜鹊	*Pica pica*	GLF	+++	R	P	C	III	145
(156)	星鸦	*Nucifraga caryocatactes*	GLFR	++	R	P	U		45
(157)	寒鸦	*Corvus dauurica*	GLFR	+++	R	P	U	IIIIV	145
(158)	小嘴乌鸦	*Corvus corone*	GLFR	+++	R	C	C		145
(159)	大嘴乌鸦	*Corvus macrorhynchos*	GLFR	+	R	C	E		145
(160)	秃鼻乌鸦	*Corvus frugilegus*	GLFR	+	R	P	U	IIIIV	145
(161)	渡鸦	*Corvus corax*	GLFR	+++	R	C	C	III	145
34	岩鹨科	Prunellidae							
(162)	领岩鹨	*Prunela collaris*	LF	+	P	P	U		45
(163)	棕眉山岩鹨	*Prunela montanella*	LF	+++	P	P	M		45
35	鸫科	Turdidae							
(164)	红尾歌鸲	*Luscinia sibilans*	F	++	S	P	M	IIIIV	45
(165)	红点颏	*Luscinia calliope*	MF	++	S	P	U	IIIIV	45
(166)	蓝点颏	*Luscinia svecica*	MF	++	S	P	U	III	45
(167)	蓝歌鸲	*Luscinia cyane*	F	++	S	P	M	IIIIV	45
(168)	红胁蓝尾鸲	*Tarsiger cyanurus*	F	++	S	P	M	IIIIV	45
(169)	北红尾鸲	*Phoenicurus auroreus*	RF	++	S	P	M	IIIIV	45
(170)	黑喉石䳭	*Saxicola torquata*	MGF	++	S	P	O	IIIIV	45

序号	中文名	学名	生境	数量	留居	区系	分布型	保护级别	经济价值
（171）	穗䳭	*Oenanthe oenanthe*	MGF	++	S	P	C	ⅢⅣ	55
（172）	沙䳭	*Oenanthe isabellina*	MGF	++	S	P	D	ⅢⅣ	65
（173）	蓝头矶鸫	*Monticola cinclorhynchus*	GLF	+	S	P	M		45
（174）	虎斑地鸫	*Zoothera dauma*	GLF	+	S	P	U	ⅢⅣ	45
（175）	白眉地鸫	*Zoothera sibirica*	GLF	+	S	P	M	ⅢⅣ	45
（176）	白腹鸫	*Turdus pallidus*	GLF	+	S	P	M	ⅢⅣ	245
（177）	斑鸫	*Turdus naumanni*	GLF	++	P	P	M	ⅢⅣ	245
（178）	灰背鸫	*Turdus hortulorum*	GLF	++	S	P	M	ⅢⅣ	245
（179）	赤颈鸫	*Turdus ruficollis*	GLF	++	S	P	O		245
36	鹟科	Muscicapidae							
（180）	白眉姬鹟	*Ficedula zanthopygia*	F	+	S	P	M	ⅢⅣ	45
（181）	鸲姬鹟	*Ficedula mugimaki*	F	+	S	P	M	ⅢⅣ	45
（182）	红喉姬鹟	*Ficedula parva*	F	++	S	P	U	Ⅲ	45
（183）	乌鹟	*Muscicapa sibirica*	F	+	S	P	M	ⅢⅣ	45
（184）	灰纹鹟	*Muscicapa griseisticta*	F	+	S	P	M	ⅢⅣc	45
（185）	北灰鹟	*Muscicapa dauurica*	F	++	S	P	M	ⅢⅣ	45
37	莺科	Sylviidae							
（186）	小蝗莺	*Locustella certhiola*	MG	+	S	P	M		45
（187）	苍眉蝗莺	*Locustella fasciolata*	GF	+++	S	P	M	ⅢⅣ	45
（188）	矛斑蝗莺	*Locustella lanceolata*	GF	++	S	P	M	ⅢⅣ	45
（189）	东方大苇莺	*Acrocephalus orientalis*	M	++	S	C	O	Ⅳ	45
（190）	黑眉苇莺	*Acrocephalus bistrigiceps*	M	++	S	P	M	ⅢⅣ	45
（191）	芦莺	*Phragamaticola dedon*	M	+	S	P	M		45
（192）	褐柳莺	*Phylloscopus fuscatus*	F	+++	S	P	M	Ⅲ	45
（193）	黄眉柳莺	*Phylloscopus inornatus*	F	+++	P	P	U	ⅢⅣ	45
（194）	黄腰柳莺	*Phylloscopus proregulus*	F	+++	P	P	U	Ⅲ	45
（195）	巨嘴柳莺	*Phylloscopus schwarzi*	F	+++	P	P	M	Ⅲ	45
（196）	极北柳莺	*Phylloscopus borealis*	F	++	P	P	U	ⅢⅣ Ⅴ	45
（197）	暗绿柳莺	*Phylloscopus trochiloides*	F	++	P	P	U	Ⅲ	45
（198）	冕柳莺	*Phylloscopus*	F	++	S	P	M	ⅢⅣ	45
38	长尾山雀科	Aegithalidae							
（199）	银喉长尾山雀	*Aegithalos caudatus*	F	+++	R	P	U	Ⅲ	45
39	山雀科	Paridae							
（200）	煤山雀	*Parus ater*	F	+++	R	P	U	Ⅲ	45
（201）	大山雀	*Parus major*	F	+++	R	C	O	Ⅲ	145
（202）	沼泽山雀	*Parus palustris*	MF	+++	R	P	U	Ⅲ	45

续表

序号	中文名	学名	生境	数量	留居	区系	分布型	保护级别	经济价值
（203）	褐头山雀	*Parus montanus*	MF	+++	R	P	C	III	45
40	䴓科	Sittidae							
（204）	普通䴓	*Sitta europaea*	F	+++	R	P	U		145
41	旋木雀科	Certhiidae							
（205）	旋木雀	*Certhia familiaris*	F	++	R	P	C		45
42	雀科	Passeridae							
（206）	家麻雀	*Passer domesticus*	LFR	++	R	C	O		25
（207）	麻雀	*Passer montanus*	LFR	+++	R	C	U	IIIIV	125
43	燕雀科	Fringillidae							
（208）	燕雀	*Fringilla montifringilla*	LF	+++	P	P	U	IIIIV	45
（209）	苍头燕雀	*Fringilla coelebs*	LF	+	W	P	O		45
（210）	金翅雀	*Carduelis sinica*	FG	++	S	P	M	III	45
（211）	黄雀	*Carduelis spinus*	FG	++	S	P	U	IIIIV	45
（212）	白腰朱顶雀	*Carduelis flammea*	FG	+++	W	P	C	IIIIV	45
（213）	极北朱顶雀	*Carduelis hornemanni*	FG	+++	W	P	C	III	45
（214）	岭雀	*Leucosticte arctoa*	F	++	W	P	C	IIIIV	45
（215）	朱雀	*Carpodacus erythrinus*	F	+++	S	P	U		45
（216）	北朱雀	*Carpodacus roseus*	F	+	S	P	M	IIIIV	45
（217）	红交嘴雀	*Loxia curvirostra*	F	+	P	P	C	IIIIV	45
（218）	白翅交嘴雀	*Loxia leucoptera*	F	+++	W	P	C	IIIIV	45
（219）	长尾雀	*Uragus sibiricus*	F	+++	R	P	M	III	45
（220）	黑尾蜡嘴雀	*Eophona migratoria*	F	++	S	P	K	IIIIV	145
（221）	锡嘴雀	*Coccothraustes coccothraustes*	F	+	S	P	U	IIIIV	45
（222）	灰腹灰雀	*Pyrrhula griseiventris*	F	++	W	P	U	III	45
（223）	红腹灰雀	*Pyrrhula pyrrhula*	F	++	W	P	U	IIIIV	45
44	鹀科	Emberizidae							
（224）	白头鹀	*Emberiza leucocephala*	F	+++	S	P	U	IIIIV	45
（225）	栗鹀	*Emberiza rutila*	GL	+++	S	P	M	III	45
（226）	黄胸鹀	*Emberiza aureola*	MGL	+	S	P	U	IIIIV	145
（227）	黄喉鹀	*Emberiza elegans*	GL	+++	S	P	M	IIIIV	45
（228）	灰头鹀	*Emberiza spodocephala*	MGL	+++	S	P	M	IIIIV	145
（229）	三道眉草鹀	*Emberiza cioides*	G	++	R	P	M	III	45
（230）	赤胸鹀	*Emberiza fucata*	G	+	P	P	M		45
（231）	小鹀	*Emberiza pusilla*	G	++	P	C	U	IIIIV	45
（232）	田鹀	*Emberiza rustica*	GLF	+++	P	P	U	III	45
（233）	黄眉鹀	*Emberiza chrysophrys*	G	++	S	P	M	III	45

续表

序号	中文名	学名	生境	数量	留居	区系	分布型	保护级别	经济价值
（234）	白眉鹀	*Emberiza tristrami*	F	++	P	P	M	III	45
（235）	苇鹀	*Emberiza pollasi*	MG	+++	S	P	M	IIIIV	45
（236）	芦鹀	*Emberiza schoeniclus*	M	+++	S	P	U	IIIIV	45
（237）	铁爪鹀	*Calcarius clapponicus*	GL	++	W	P	C	IIIIV	245
（238）	雪鹀	*Plectrophenax nivalis*	GL	++	W	C	C	IIIIV	245

注：生境：W. 水域；M. 沼泽；F. 森林、灌丛；R. 居民区；G. 草甸；L. 农田、荒地

数量：+++优势种；++常见种；+稀有种；0 和 "–" 数量极少或偶见

留居：S. 夏候鸟；R. 留鸟；W. 冬候鸟；P. 旅鸟；O. 迷鸟或文献记录种类

区系：P. 古北种；O. 东洋种；C. 广布种

分布型：C. 全北型；U. 古北型；M. 东北型；X. 东北-华北型；E. 季风区型；D. 中亚型；P. 高地型；W. 东洋型；O. 其他

保护级别：I. 国家 I 级重点保护种类；II. 国家 II 级重点保护种类；III. 列入《国家保护的有益的或者有重要经济、科学研究价值的陆生野生动物名录》种类；IV. 列入《中日保护候鸟及栖息环境协定》共同保护鸟类；V. 列入《中澳保护候鸟及栖息环境协定》共同保护鸟类；A. 列入 CITES 附录 I 种类；B. 列入 CITES 附录 II 种类；C. 列入 CITES 附录III种类；a. 列入 IUCN 红皮书极危种类；b. 列入 IUCN 红皮书濒危种类；c. 列入 IUCN 红皮书易危种类

经济价值：1. 药用；2. 猎用；3. 羽用；4. 观赏；5. 农林益鸟

7.4 哺乳类多样性

额尔古纳国家级自然保护区地处大兴安岭寒温带地区，其兽类区系组成在我国动物地理区划上占有重要的地位，是具有全国性意义的陆地生物多样性的关键地区之一，同时也是我国生物多样性保护中不可忽视的部分。

7.4.1 哺乳类种类组成

经本次调查并结合文献记载，额尔古纳国家级自然保护区共分布兽类 6 目 16 科 48 种（详见 7.4.6）。占全国兽类种数（511 种）的 9.4%。其中食虫目 2 科 4 种、翼手目 1 科 6 种，食肉目 4 科 13 种，兔形目 2 科 3 种、啮齿目 4 科 16 种，偶蹄目 3 科 6 种，（表 7-15）。

表 7-15 额尔古纳国家级自然保护区兽类目科组成

序号	科目	种数	百分比
I	食虫目 INSECTIVORA	4	8.33%
1	猬科 Erinaceidae	1	2.08%
2	鼩鼱科 Soricidae	3	6.25%
II	翼手目 CHIROPTERA	6	12.50%
3	蝙蝠科 Vespertilionidae	6	12.50%
III	食肉目 CARNIVORA	13	27.08%
4	犬科 Canidae	3	6.25%
5	熊科 Ursidae	1	2.08%
6	鼬科 Mustelidae	8	16.67%

序号	科目	种数	百分比
7	猫科 Felidae	1	2.08%
IV	**兔形目 LAGOMORPHA**	3	6.25%
8	兔科 Leporidae	2	4.17%
9	鼠兔科 Ochotonidae	1	2.08%
V	**啮齿目 RODENTIA**	16	33.33%
10	松鼠科 Sciuridae	3	6.25%
11	鼯鼠科 Pteromyidae	1	2.08%
12	仓鼠科 Cricetidae	7	14.58%
13	鼠科 Muridae	5	10.42%
VI	**偶蹄目 ARTIODACTYLA**	6	12.50%
14	猪科 Suidae	1	2.08%
15	麝科 Moschidae	1	2.08%
16	鹿科 Cervidae	4	8.33%
合计		48	100.00%

在保护区的动物区系中，有蹄类占主要地位，以驼鹿（*Alces alces*）、马鹿（*Cervus elaphus*）、原麝（*Moschus moschiferus*）、狍（*Capreolus capreolus*）最普遍，尤以狍为优势种。啮齿类中的松鼠（*Sciurus vulgaris*）、花鼠（*Eutamias sibiricus*）和大林姬鼠（*Apodemus speciosus*）、红背䶄（*Clethrionomys rutilus*）及飞鼠（*Pteromys volans*）等种类相对其他类型的动物种数占优势。食肉类有紫貂（*Martes zibellina*）、黄鼬（*Mustela sibirica*）、小艾鼬（*Mustela amurensis*）、赤狐（*Vulpes vulpes*）、棕熊（*Ursus arctos*）、水獭（*Lutra lutra*）等，黄鼬和紫貂占优势，由于气候寒冷、植物简单、昆虫种类少，因而食虫目和翼手目种类不多，兔形目动物属中小型兽类，适应灌木丛生境，随着森林的大面积开采、迹地灌丛的增加，其种群数量理论上有很大的发展，但由于人为过度猎捕，其实际种群仍在下降。

7.4.2 哺乳类区系分析

依全国动物地理区划，额尔古纳国家级自然保护区隶属于古北界、东北区、大兴安岭亚区。属于古北界的兽类占绝大部分，为 43 种，占该地区兽类种数的 89.58%，属于东洋界的兽类仅 5 种（表 7-16），占该地区兽类种数的 10.42%。

表 7-16 额尔古纳国家级自然保护区兽类区系组成

区系类型	种数	百分比
古北界	43	89.58%
东洋界	5	10.42%
合计	48	100.00%

由于本区属于东西伯利亚针叶林向南延伸的部分，地带性景观属于西伯利亚针叶林

带。因此，动物区系明显表现出寒温带针叶林群落的特征：北方型兽类与东北型兽类相混杂。北方型兽类包括驯鹿、驼鹿、貂熊、莫氏田鼠、雪兔和普通蝙蝠等。它们都曾广泛分布于针叶林带及森林苔原带，是耐寒动物群的典型代表，该地区仅是其分布的南缘。驯鹿作为北半球寒温带至极地的代表性动物在国内仅见于该地区，但目前已无野生种群，貂熊作为环北极动物，国内也仅分布于新疆阿尔泰林区和该区。东北型兽类有食肉目的狼、赤狐等犬科动物，熊科的棕熊，鼬科的紫貂、水獭等，而广泛分布于东北区山地温带针阔混交林的虎、豹，20世纪70年代已在该地区绝迹，黑熊与青鼬在该地区也无分布。此外，东北刺猬和东北鼩鼱仅分布到其南缘。

7.4.3 哺乳类的分布

额尔古纳国家级自然保护区的兽类属于寒温带针叶林动物群。广阔的森林植被给兽类提供了良好的隐蔽条件，食物资源与栖息环境，且人为干扰相对较小，因此为大型有蹄类动物及森林啮齿类动物提供了大面积的适宜生境。除麝数量较少外，驼鹿、马鹿、狍的生态适应较广，分布数量较多；麝喜好栖息有较高的山岩区，在隐蔽条件良好的阴暗的云杉林里采食松萝。森林啮齿类动物在不同生境中分布存在差异，在原始的落叶松林中红背䶄的数量占相对的优势，而在森林采伐后棕背䶄数量明显占优势。在小型啮齿动物分布多的地方，以其为食物的毛皮兽类的数量则明显高于其他类型生境的数量。兔形目动物喜欢选择低矮灌丛的生境。在迹地数量占的比例较大。食虫目和翼手目动物种类和数量随海拔和纬度的升高而下降，呈负相关性。

由于保护区的森林昆虫种类和数量较少，食虫目、翼手目种类和数量也较少，在整个保护区中的分布呈间断和岛状分布。食肉目是该区的主要毛皮兽，位于生态位的顶端，数量较大，分布非常广，其分布区和啮齿目重叠，且数量变化随其他兽类数量的变化而呈复杂的曲线。有蹄类是该区动物区系的主要组成部分，数量大，分布广。

7.4.4 哺乳类保护物种

在保护区分布的48种兽类中，被列入国家重点保护动物的有9种，占所有兽类种数的18.75%（见表7-17），即其中貂熊（*Gulo gulo*）、紫貂（*Martes zibellina*）、原麝（*Moschus moschiferus*）为国家Ⅰ级重点保护动物，猞猁（*Lynx lynx*）、棕熊（*Ursus arctos*）、水獭（*Lutra lutra*）、马鹿（*Cervus elaphus*）、驼鹿（*Alces alces*）和雪兔（*Lepus timidus*）为国家Ⅱ级重点保护动物。

本区域列入《国家保护的有益的或者有重要经济、科学研究价值的陆生野生动物名录》种类有17种，占保护区兽类种数的35.42%；列入《中国濒危动物红皮书》有2种，占4.17%；列入CITES附录Ⅰ种类有2种，占4.17%；列入CITES附录Ⅱ种类有3种，占6.25%；列入CITES附录Ⅲ种类有2种，占4.17%；列入IUCN红皮书濒危种类有3种，占6.25%；列入IUCN红皮书易危种类有9种，占18.75%。

由此可见保护区兽类资源的种类并不是十分丰富，但濒危及受威胁物种却占有很高的比例。加之，该地区气候酷寒，环境条件恶劣，属脆弱生态带，该地区的生态系统一旦遭受破坏严重，将很难恢复，势必导致这些濒危、珍稀物种种群数量及分布区的显著变化，乃至遗传多样性的衰竭或种群的消失。因此，该地区物种多样性保护尤为重要。

表 7-17　额尔古纳国家级自然保护区兽类保护种类组成

保护类别	种数	百分比
国家 I 级重点保护种类	3	6.25%
国家 II 级重点保护种类	6	12.50%
列入《三有名录》种类	17	35.42%
列入《中国濒危动物红皮书》种类	2	4.17%
列入 CITES 附录 I 种类	2	4.17%
列入 CITES 附录 II 种类	3	6.25%
列入 CITES 附录III种类	2	4.17%
列入 IUCN 红皮书濒危种类	3	6.25%
列入 IUCN 红皮书易危种类	9	18.75%

7.4.5　重要珍稀濒危兽类

（1）驯鹿（*Rangifer tarandus*）

驯鹿在我国仅分布于大兴安岭西北部，栖息于海拔 700～1300m 的原始林区。经常活动在生长白桦的河谷漫滩。一般来说，它的生境与其主要食物石蕊的分布一致。目前，该区已经没有野生的驯鹿，只有鄂温克族猎民驯养的半野生状态的驯鹿群，主要游牧于保护区周边地区，游牧时，有些个体进入保护区。

驯鹿雌雄均长有叉角，身体毛被粗糙。驯鹿有不同色型，纯灰最多，也有白色和杂色的驯鹿。灰色驯鹿为驯鹿正常的体色，有"三白两黑"的特点，即腹白、系白、尾内侧白、鼻梁黑、眼圈黑。驯鹿蹄黑色，宽大而深裂，适于在泥沼地及雪地上行走，成群活动，主要采食石蕊、问荆与真菌，也采食青草及白桦等木本植物的嫩枝叶。食物随季节而有差异。幼鹿于第二年性成熟，9 月 15 日至 10 月 15 日为配种期。妊娠期 240～250 天，每年 5～6 月产仔，每胎 1 仔。

（2）驼鹿（*Alces alces*）

驼鹿俗称犴、堪达罕。它是鹿科动物中最大的一种，头大而长，颈下部有长的毛束，鼻部隆肿形似驼，吻鼻部通称犴鼻。

驼鹿喜栖息在靠近河套的针阔混交林的林缘或阔叶树较多的过伐林，阔叶幼树丛生的地方，冬季多出现在向阳的半山坡，通常遇到惊扰也不越过山脊。驼鹿的单足迹似牛，但较牛的足迹细长，雄鹿比雌鹿的足迹稍宽而圆，长径有的超过 15cm。驼鹿嗜食杨、桦、柳的嫩枝叶、树皮及灌木枝条，封冻前，在泡沼觅食枯草等水生植物。春秋两季常去碱场舔盐，每年 4～5 月去碱场的次数增多。每年繁殖 1 次，发情期在 9～10 月，妊娠期 8 个月，次年 6 月初开始产仔，每胎产 1～2 仔，哺乳期 3 个月，3 年性成熟。2012 年春季使用红外检测相机拍到 2 次。驼鹿为国家 II 级重点保护动物。

（3）马鹿（*Cervus elaphus*）

马鹿多栖息于半山坡的针阔混交林，活动在林缘、河套的杨桦林与柳灌丛间。冬季常在山谷阳坡出现，夏季多活动于高山或山地的北坡。白昼活动。冬季清晨6～8时、午后3～6时活动频繁，其他季节清晨4～6时及傍晚5～7时为活动高峰期。通常3～5只成群。雄鹿平时单独栖息，每昼夜的活动范围可达10余公里。马鹿以草及杨、桦、柳的嫩枝为食，每年5月、9～10月常见于碱场舔盐。进入发情期常在夜间发出叫声，在林里乱窜。8～9月交配，妊娠期9个月，第2年4～5月产仔，每胎产1～2仔，3年性成熟。马鹿的单足迹卵圆形，雄鹿左右侧足迹之间的距离较母兽宽，粪便的颗粒较驼鹿的小。2012年春季使用红外检测相机拍到6次。马鹿为国家II级重点保护动物。

（4）原麝（*Moschus moschiferus*）

原麝俗称獐子、香獐。雌雄均无角。雄麝上犬齿獠牙，向上唇之外突出，略有弯曲，成兽深棕色，幼兽棕色，肩背有成行排列的斑点。麝的四肢细长，蹄狭长而尖，悬蹄较大并能触及地面。

多栖息于岩石多的陡坡，常见于云杉林及青苔较多的沟塘，在针阔混交林中却少见。晨昏活动，以松和冷杉的嫩枝及叶、地衣、苔藓，以及各种野果、岩石上的石花、松树上的松萝为食，冬季昼夜活动范围1～25km，除发情期，雌雄麝均单独活动，幼兽跟随母麝活动。麝的足迹比狍小，长3～4cm，宽1.5～2cm，雄麝足迹较雌麝宽。向前跳跃时其后肢的足迹在前，前肢的足迹在后。交配期于11月，第2年4～5月产仔，每胎产2仔，3年性成熟，雌性体腹下有麝香腺，囊内分泌麝香，是名贵的动物药，具有强心、镇静、消炎、促进腺体分泌、发汗、利尿等功能。原麝为国家I级重点保护动物，在本地区数量已稀少。

（5）棕熊（*Ursus arctos*）

棕熊是食肉兽中体型较大者，毛背棕黑，头圆颈短，眼中吻长，四肢粗壮，动作笨拙。幼兽颈常有一圈白色领斑，此领斑于成体时消失。棕熊主要栖息于林区，山谷溪流附近倒木较多、浆果和松籽等食物丰富的地方。棕熊属杂食性动物，以各种植物的果实、种子、草根、嫩芽，以及土蜂、蚂蚁为食，也食野生动物的尸体。每年10月下旬至次年3月下旬在岩洞、树根下掘蛰洞眠，如遇惊扰常中止蛰眠而四处游荡，猎民称为"走驼子"。夏季交配，发情期雌雄兽常到高处多岩石的地方，配后各自分离，年产1胎，妊娠期7～8个月，于冬季产仔，每窝1～2仔，最多者产有3仔。棕熊在保护区广泛分布于河口、东沿江等林场，而在大兴安岭的分布区已大为收缩，为国家II级重点保护动物。

（6）貂熊（*Gulo gulo*）

貂熊又称狼獾，俗名山狗子，体长650mm，棕褐色，尾毛长而蓬松，毛被自前肢两侧向后至臀周特别长，色较淡，呈半环状的宽带纹。其外形似獾，尾似貂足掌似熊，而性情似狼。是森林草原和亚寒带针叶林的典型代表动物。多晨昏活动，爱走河套，常出没于灌木丛林，以伏击方式捕食，冬季甚至可以动物尸体为主要食物。貂熊秋季交配，巢窝筑于岩隙、倒木、树根下或树洞中。2～4月产仔，通常每胎产2～3仔，每年换毛两次，10月冬毛长齐。2012年春季使用红外检测相机拍到2次。貂熊在保护区内数量稀少，为国家I级重点保护动物。

（7）紫貂（*Martes zibellina*）

保护区分布的紫貂是大兴安岭亚种（*M. z. princeps*），冬季毛被色深，多呈黑褐色，尾蓬被粗大，四肢短而健，鼻部中央有明显的纵沟，耳下缘具双层附耳。喉斑不明显。略呈现棕色，个别个体亦间有橙黄色斑者，是寒温带针叶林的典型动物。主要栖息在山谷溪河两岸或石质坡地，冬季松籽成为紫貂的食物，夏、秋林下越桔、稠李、花楸及其他浆果遍生，这都是紫貂的良好食物，但紫貂主要以捕食小型鼠类、鸟类为主。紫貂行动敏捷灵巧、多独居，一般没有固定地窝穴，只有交配期雌雄才偶居一起，筑巢于石缝、树洞及树根下。紫貂一年繁殖一次，4 月下旬至 5 月中旬为产仔高峰期，通常每胎产 2～4 只。性成熟较晚，需在 15 月龄以后性成熟。紫貂多在夜间活动，活动往往与天气及食物多寡有关。紫貂昼夜活动也有季节差异，夏季早 4～8 时、晚 8～10 时，冬季早 4～10 时、晚 4～10 时为高峰期。2012 年冬春季使用红外检测相机拍到 7 次。紫貂已列为国家 I 级重点保护动物。

（8）雪兔（*Lepus timidus*）

雪兔冬毛全身纯白，仅耳尖黑色，夏毛头部、背部为褐色或棕黄色，腹部白色。雪兔属典型的寒温带针叶林动物，在保护区的原始针叶林、混交林内均有分布。雪兔常在倒木下面、凹地、灌丛中收集枯枝落叶做简单的巢穴，一只雪兔常有 2～3 个这样的巢穴，外出活动和觅食时多从一个巢穴走向另一个巢穴。冬季也常在雪中做洞，洞深达 1.0～1.2m。雪兔进行觅食和活动时常走固定的路线，多夜间活动。雪兔通常于积雪融化的 4 月中旬开始繁殖，6 月产仔，每年 4～6 只，最多可达 10 只。2012 年冬春季使用红外检测相机拍到 10 次。雪兔为国家 II 级重点保护动物。

7.4.6　额尔古纳国家级自然保护区哺乳类名录（表 7-18）

表 7-18　额尔古纳国家级自然保护区哺乳类名录

序号	中文名	学名	栖息生境	数量	区系成分	保护级别	经济价值
I	**食虫目**	**INSECTIVORA**					
1	猬科	Erinaceidae					
（1）	东北刺猬	*Erinaceus amurensis*	34	++	P	III	134
2	鼩鼱科	Soricidae					
（2）	中鼩鼱	*Sorex caecutiens*	34	+	P		4
（3）	栗齿鼩鼱	*Sorex daphaenodon*	345	+	P		4
（4）	长爪鼩鼱	*Sorex unguiculatus*	34	+	P		4
II	**翼手目**	**CHIROPTERA**					
3	蝙蝠科	Vespertilionidae					
（5）	伊氏鼠耳蝠	*Myotis ikonnikovi*	4	–	P		14
（6）	长尾鼠耳蝠	*Myotis frater*	34	–	O		4
（7）	须鼠耳蝠	*Myotis mystacinus*	34	–	P		4
（8）	水鼠耳蝠	*Myotis daubemoni*	34	–	P		4
（9）	普通蝙蝠	*Vespertilio murinus*	34	+	P		14

序号	中文名	学名	栖息生境	数量	区系成分	保护级别	经济价值
（10）	大耳蝠	*Plecotus auritus*	4	+	—		14
III	食肉目	**CARNIVORA**					
4	犬科	Canidae					
（11）	狼	*Canis lapus*	234	+	P	IIIIVB	123
（12）	赤狐	*Vulpes vulpes*	34	++	P	IIIc	123
（13）	貉	*Nyctereutes procyonoides*	23	++	P	III	123
5	熊科	Ursidae					
（14）	棕熊	*Ursus arctos*	234	−	P	II Ab	123
6	鼬科	Mustelidae					
（15）	紫貂	*Martes zibellina*	4	+	P	I c	234
（16）	貂熊	*Gulo gulo*	4	+	P	I c	23
（17）	小艾鼬	*Mustela amurensis*	34	+	P	III	1234
（18）	白鼬	*Mustela erminea*	34	+	P	IIIC	1234
（19）	伶鼬	*Mustela nivalis*	34	+	P	III	234
（20）	黄鼬	*Mustela sibirica*	34	+++	P	IIICc	1234
（21）	狗獾	*Meles meles*	234	+	P	IIIc	123
（22）	水獭	*Lutra lutra*	12	+	P	II IVAb	123
7	猫科	Felidae					
（23）	猞猁	*Lynx lynx*	4	+	P	II Bc	123
IV	兔形目	**LAGOMORPHA**					
8	兔科	Leporidae					
（24）	雪兔	*Lepus timidus*	34	+++	P	II c	123
（25）	草兔	*Lepus capensis*	34	+++	P	III	23
9	鼠兔科	Ochotonidae					
（26）	高山鼠兔	*Ochotona alpina*	4	+	P		123
V	啮齿目	**RODENTIA**					
10	松鼠科	Sciuridae					
（27）	花鼠	*Eutamias sibiricus*	3	+++	P	III	123
（28）	松鼠	*Sciurus vulgaris*	3	++	P	III	123
（29）	草原黄鼠	*Citellud dauricus*	34	++	P		
11	鼯鼠科	Pteromyidae					
（30）	飞鼠	*Pteromys volans*	4	+	P	III	23
12	仓鼠科	Cricetidae					
（31）	黑线仓鼠	*Cricetulus barabensis*	23456	+++	O		
（32）	林旅鼠	*Myopus schisticolor*	4	+	P		
（33）	红背䶄	*Clethrionomys rutilus*	4	++	P		
（34）	棕背䶄	*Clethrionomys rufocanus*	4	+++	P		
（35）	莫氏田鼠	*Microtus maximowiezii*	23	++	P		
（36）	麝鼠	*Ondatra zibethica*	12	+++	P	III	123

续表

序号	中文名	学名	栖息生境	数量	区系成分	保护级别	经济价值
（37）	东北鼢鼠	*Myospalax psilurus*	3	++	P		
13	鼠科	Muridae					
（38）	巢鼠	*Micromys minutus*	2345	+	O		
（39）	大林姬鼠	*Apodemus speciosus*	234	++	P		
（40）	黑线姬鼠	*Apodemus agrarius*	235	+++	P		
（41）	褐家鼠	*Rattus norvegicus*	23456	+++	P		1
（42）	小家鼠	*Mus musculus*	23456	++	O		
VI	**偶蹄目**	**ARTIODACTYLA**					
14	猪科	Suidae					
（43）	野猪	*Sus scrofa*	345	++	P	Ⅲc	123
15	麝科	Moschidae					
（44）	原麝	*Moschus moschiferus*	34	+	P	Ⅰ Bb	123
16	鹿科	Cervidae					
（45）	马鹿	*Cervus elaphus*	34	+	P	Ⅱ	123
（46）	狍	*Capreolus capreolus*	234	+++	P	Ⅲ	123
（47）	驼鹿	*Alces alces*	34	+	P	Ⅱ c	123
（48）	驯鹿	*Rangifer tarandus*	34	+	P	Ⅲ	123

注：生境：1. 水域；2. 沼泽；3. 草甸；4. 林地；5. 农田；6. 居民区

数量：+++优势种；++常见种；+稀有种；"－"绝迹或文献记载

保护级别：Ⅰ. 国家Ⅰ级重点保护动物；Ⅱ. 国家Ⅱ级重点保护动物；Ⅲ. 列入《国家保护的有益的或者有重要经济、科学研究价值的陆生野生动物名录》种类；Ⅳ. 列入《中国濒危动物红皮书》种类；A. 列入 CITES 附录Ⅰ种类；B. 列入 CITES 附录Ⅱ种类；C. 列入 CITES 附录Ⅲ种类；a. 列入 IUCN 红皮书极危种类；b. 列入 IUCN 红皮书濒危种类；c. 列入 IUCN 红皮书易危种类

经济价值：1. 药用；2. 猎用；3. 观赏；4. 农林有益

8 昆 虫 资 源

昆虫是世界上最大的一类生物资源,种类多,数量大,生活范围广泛,种群增长迅速,在支撑地球生命运转和维护自然生态平衡方面有巨大的不可替代的作用。然而,昆虫物种多样性的保护和研究(相对于大型动物和植物)却没有得到应有的重视。昆虫种类和个体数量多、分布广,且世代发生相对较短,是开展生物多样性研究较好的材料,为探讨生物多样性特别是物种多样性研究的理论和方法提供了很好的实验对象。因此,昆虫物种多样性的研究应该成为物种多样性研究的重要组成部分。

8.1 昆虫物种多样性

昆虫是物种繁多的生物类群,昆虫纲是动物界中物种数量最多的纲,由于自然界中生命十分纷纭复杂,动物种类繁多。已知全世界的生物种类有 200 多万种,动物大约占 150 万种,其中昆虫就有 100 万种,占动物界的 3/4~4/5。新种记载的数量每年在万种以上,加上存在若干同物异名现象,因此,目前已经存在的动物的种名(含亚种名)估计可达 200 万个,而昆虫则可达 150 万个。我国幅员辽阔,植被丰富,南北气候差异大,我国昆虫资源也很丰富,据统计有 15 万~20 万种,已经定名的昆虫有 4.5 万种,占我国现有昆虫种类的 25%左右。

额尔古纳国家级自然保护区植被复杂,昆虫种类十分丰富。但过去几乎没有对昆虫进行过较详细系统的考察。如 1992 年出版的内蒙古大兴安岭林业管理局森林资源丛书之一《内蒙古大兴安岭林区昆虫名录》一书中仅记载昆虫纲中昆虫有 335 种,隶属于 14 目 72 科。在邻近的内蒙古乌玛自然保护区科学考察报告中论述乌玛保护区有 335 种,隶属于 14 目 72 科中。显然科考与《内蒙古大兴安岭林区昆虫名录》一书中的数据相同。

经过 2012~2013 年的两次科考、标准地调查、野外采集和灯光诱杀并参阅有关资料,在本保护区内共整理鉴定出 318 种昆虫,隶属于 10 目 68 科(见 8.9 额尔古纳国家级自然保护区昆虫总名录)。这些种类中绝大多数是森林植物害虫,包括叶部害虫、蛀干害虫、枝梢害虫、果实种子害虫及林木和苗圃地下害虫等。统计结果表明,在本保护区,兴安落叶松林内主要害虫有 7 目 46 种,占 14.47%;杨柳树害虫有 4 目 64 种,占 20.13%;栎树害虫有 3 目 22 种,占 6.92%;桦树害虫有 3 目 22 种,占 6.92%。当然这样的划分并非绝对的,只是相对而言,因为许多害虫它们食性很杂,能危害多种森林植物。

昆虫不但种类多,而且个体数量大,分布广,食性杂,繁殖能力强,世代发生期短,是开展生物多样性研究的好材料。为探讨生物多样性,特别是物种多样性研究的理论和方法提供了很好的实验对象。因此,昆虫物种多样性的研究理应是动物多样性研究的重要组成部分。

虽然有的昆虫种类在自然生态系统中的作用还不十分清楚,但确实有很多种类在生活实践中早已被人们所熟悉,它们在生态系统运行中扮演重要角色,如天敌昆虫在自然界中对害虫的大发生有着很强的抑制作用,在以虫治虫开展生物防治的今天,这些天敌昆虫有着举足轻重的作用。1988 年颁布、1989 年正式实施的《中华人民共和国野生动物保护法》,从法律上和具体措施上保护物种,保护自然界生物多样性,保持自然界生态平衡,其中就强调了保护稀有有益昆虫,特别是珍贵的蝶类和甲虫,严禁私自采集和出售。传粉昆虫如蜜蜂等资源昆虫可以传粉酿蜜,造福于人类,是公认的"生态系统生产者"或"生态系统工程师"。在所有的昆虫中,蝴蝶和蛾类最受人们赞赏,尤其是蝴蝶,因其在白天活动,且以美丽的色彩和优雅的舞姿著称。有些国家和地区,人工饲养当地美丽蝴蝶,把它做成工艺品出口。

　　昆虫多样性及多度调查资料,可作为设计和管理自然保护区的信息基础。与脊椎动物相比,昆虫多样性更高,生境的空间尺度更小。它们对环境的变化更为敏感,具有广谱的生物地理学、生态学探针(biogeographical and ecological probes)的功能。因而,昆虫更适合用于描述生境的精细特征及指示生境的细微变化,从这个意义上讲,开展昆虫多样性研究,对实施生物多样性监测和保护具有重要意义。

8.2　昆虫区系多样性

　　昆虫区系和昆虫多样性的研究是该区域动植物群落多样性与生态系统多样性研究的基础。

　　额尔古纳国家级自然保护区的昆虫区系,在动物地理分布的划分上,属于古北界的种类。古北界(区)大部分由欧亚大陆组成,包括欧洲、撒哈拉沙漠以北的非洲、小亚细亚、中东、伊朗、阿富汗、中亚、俄国、蒙古国、中国北部、朝鲜半岛和日本群岛。有人把古北区再划分为 5 个亚区,即北极亚区、欧洲-西伯利亚亚区、东北-中国亚区(或称东亚亚区)、中亚亚区及地中海亚区。本保护区处在中国东北亚区和欧洲-西伯利亚亚区内,过渡区带内。本亚区的北部与欧洲-西伯利亚亚区为邻,西接中亚亚区,南部毗连东洋区。地形复杂,西部有高山,东部面临大海,其间有大江、大河、山地、平原和湿地,以及半岛和群岛,气候温湿,植被复杂。

　　因此本保护区昆虫区系除了具有大兴安岭森林类型特点、森林湿地固有特性外,还具有部分欧洲-西伯利亚亚区北部山地等的耐寒种类,这就决定了本保护区昆虫区系和昆虫物种的多样性。经踏查、标准地调查、野外采集和灯光诱杀并参阅有关资料,整理鉴定出 318 种昆虫,隶属于 10 目 68 科(见 8.9 额尔古纳国家级自然保护区昆虫总名录)。其中食用昆虫有 3 目 7 种、药用昆虫有 7 目 16 种、天敌昆虫有 7 目 20 种。余下的种类大多数为森林植物害虫。由于时间、季节及采集方法的制约,名录中所列的昆虫,并非保护区的全部种类,尽管是一部分,却有一定的代表性,基本上能反映出本保护区的昆虫区系特点。这些昆虫中为数不少与人类关系并非十分密切,种类数量少,活动范围有限,不是在特殊情况下或极端环境因子,不易成灾为患,经济意义不大,作为大自然中的一员和生物多样性的一个组分,默默地繁衍生息。但是名录中确实有一些种类,是保护区内林木、果树、草地、农牧业和水产养殖业的害虫,常给农林牧业造成严重损失。

8.3 昆虫资源用途多样性

8.3.1 昆虫的可食用性

世界上可食用的昆虫大约有 3600 种，食用昆虫含有蛋白质、氨基酸、脂肪、维生素和矿物元素等多种成分，营养价值很高。昆虫作为一种重要的生物资源，至今还没有得到充分开发与利用。由于食用昆虫营养成分高、易被人体吸收、繁殖世代短、繁殖数量高、适于工厂化生产、资源丰富等特点，已经成为一种理想和亟待开发的食物资源。

早在 3000 年前的《尔雅》、《周礼》和《礼记》中就记载了蚁、蝉、蜂经过加工后供皇帝祭祀和宴饮之用；北方人喜食蝗虫、蚕蛹、蝉和某些天蛾幼虫；福建、两广一带人们捕食龙虱；台湾人喜食"香酥蟋蟀"；湘西人对油炸马蜂幼虫颇感兴趣；在云南食用昆虫早已形成了民族特色的食虫文化，食用的种类与方法多种多样；在贵州的仡佬族、广西东兰县等地及云南新平县境内的哈尼族都有各自不同的"食虫节"，届时家家户户少不了油炸蝗虫、腌酸炸蜢、甜炒虫蛹等别有风味的昆虫菜肴。

本次调查通过采集到的标本确认，自然保护区可供食用的昆虫仅采到 7 种，其中直翅目（ORTHOPTERA）1 种、鳞翅目（LEPIDOPTERA）5 种、鞘翅目（COLEOPTERA）2 种（见 8.8 保护区主要资源昆虫名录）。当然还会有更多，只是没有采到标本或者能否食用还不十分了解。

8.3.2 昆虫药用性

自古以来，人们在长期捕食昆虫过程中，进一步发现它们不仅可以食用，还可以治病。昆虫作为药物治病或作为辅助治疗，在我国已有 2000 多年的历史。据最早的文字《周礼》记载，"五药，草木虫石谷也"。可见古代人们已认识到"虫"是药材之一。《神农本草经》列出的虫药就有 29 种，李时珍的《本草纲目》则将虫药扩充到 106 种，到目前为止，我国中医的药用昆虫达 300 种之多，如蚂蚁、蜜蜂、蟑螂、蝉壳、斑蝥、螳螂、家蚕、蜣螂、地鳖虫、九香虫和苍蝇等，最珍贵的当属冬虫夏草。目前已有很多药用昆虫进行了人工养殖，在医药、食品、工艺美术等诸多领域发挥着极大的作用。本次调查初步列出的药用昆虫有 7 目 16 种（见 8.8 保护区主要资源昆虫名录）。

8.3.3 昆虫保健食品

昆虫保健食品是指对昆虫及其产品的保健功能加以科学分析后精制成产品。例如，使用发酵法加工蚕蛹，生产蚕蛹豆浆，蚕蛹面包。我国东北等地以柞蚕雄蛾为原料生产出雄蛾酒——天工蛾酒；辽宁省科学院利用柞蚕卵、柞蚕雄蛾开发出柞蚕胚胎精华素和雄蛾精粉；近几年来，昆虫活性物质应用于医学已引起国内外生物学和昆虫学专家的关注。含有大量昆虫活性物质的柞蚕蛹，是我国柞树山林中特有的一种昆虫，它不但生物量大，而且资源丰富，其除了含有高级昆虫蛋白质、脂肪、维生素、矿质元素和微量元素等丰富的营养外，还含有其他生物不具备的特殊肽类蛋白和抗衰老因子。据最新的研究表明，这种因子具有提高机体的免疫力、促进人体细胞新陈代谢、修复受损细胞的显著作用。

以蜜蜂为材料生产的氨基酸营养液、雄蜂蛹酒、王浆冻干粉；以蚂蚁为原料生产的蚂蚁雄风酒、蚁王酒等。此外，将现代生物工程技术运用到资源昆虫的开发中，即以提取、合成和利用昆虫活性物质为标志生产的昆虫保健食品、药品等，大量出现已知活性物质有昆虫毒素、昆虫干扰素、虫草素、尿苷酸等。不过昆虫保健食品尚处在研究阶段，本保护区有着丰富的蜜蜂、柞蚕和蚂蚁等昆虫资源，有待今后进一步开发利用。

8.3.4　饲养昆虫

我国早在 20 世纪 50 年代就有利用昆虫喂养家禽的报道，70 年代以后，全国各地开展了这方面大量的研究。特别是家蝇、黄粉虫等饲用价值较高的昆虫已初步具备工厂化的生产能力。目前已比较成熟的饲养昆虫除上述两类群外，还有蝗虫、蚕、蝼蛄等。而家蝇、黄粉虫、蝗虫、柞蚕、蝼蛄等都是保护区内常见种类，可以通过自然或人工饲养的方法大量生产，以供养蛙和喂养家禽的需要。可以扩大生产规模、深加工，发展多种经营，以增加林区职工收入。

8.3.5　天敌昆虫

在自然界，所谓益虫害虫都是按照与人类的利害关系人为划分的。其实害虫种群数量的消长完全由复杂的生态环境所调控，植被—害虫—天敌彼此相互依存又相互制约，保持着生态系统的平衡。昆虫（天敌）的存活抑制着害虫的发生，同时害虫的发生又利于益虫的存活，自然界总是将这些利害关系处理得相得益彰、互利共赢。可是自从人类发明了农药，害虫防治手段简便了，但同时农药也成了威胁人类健康的元凶，长期不当的使用农药，农林作物容易产生药害，害虫也容易产生抗药性。人类片面追求快、准及对事物外观的过分重视，致使农药使用迅速发展。害虫防治经历了漫长的时期后，人类终于认识到盲目使用化学农药的严重后果，因而提出利用生态系统调控的新理念。所谓生态调控，就是在了解生态系统中植物—害虫—天敌的相互关系，充分发挥和利用作物的抗虫性和天敌控制害虫的作用，从而达到防治害虫的目的。

利用天敌昆虫防治森林植物害虫，是害虫生物防治的方向之一。本保护区内，可供利用的天敌昆虫资源十分丰富，应加强保护和利用。经调查和标本鉴定共列出 7 目 20 种或类群（见 8.8 保护区主要资源昆虫名录），分为捕食性和寄生性两类。事实上额尔古纳国家级自然保护区天敌昆虫资源远远大于此，有待今后研究、开发和利用。

8.3.6　昆虫的观赏性

观赏昆虫是指可供人们赏玩、娱乐以增添生活情趣，丰富、美化人们生活，开阔视野，陶冶情操，从而有益于身心健康，并且有一定经济价值的昆虫，是"资源昆虫"中的一类。观赏昆虫还有益于增加人们对自然资源的保护意识，维护生态平衡，保护昆虫多样性，特别是对珍稀、濒危资源昆虫的保护和合理开发利用，使之产生较大的经济效益等方面有着重要意义。

昆虫是无脊椎动物中唯一具翅的动物，在漫长历史演化过程中身体发生很大的变异，以适应复杂多变的外界环境。天上飞的、陆上跑的、水中游的、土里钻的，这些小动物几乎占据了地球的每个角落，可以说无处不在，无处不有，其种类之多、数量之大、分布之广、形态之奇特，是其他任何动物所无法相比的，它们都有极高的观赏价值，如色彩艳丽的蝶蛾，斑纹精美、形态奇特的甲虫，鸣声悦耳的蝉类、蟋蟀、螽斯，打斗场面精彩的蟋蟀等。大多数人儿时都有捕捉玩耍的记忆，令人回味无穷。

在我国，观赏昆虫有着十分悠久的历史，很早以前人们就有了蓄养蟋蟀、听鸣观斗的活动；而历代文人墨客也似乎对这些小虫有着特别的偏爱，吟诗作画常以它们为对象，留下不少传世佳作。人们以虫寄情，以情赏虫，充分展现了中华民族特有的浪漫与博爱，形成了中国独特的虫文化。近年来，随着人民物质生活水平的提高，文化活动日趋丰富多彩，观赏昆虫这一活动越来越受到人们的欢迎和喜爱。观赏昆虫的活动能增加知识、开阔视野、陶冶情操，充分领略大自然的美，为我们生活增添新的色彩。

我们将保护区内所有采集到的昆虫，一律做成针插标本保存在保护区的标本馆（室）内，供科学研究、科普教育、展览和观赏之用。并且每年都要坚持采集，充实完善昆虫标本。

8.4 保护区主要森林植物害虫

8.4.1 食叶害虫

食叶害虫是针、阔叶树最常见和最重要的害虫类群之一。食叶害虫种类很多，其中以鳞翅目的种类最多，如刺蛾、舟蛾、毒蛾、天蛾、夜蛾、枯叶蛾、尺蛾等；还有鞘翅的叶甲、象甲部分种类；膜翅目的叶蜂类；同翅目的蚜虫、球蚜等。

食叶害虫危害根据症状容易发现和识别，如整个叶片被食，留下残叶、叶柄或叶脉等，严重时整株林木无叶而光秃；潜叶种类使受害叶出现各种潜迹、污斑或枯黄；一些种类卷叶、缀叶或褶叶危害，使树叶或植物叶片呈各种形状的卷曲或缀合；袋蛾、鞘蛾则终生负自己营造的形态各异的囊袋和叶鞘；天幕布毛虫则结成丝网，罩在树冠上似"天幕"，更惹人注目。被害树根际处往往布满残叶、虫粪，树间挂有虫茧、丝迹等也属常见现象。这些害虫发生特点如下。

1）具有咀嚼式口器，往往以幼虫（鳞翅目、膜翅目等）或成虫、幼虫（鞘翅目、直翅目等）食害健康木，树木严重受害后，由于生理衰退，易引起小蠹虫、天牛、吉丁虫及树蜂类等以衰弱木为主攻对象的钻蛀性害虫及病菌的侵染而导致死亡。因此，食叶害虫称为初期性害虫，而后者称为次期性害虫。

2）这类害虫大多数营裸露生活（少数卷叶或营巢），因此受环境左右很大，其表现是虫口消长明显。

3）繁殖量大，具有主动迁移、迅速扩散、危害加重的特点。

4）某些害虫大发生具有阶段性和周期性，如本保护区的落叶松毛虫（*Dendrolimus superans*）、舞毒蛾（*Lymantria dispar*）、杨雪毒蛾（*Stilpnotia candida*）、雪毒蛾（*Stipnotia salicis*）等。阶段性包括：①初始阶段性，此阶段食料充足，气候适宜，温暖干旱，利于害虫生长发育。天敌少虫口数量不多，危害不显著，非专门调查一般不易发现，这个阶段通常维持 1 年。②增殖阶段，继上一年有利条件，虫口已显著增加，并且继续上升，叶子明显被食，并且局部受害严重，害虫不断扩散蔓延，此时天敌也相应增加，此阶段一般需要 1～3 年。③猖獗阶段，害虫突然暴发成灾，林木严重受害，食物缺乏，幼虫被迫转移或大量死亡，同时天敌增多，疫情蔓延，控制害虫种群数量增长，这个阶段一般维持 1～2 年。④衰退阶段，是前一阶段的继续，由于食物不足，加上捕食和寄生性天敌大量捕食和寄生，并且病毒、细菌引起传染病发生，害虫数量锐减，这个阶段一般维持 1～2 年。在一定条件下害虫大发生过程，往往重复出现，这种周期性依害虫种类和林分结构组成为转移。通常 1 年 1 代的害虫大发生总的时期（周期）长达 7 年；2 年 1 代的害虫长达 14 年；而 1 年 2 代的害虫大发生周期只需要 3 年半左右的时间。

额尔古纳国家级自然保护区植被丰富，树种多样，虽然林分内食叶害虫种类很多，但是由于林分层次结构复杂，针阔混生，彼此相互隔离，而且天敌昆虫形成了一种潜在的自然控制力，虽然食叶害虫经常发生，却不能扩散蔓延，因此不易暴发成灾。随着营林事业的发展，虽然栽植了一定数量的人工林，但是受天然林所包围，把人工林保护起来，天然林天敌昆虫经常转移到人工林内抑制了人工林内害虫的大发生，一般不会发生大的虫灾。本保护区主要食叶害虫种类有落叶松毛虫（*Dendrolimus superans*）、舞毒蛾（*Lymantria dispar*）、杨雪毒蛾（*Stipnotia candida*）、雪毒蛾（*Stipnotia salicis*）、黄褐天幕毛虫（*Malacosoma neustria testacea*）、兴安落叶松鞘蛾（*Coleophora dahurica*）、赤杨叶甲（*Agelastica coerulea*）等。

松毛虫是我国针叶树最主要的食叶害虫。历史最早记载明代嘉靖四年（1525 年），距今有几百年了。20 世纪 50 年代以前，松毛虫经常猖獗成灾，但是基本上处于自生自灭的状态。从 50 年代初期开始对这类害虫进行了有计划有目的的研究，并积极开展防治工作，但是由于营造的纯林面积逐渐扩大，林分经营管理粗放，防治措施及策略不利，松毛虫猖獗成灾仍然此起彼伏，此虫春秋两季危害林分，严重时针叶被食光，犹如火烧一样，如果多年连续危害，使林木生长衰弱，甚至枯死，给国民经济造成重大损失。我国共有 27 种松毛虫（含 4 个亚种），本保护区分布的落叶松毛虫属于古北区种类，主要分布于本保护区针叶林植被类型的兴安落叶松、落叶松人工林。落叶松毛虫天敌很多，已知卵的天敌有落叶松毛虫黑卵蜂（*Ocecyrtus* sp.）、平腹小蜂（*Anastatus* sp.）；松毛虫幼虫的天敌有松毛虫脊茧蜂（*Rogas dendrolimi*）；幼虫至蛹的天敌有松毛虫狭额寄蝇（*Carcelia roselia*）、伞裙追寄蝇（*Exorista fusciata*）；捕食性天敌昆虫有星步甲、红足真蝽、胡蜂、蚂蚁等；捕食鸟类有杜鹃、喜鹊、黑枕黄鹂、大山雀和红尾白劳等。

舞毒蛾是世界知名的害虫。分布广、危害大、食性杂，据报道能取食 500 多种植物。该种与本保护区另一种重要的食叶害虫黄褐天幕毛虫一样，多分布在兴安落叶松林、蒙古栎林。在灌木丛中也时有发生，但数量不多，常发生在郁闭度小、通风透光的林地。繁殖的有利条件是温暖、干燥稀疏而由主要寄主树种组成的纯林，所以在林缘、阳坡、林间道路两侧、居民点附近林分，由于过度放牧和滥砍滥伐等人为破坏，常引起舞毒蛾大发生。

舞毒蛾也有很多天敌，如蚕饰腹寄蝇（*Crossocosmia xebina*）、柞蚕饰腹寄蝇（*Crossocosmia tibialis*）、茧蜂、步甲和舞毒蛾核型多角体病毒、质型多角体病毒，山雀、杜鹃等。

杨毒蛾（杨雪毒蛾）和柳毒蛾（雪毒蛾）在本保护区存在，其幼虫主要危害杨柳树，近几年发生严重，常猖獗成灾，短期内能将整个林木叶子吃遍吃光。它们的成虫形态和生活习性十分相似，且常伴随发生，所以当地人们把它们统称为杨柳毒蛾。

兴安落叶松鞘蛾是落叶松人工林内重要害虫，幼虫专食落叶松针叶叶肉，针叶受害先端部分呈褐色而枯死，大面积受害后林分一片枯黄，似火烧一般，林木生长大受影响，生产量也因此降低。该虫喜欢在林分郁闭度小的条件下活动，危害阳坡重于阴坡，林缘重于林内，纯林重于混交林。落叶松鞘蛾天敌很多，在本保护区捕食性鸟类主要有：大山雀、褐头山雀和树麻雀；蜘蛛中有些种类直接捕食幼虫；至少有2～3种蚂蚁频繁活动在落叶松枝叶上，捕食落叶松鞘蛾的幼虫；据统计鞘蛾寄生蜂有10多种，主要有金小蜂科（Pteromalidae）、寡节小蜂科（Eulophidae）、姬蜂科（Ichneumonidae）和茧蜂科（Braconidae）等的某些种类。

8.4.2 蛀干害虫

这类害虫系钻蛀树木枝梢及树干的害虫。种类很多，主要包括鞘翅目的天牛类、小蠹虫类、吉丁虫类和某些象甲类；鳞翅目的木蠹蛾类和透翅蛾类及较少造成大面积危害的膜翅目的树蜂类。

蛀干害虫有个共同特点，除在成虫期进行补充营养、寻找场所交尾和产卵时比较容易被发现外，其幼虫期、蛹期均营隐蔽式的生活方式，它们生活在皮下、皮层里或木质部内，给防治带来许多困难。它们常危害生长衰弱、濒临死亡的立木或新鲜倒木，所以称其为次期性害虫。由于该自然保护区天然次生林居多，大部分都是针阔混交林或阔叶混交林，落叶松纯林较少，加上天然林保护工程的实施，林内卫生大有改善，人为破坏较轻，通过严格的经营管理，这几年蛀干害虫发生量比较少，给林木造成的损失并不太大。

凡是引起林木生长衰弱的一切因子都是蛀干害虫大发生的原因，林木衰弱的因素很多，主要是不良的生长条件。林木生长在不适宜的土壤或土壤条件恶化，林木受压，风、雪、水、火及林木病虫害等经常出现的自然灾害的影响，其生长受损。林业经营措施不当，如不适地适树，采伐方式不按技术操作规程处理原木及枝丫等，不注重林内卫生及适时防治病虫害等，都可能引发小蠹虫、天牛、吉丁虫等蛀干害虫的大发生。引起蛀干害虫大发生的原因概括起来有：①不良的林木生长条件；②常年的自然灾害；③人们不正当的经营活动。

本保护区内主要蛀干害虫有：云杉大黑天牛（*Monochamus urussovi*）、云杉小黑天牛（*Monochamus sutor*）、云杉花黑天牛（*Monochamus saltuarius*）、其中云杉小黑天牛为优势种。此外还有长角灰天牛（*Acanthocinus aedilis*）、长角小灰天牛（*Acanthocinus griseus*）、松皮天牛（*Stenocereus inquisitor japonicus*）、赤杨褐天牛（*Anoplodera rubradichroa*）等，它们主要分布在针叶林植被类型的兴安落叶松林、云冷杉林、白桦落叶松混交林和杨树落叶松混交林。成虫在补充营养期间啃食嫩枝和原木、立木的韧皮部，以幼虫蛀食枝干并在皮下或木质部内筑坑道致使树木枯死，造成生理及工艺上的损失。少数天牛尚能危害健康林木，轻者养分、水分输导受阻，树势衰弱，生长不良，重者整株死亡。

　　松六齿小蠹（*Ips acuminatus*）、落叶松八齿小蠹（*Ips subelongatus*）、中穴星坑小蠹（*Pityogenes chalcographus*）等是本保护区内又一类主要蛀干害虫，而落叶松八齿小蠹为优势种。小蠹虫是小型甲虫，主要危害衰弱木、濒死木，多发生在针叶树原始林中。少数种类能侵害健康木，如落叶松八齿小蠹主要危害兴安落叶松，本种虫源大，攻击性强，近年来本种作为北方落叶松人工林、用材林蛀干害虫的先锋种，经常成灾，已构成当前落叶松人工林经营中的巨大威胁。红胸拟蚁郭公虫（*Thanasimus formicarius*）、黑胸拟蚁郭公虫（*Thanasimus nigricollis*）能捕食小蠹虫的各虫态。金小蜂对小蠹虫越冬成虫的寄生率可达 11%，此外，条圈园甲、线虫及大斑啄木鸟等对抑制小蠹虫的猖獗也有一定的作用。

　　吉丁虫也是本保护区的一类蛀干害虫。其幼虫在皮层、韧皮部及边材蛀食，有的种类蛀入到木质部内。受害树枯枝、拆枝、生长衰弱，甚至全株死亡。本保护区吉丁虫主要有：西伯利亚吉丁虫（*Buprestis sibirica*）、杨锦纹吉丁虫（*Poeciloneta virilosa*）分别危害落叶松和杨树。

8.4.3　幼树枝梢害虫

　　幼树枝梢害虫种群数量少，危害小，尚不能成灾，但随着更新造林人工林面积的不断扩大，此类害虫的种类和数量将呈逐渐上升的趋势。

　　这类害虫有两种危害方式，一种是钻蛀，如鳞翅目的部分暝蛾、卷蛾、透翅蛾；鞘翅目的象甲等，由于其危害，导致树干分叉，枝芽丛生形成畸形，甚至整枝或整株死亡。另一类以刺吸式口器刺吸寄主的幼干、幼茎和嫩叶的汁液，掠夺寄主的营养，使受害部位褪色、发黄、营养不良，器官或组织萎缩、卷曲、畸形，引起组织增生形成虫瘿，严重时整株枯死。本保护区分布的落叶松球蚜（*Adelges laricis laricis*）、落叶松梢球蚜（*Cholodkovskya viridana*）、冷杉球蚜（*Aphrastasia pectinatae*）、杨瘿绵蚜（*Pemphigus populi-transversus*）、柳瘤大蚜（*Tuberolachnus salignus*）及柳蛎蚧（*Lepidosaphes salicina*）等属于这类害虫。它们是兴安落叶松原始林和落叶松人工林、云冷杉林及阔叶落叶松混交林中常见的害虫。落叶松球蚜成虫、幼虫均以刺吸式口器刺入针叶表皮或当年萌生的嫩枝表皮，吸吮树液。盛发期时有大量白色蜡质物覆盖针叶表面，严重影响光合作用，进而导致树木生长量下降。球蚜类的生活史相当复杂，其主要特点是：①球蚜仅寄居在针叶树上危害；②完成一个生活周期需要用时 2 年，并且必须转换寄主；③第一寄主（越冬寄主）必须是云杉属的树木并在其上形成虫瘿，第二寄主因球蚜种类不同，可以是落叶属、松属、冷杉属等树木。如落叶松球蚜第一寄主是云杉，第二寄主为落叶松。群集嫩枝和叶片上吸取汁液，同时排出蜜露，引发煤污病。蚜虫繁殖能力强。两性生殖、孤雌生殖、卵生和卵胎生。瓢虫、草蛉、食蚜蝇及蚜茧蜂是蚜虫常见的天敌，对蚜虫种群有一定的控制力。通风不良和生长茂密荫蔽大的林分最易发生蚜虫。

8.4.4　球果种子害虫

　　落叶松是我国重要用材树种之一。分布广、易栽培、用途多，是本保护区优良针叶树种。多年来，由于落叶松种子害虫危害严重，致使种子大幅度减产，种质下降，种源奇缺,给天然林更新、育苗、造林用种带来困难,直接影响天然林保护工程的进展。落叶松球果花蝇(*Strbilomyia* spp.)、落叶松球果卷蛾(*Semasia perangustan*)、落叶松广肩种子小蜂(*Eurytoma larcis*)和落叶松球果瘿蚊(*Camptomyia laricis*)等是本保护区落叶松母树林、种子园主要球果种实害虫。由于它们的危害,造成落叶松种子丰年显著歉产,歉年无法采种。

8.4.5　地下害虫

苗圃地下害虫分地上部分和地下部分两大类,而其中以地下害虫危害最重。由于它们营隐蔽式生活方式,给防治工作带来很多困难,它们栖息于土壤里取食刚发芽的种子和幼苗的根部;地上部分害虫主要危害苗木的地上部分,如嫩茎、嫩芽和叶片。从昆虫名录中可以看出,本保护区地下害虫种类较少,因为保护区地处山地丘陵,土层很薄,在40cm以下多是坚硬的母质层,这样土壤条件下地下害虫无法钻入深处生存,加上冬季气候严寒,越冬虫态死亡率高,这就决定了保护区内地下害虫少,危害较轻。经采集调查,主要地下害虫有:东方蝼蛄(*Gryllotalpa orientalis*)、东北大黑鳃金龟子(*Holotrichia diomphalia*)、兴安叩头虫(*Harminius dahuricus*)、地老虎(*Agrotis* spp.)等。

8.4.6　其他

本保护区内的阔叶林植被类型的蒙古栎中橡实象虫(*Curculio arakawai*)、毛赤杨林中赤杨叶甲(*Agelastica coerulea*),以及少量零星分布的橡树灌丛中的橡实象甲(*Curculio dieckmanni*)等都是不同林型中具有代表性的昆虫,发生数量不多,危害不重;其次沼湖、水塘生活的水龟虫、龙虱、水龟、划蝽等一些水生昆虫,与人的关系并不十分密切,经济意义不大。水龟虫生活在池塘或流水中,一部分生活在有机质丰富的湿润秽土或粪土里,幼虫捕食小鱼、蝌蚪,有些种类危害秧苗,只有大型的水龟虫(*Hydrous* spp.)可以食用;龙虱为习见的水生昆虫,均为肉食性,捕食水生的小动物,如蜗牛、蚯蚓、蛙及小鱼,更多的是捕食蜉蝣目、蜻蜓目和半翅目等水生昆虫。个体大的也可以作为药材和食用。

8.5　保护区森林植物害虫的综合治理

防治害虫,必须以它的发生规律为依据,并且针对害虫发生过程中的薄弱环节,采取防治措施,才能收到防治效果,这是防虫治虫的基本原则。研究害虫的发生规律,应该研究害虫种群数量变化的动态,这是害虫发生规律的中心问题,害虫防治工作就是控制害虫种群数量变动的工作,它的任务就是防止害虫种群数量增长到足以造成经济损失的程度。

根据本保护区森林害虫的发生规律特点,森林植物害虫的防治应在"预防为主,综合防治"的治虫方针指导下,贯彻以营林技术措施为基础,充分利用森林生物群落间相互依存、相互制约的客观规律,根据安全、经济、有效、不杀伤天敌、不污染环境的原则,因地制宜地协调好生物、物理、化学等各种防治方法,以求得最佳的防治效果。

8.5.1 森林植物害虫防治原理和方法

（1）害虫预测预报

森林害虫预测预报是森林保护工作者根据害虫发生规律、近期害虫及其天敌的发生情况，结合气象预报等资料，进行综合分析和判断，估计害虫未来发展趋势，防患于未然。包括以下几点。

1）发生期测报：对害虫某一虫态或虫龄发生初期、高峰期、盛末期进行预报。

2）发生量预报：对害虫可能发生的数量或虫口密度进行预报，了解害虫是否有大发生的可能，是否达到了防治指标，决定是否开展防治工作。

3）分布蔓延预报：对预报对象可能分布和蔓延危害的地区进行预报，以便采取积极措施进行严格控制，防止其扩散蔓延。

4）危害程度预报：预测害虫大发生时可能对林木造成损失量的估计。

（2）植物检疫

以法律或法令形式禁止某些危险性病虫、杂草等人为的传入或传出，或对已发生及传入的危险病虫、杂草，采取有效措施消灭或控制其蔓延，它对营林生产具有重要的意义。随着林业生产的发展，引种和种苗调运日益频繁，人为传播森林植物害虫的机会也随之增加，给营林生产事业的发展带来极大的隐患。因此，搞好植物检疫对森林害虫防治具有重要意义。

清查危险性害虫种类及其分布区，开展虫情调查，明确检疫对象，划分疫区和保护区，设立专门机构，实行严格检疫。

（3）营林技术措施

营林技术的正确实施，是防治森林害虫的最基本的措施。这是一项为数众多的措施，主要体现在日常工作中，总的目的是为森林植物创造良好的生长发育条件，提高抗虫能力，它是贯彻"预防为主，综合治理"防虫方针的基本措施。其内涵有以下几点。

1）选择适宜苗圃，育苗和栽植前先进行地下害虫调查，虫口密度过高时，应进行土壤消毒等预防措施，保证苗木和幼树的安全。

2）选用良种壮苗，种子是苗木苗壮生长和林木繁衍的基础，国家非常重视良种培育，良种出壮苗，苗木生长健壮抗逆性就强，虫害就不易发生，即使发生了也不会严重。要十分注意抗病虫树种的选育工作，保证苗木和幼树的安全。

3）适地适树，合理配置，营造混交林，继续实施和大力发展天然林保护工程。

4）合理采伐，尽量保持林分混交林结构，非核心试验性采伐原木要随采随运，木材不能在山上积压过夏，否则会导致钻蛀性害虫发生，造成经济损失。要尽量降低伐根，及时清理出伐区剩余物，不给蛀干害虫制造适宜的栖息条件，最大限度地控制蛀干害虫发生。同时要求合理采伐，调整森林植物群落结构，为害虫天敌栖息及繁殖创造良好环境。

5）适时抚育，林内风倒木、雪压木、枯立木、病虫害木是蛀干害虫喜欢栖息的环境，要及时清理和外运，搞好林分卫生，避免形成蛀干害虫发源地。

6）加强木材管理，贮木场堆放大量原木，不断挥发出大量萜类化学物质，招引天牛、小蠹虫危害，所以贮木场是蛀干害虫密集的地方，长时间堆放原木被蛀干害虫蛀成千疮百孔,使原木降等降价,降低木材工艺利用水平。7月初至8月初用长效油剂喷洒原木3次,采用超低容量喷雾法、熏蒸剂处理原木毒杀原木皮下害虫。均能取得好的效果。

7)封山育林,加强天然林保护工程,切实做好封山育林,严禁滥砍乱伐,毁林开荒,保证青山常在,永续利用,造福于人类。

(4)物理机械防治

用简单的工具及光、温度、湿度、热、电、放射性物质来防治害虫,目前常的方法有以下几种。

1)捕杀:利用人工或简单机械捕杀有群集性的、假死性的害虫,如用棍棒击打树干振落金龟子、象甲等,组织人工摘出或刮掉虫茧或虫卵,剪除虫害枝,翻耙土地暴露晒死害虫和水灌淹杀等方法。

2)诱杀:利用害虫的趋性,设置灯光、潜所、毒饵、饵木等诱杀害虫,如利用黑光灯诱杀趋光性害虫,黄色板诱杀蚜虫,糖醋液诱杀地老虎等。

3)阻杀:人为设置障碍,防止幼虫和不善飞的昆虫迁移扩散。

4)高温杀虫:用热水浸种、烈日暴晒、红外线辐射,一般都能杀死种子、果品、木材中的害虫。

5)水浸法:利用此法可以大量消灭原木中的害虫,清除虫源,防止扩散。

(5)生物防治

利用天敌防治森林植物害虫,是害虫生物防治方向,在世界广泛受到重视。事实证明,利用生物防治害虫,具有方法简单、经济实效、就地取材、便利群众、不污染环境、不破坏生态平衡、对其他非防治目标的生物无害等优点。生物防治包括以虫治虫、以菌治虫、以食虫动物治虫及昆虫生理活性物质(激素)的利用,虫生病原体的利用,害虫不孕性的利用。

本保护区可供利用的天敌昆虫资源十分丰富,应加强保护和利用。为了保护好天敌,我们可以采用一些简单有效的方法,例如,把已经存在于自然界中的害虫天敌在适当的时间用人为的方法保护起来,如寄生幼虫冬季在球果内越冬,可以在秋末于林地收集被害球果,置于室内使其越冬,翌年寄生蜂羽化时,将其成虫释放到被害虫危害严重的林分内,可以提高寄生蜂对害虫的寄生率。再如秋末有许多捕食蚜虫、蚧虫的瓢虫在树根、树皮、石洞、枯枝落叶下及房屋居室内越冬,但因冬季严寒漫长,死亡率很高,可以在瓢虫越冬集中场所大量收集,放置温暖处人工保护起来,翌年春季再将其放回有蚜虫、蚧虫发生的林分里,可收到良好的防治效果。

(6)化学防治

化学防治现在仍然是防治森林病虫鼠害一种无可替代的方法。它具有防治效果好、收效快、费用低、使用方法简单、受季节性限制较小、适用大面积虫灾区使用等优点。其缺点是使用不当,容易引起人畜中毒、污染环境、杀伤天敌、造成药害。长期使用农药可使某些害虫产生不同程度的抗药性等。

随着林业生产规模越来越大,对农药安全性、有效性、经济性,对人畜和生态环境无害性的要求越来越高。化学防治在解决病虫鼠害和杂草问题上,今后相当长时间内仍占重要位置。只要使用得当,与其他防治方法相互配合,扬长避短,农药使用上的缺点在一定程度上可逐步得到解决。

总之，额尔古纳国家级自然保护区，在长期的历史演化过程中形成了一个稳定的自然森林生态环境，树种较为丰富，结构较为复杂，到处都有鸟兽的踪迹，害虫天敌种类多，它们之间关系密切，彼此之间相互影响、互相依存、互相制约，形成了一个极其复杂的生物链，在森林生态系统中起到了平衡作用，所以在保护区内虽然有一定数量的害虫，只要人们适当警惕食叶害虫可能大发生外，采取合理的森林经营和管理措施，保持森林生态平衡，森林害虫一般不会大发生。

8.5.2　森林植物害虫综合治理

从依赖自然防治到片面地依赖化学防治，人们在同森林害虫的斗争中走过了曲折的历程。20 世纪 40 年代，人工合成有机杀虫剂后，人们乐观地认为，依靠广谱高效杀虫剂可以轻松解决害虫问题，然而，20 年后发现，虽然各种杀虫剂问世并得到极大的利用，可是害虫大发生有增无减频繁发生。反复使用杀虫剂，害虫对此产生抗药性，而且滥用农药导致了环境污染。于是人们经过反复冷静思考，清醒地认识到面对的不仅仅是个小小的昆虫，也是复杂的生态系统，必须以生态学的原理为基础，重新审视和制订害虫防治策略。

1966 年在联合国粮农组织会议上，提出了"害虫综合防治"（IPC），其含义是各种防治方法的互相配合；1972 年又把害虫综合防治改为"害虫综合治理"（IPM），IPM 重视生态系统自然调节，要求在不破坏生态系统自然调节机制的前提下治理害虫，不主张"打早、打小、打了"彻底消灭，而是使害虫减少到可容忍的水平，即虫口密度下降到经济阈值以下。

由此可见，害虫综合治理是以生态学的原理和经济学的原则为依据，采取最优化的技术组配方案，科学地管理森林，尽最大可能地发挥森林资源的各种效益，包括木材生产、水源涵养、风景游览、动植物和各种林副产品，以获取最佳的经济效益、生态效益和社会效益。

综上所述，森林害虫综合治理大致可归纳以下几个方面：

1）从生态学观点全面考虑生态平衡、社会安全、经济利益和防治效果，提出最合理最有益的防治措施。

2）不追求害虫的彻底消灭，而是将害虫的种群数量控制在经济允许水平之下，虽有害虫发生，但不能造成大的损失。

3）加强各种防治措施的协调，各种防治措施都有其优点，也有其局限性，林木害虫的防治，"以营林为基础，以预防为主"，结合森林害虫发生特点，各种防治方法互相协调，达到控制害虫危害和保护森林资源的目的。

8.6　落实保护区森林植物害虫防治的几点建议

为了落实额尔古纳国家级自然保护区害虫规范化防治，促进生物多样性，维持保护区资源持续稳定发展，促进保护区各项性能的充分发挥，造福于人类。提出以下几点建议，供参考。

1）充分认识自然保护区的发展与森林保护工作的关系，建立专业森林保护组织，培训专业人员，以适应天然林保护工程的需要。在主要道口、娱乐中心及人群频繁活动的地段，设立警示标志，广泛开展宣传教育，让人民群众在自己生存的环境里管理生物多样性，增强人们保护自然、热爱自然、保护生物多样性的意识和能力。

2）在现有调查资源的基础上，进一步查清主要害虫种类、危害程度、发生面积、分布范围及可供利用的天敌种类，对保护区中重要害虫的生物学、生态学特性进行观察研究，建立测报站点，建立害虫和天敌档案，加强防治措施。

3）建立自然保护区动物（含昆虫）、植物、土壤等标本馆（室），配合科普教育让人们了解保护区内丰富的昆虫资源，培养人们爱护自然、繁荣生物多样性的自觉性，为人类创造更美好的生态环境。

4）提高病虫测报和防治工作技术，以预防为主，积极防治。坚决杜绝人为地对自然保护区干扰和破坏，搞好经济林和湿地沼泽卫生，提高森林、湿地抗病虫害的能力。

5）自然保护区一旦对外开放，便成了人们参观、旅游、考查及科研的胜地，来自祖国四面八方的人很多，因而森林植物检疫显得非常重要。注意加强联防，严格检疫，严防有危险的病虫、杂草等人为地传出传入。

6）坚持森林病虫防治工作要遵循预防为主综合治理的指导思想，以营林技术措施为基础，生物防治为主导，化学防治为急救，符合高效、经济、简便的原则。

8.7 自然保护区主要森林植物害虫名录

（一）兴安落叶松林主要害虫

1. 直翅目 ORTHOPTERA

（1）东方蝼蛄 *Gryllotalpa orientalis* Burmeister 落叶松、红松及各种幼苗；根+

2. 半翅目 HEMIPTERA

（2）赤条蝽 *Graphosoma rubrolineata*（Westwood）落叶松、栎；叶+

（3）柳蝽 *Palomena amplificata* Distant 柳、栎、落叶松；

3. 同翅目 HOMOPTERA

（4）落叶松球蚜 *Adelges laricis laricis* Vallot 落叶松；叶++

（5）落叶松梢球蚜 *Chlolodkovskya viridana* Chol. 落叶松；叶、梢++

（6）落叶松红瘿球蚜 *Sacchiphantes roseigallis* Li et Tsai 落叶松；叶+

（7）落叶松绿球蚜 *Sacchiphantes viridis* Ratsz. 落叶松；叶、枝++

（8）冷杉球蚜 *Aphrastasia pectinatae*（Chol.）红皮云杉、鱼鳞云杉、落叶松；叶、芽+

4. 鞘翅目 COLEOPTERA

（9）东北大黑鳃金龟子 *Holotrichia diomphalia* Bates 落叶松、水曲柳；幼苗根++

（10）黑绒金龟子 *Maladera orientalis* Motsculsky 落叶松、杨、榆；叶、芽++

（11）褐绒金龟子 *Maladera japonica*（Motsch）落叶松、杨、榆；叶、芽+

（12）松大象甲 *Hylobius abietis haroldi* Faust 落叶松、云杉；幼树茎干、伐根+

（13）松梢象甲 *Pissodes nitidus* Roelfes 落叶松；枝、梢++

（14）蒙古象甲 *Xylinophorus mongolicus* Faust 落叶松、核桃楸、杨、柳；叶、根+

（15）松六齿小蠹 *Ips acuminatus* Gyllenhal 红松、落叶松、云杉；枝干+++

（16）松十二齿小蠹 *Ips sexdentatis* Boemer 红松、红皮云杉、落叶松；干++

（17）落叶松八齿小蠹 *Ips subelongatus* Motschulsky 落叶松、红松；干++

（18）中穴星坑小蠹 *Pityogenes chalcographus* L. 落叶松、云杉、落叶松、；枝干++

（19）西伯利亚吉丁虫 *Buprestis sibirica* Fleisch. 红松、落叶松；干++

（20）长角灰天牛 *Acanthocinus aedilis*（L.）红松、云杉、落叶松；干++

（21）赤杨褐天牛 *Anoplodera rubradichroa*（Blanch）赤杨；枝、干+

（22）曲纹花天牛 *Leptura arcuata* Panzer 云杉、冷杉、红松；干++

（23）四点象天牛 *Menesia myops*（Dalman）杨、榆、胡桃楸、黄菠萝；干+

（24）云杉大黑天牛 *Monochamus urussovi*（Fischer）云杉、冷杉、红松、落叶松；干++

（25）云杉小黑天牛 *Monochamus sutor*（L.）云杉、冷杉、红松、落叶松；干+++

（26）云杉花黑天牛 *Monochamus saltuarius* Gebler 红松、落叶松、云杉；干+

（27）双斑松天牛 *Pachyta bicuneata* Motschulsky 红松、落叶松

（28）松皮天牛 *Stenocorus ingusitor japonicus*（Bates）落叶松、云杉、冷杉

5. 鳞翅目 LEPIDOPTERA

（29）松皮小卷蛾 *Laspeyresia grunertiana* Ratzeburg 落叶松；叶+

（30）落叶松球果卷蛾 *Semasia perangustan* Snell 落叶松；球果+

（31）李尺蛾 *Angerona prunaria* L.落叶松、桦、榛、稠李、山楂、千斤榆；叶+

（32）桦尺蛾 *Biston betularia* L.山杨、椴、榆、柳、落叶松；叶++

（33）落叶松毛虫 *Dendrolimus superans*（Butler）落叶松、红松、樟子松、云杉；叶+++

（34）杨枯叶蛾 *Gastropacha populifolia* Esper 落叶松、杨、柳；叶++

（35）黄褐天幕毛虫 *Malacosoma neustria testacea* Motsch 杨、柳、落叶松、栎；叶+++

（36）落叶松枯叶蛾 *Paralebeda plagifera* Walker 落叶林

（37）小地老虎 *Agrotis ypsilon*（Rottemberg）落叶松、水曲柳；苗木根+

（38）松毒蛾 *Dasychira axutha* Collenette 红松、落叶松；叶+

（39）黄毒蛾（棕尾毒蛾）*Euproctis chrysorrhoea*（L.）落叶松、榆、栎、樱桃；叶++

（40）松针毒蛾 *Lymantria monacha*（L.）落叶松、椴、云冷杉山、山杨、红松；叶++

（41）舞毒蛾 *Lymantria dispar*（L.）栎、落叶松、杨、柳；叶+++

（42）古毒蛾 *Orgyia antiqua*（L.）红松、榆、杨、落叶松、桦；叶++

（43）杨白纹毒蛾 *Orgyia gonostigma*（L.）落叶松、杨、柳、榛、桦；叶++

6. 双翅目 DIPTERA

（44）落叶松球果瘿蚊 *Camptomyia laricis* Mamajev 落叶松、球果+

（45）落叶松球果花蝇 *Strobilomyia* spp.落叶松；球果+

7. 膜翅目 HYMENOPTERA

（46）落叶松赤腹叶蜂 *Pristiphora erichsonii* Hartig 落叶松；叶+

（二）杨、柳树主要害虫名录

1. 直翅目 ORTHOPTERA

（1）螽斯 *Dectocis verrucivarus* L.产卵于杨、榆枝干+

2. 同翅目 HOMOPTERA

（2）柳沫蝉 *Aphrophora intermedia* Uhler 柳、杨；枝干++

（3）青叶跳蝉 *Tettigonieua viridis*（L.）杨、柳、桦；茎干++

（4）柳瘤大蚜 *Tuberolachnus salignus*（Gmelin）柳；枝干++

（5）柳蛎蚧 *Lepidosaphes salicina* Borchsenius 杨、柳、榆；枝干++

（6）糖槭盔蚧 *Parthenolecanium corni*（Bouche）糖槭、水曲柳、杨、榆；枝干++

3. 鞘翅目 COLEOPTERA

（7）暗黑鳃金龟子 *Holotrichia parallela* Motschulsky 杨、柳；幼苗根+

（8）黑绒金龟子 *Maladera orientalis* Motschulky 落叶松、杨、榆；叶+

（9）褐绒金龟子 *Maladera japonica*（Motsch）落叶松、杨、榆；叶、芽+

（10）铜绿金龟子 *Anomala corpulenta* Motschulsky 杨、黄菠萝、胡桃楸；叶+

（11）黄褐丽金龟子 *Anomala exoleta* Faldermann 杨、柳黄、菠萝；叶+

（12）蒙古丽金龟子 *Anomala mongolica* Faldermann 杨、榆、栎、黄菠萝；叶+

（13）四纹丽金龟子 *Popillia qiadriguttata* Fabricius 杨、柳、榛；叶+

（14）白星花潜 *Potosia brevitarsis*（Lewis）榆、杨、柳；花、叶++

（15）梨卷叶象甲 *Byctiscus betulae* L.杨、柳、榆；叶+

（16）槭卷叶象甲 *Byctiscus congener*（Jekel）槭、椴、杨、稠李；叶+

（17）山杨卷叶象甲 *Byctiscus priceps* Sols 山杨、桦、榆、椴；叶++

（18）大绿（青）象甲 *Chlorophanus sibiricus* sp.杨、榆；叶++

（19）四点象天牛 *Menesia myops*（Dalman）杨、榆、黄菠萝；干+

（20）家茸天牛 *Trichoferus campestris* Faldermann 杨、榆、桦；干++

（21）青杨天牛 *Sapetda populnea*（L.）杨、桦、榆；干+

（22）光背锯叶甲 *Clytra laeviuscula* Ratzeburg 杨、柳；叶+

（23）杨红叶甲 *Chrysomela populi* L.杨、柳；叶++

（24）柳十星叶甲 *Chrysomela vigintipunctata*（Scopoli）杨、柳；叶+

（25）柳兰叶甲 *Plagiodera versicolora*（Laicharting）杨、柳；叶++

4. 鳞翅目 LEPIDOPTERA

（26）柳蝙蛾 *Phassus excresceus* Butler 水曲柳、杨、核桃楸、栎；干+

（27）芳香木蠹蛾东方亚种 *Cossus cossus orientalis* Gaede 杨榆、栎；根、干+

（28）白杨透翅蛾 *Parathrene tabaniformis* Rottenberg 杨、柳；干、枝+

（29）黄刺蛾 *Cnidocampa flavescens*（Walker）杨、柳、榆、桦、花曲柳；叶++

（30）褐边绿刺蛾 *Parasa consocia*（Walker）杨、柳、榆；叶+

（31）中国绿刺蛾 *Parasa sinica*（Moore）杨、柳、榆、桦、榛、栎；叶+

（32）桦尺蛾 *Biston betularia* L.山杨、椴、杨、桦、落叶松；叶++

（33）枯斑翠尺蛾 *Ochrognesia difficta* Walker 杨、柳、桦；叶+

（34）白杨枯叶蛾 *Bhima idiiota* Graeset 杨、柳；叶++

（35）李枯叶蛾 *Gastropacha quercifolia* L.杨、柳；叶+

（36）黄褐天幕毛虫 *Malacosoma neustria testacea* Motsch 杨、柳；叶+++

（37）绿尾大蚕蛾 *Actlas selene mandschurica* Staudinger 胡桃楸、柳、杨；叶++

（38）榆绿天蛾 *Callambulyx tartarinovii*（Bremer *et* Grey）杨、柳；叶++

（39）杨目天蛾 *Smerinthus caecus* Menetries 杨、柳；叶++

（40）兰目天蛾 *Smerinthus planus planus* Walker 杨、柳；叶+

（41）杨二尾舟蛾 *Cerura ermine menciana* Moore 杨、柳；叶

（42）杨扇舟蛾 *Clostera anachoreta*（Fabricius）杨、柳；叶++

（43）分月扇舟蛾 *Clostera anastomosis*（L.）杨、柳；叶+

（44）短扇舟蛾 *Clostera curtuloides* Erschoff 杨、柳、栎；叶++

（45）园黄掌舟蛾 *Phalera bucephala* L.杨、柳、桦、槭、椴、山行桦；叶++

（46）舟形毛虫 *Phalera flavescens*（Bremer *et* Grey）榆、柳、槭；叶+

（47）杨白剑舟蛾 *Pheosia fusiformis* Matsumura 杨、柳、桦；叶+

（48）肖浑黄灯蛾 *Phyparioides amurensis*（Bremer）榆、柳；叶+

（49）八字地老虎 *Agrotis c-nigrum*（L.）杨、柳；苗木根部+

（50）三角地老虎 *Agyotis triangulum*（Hufnagel）杨、柳；苗木根部+

（51）柳裳夜蛾 *Catocala electa* Borkhausen 杨、柳；叶+

（52）缟裳夜蛾 *Catocala fraxini*（L.）杨、柳、榆、槭；叶+

（53）杨裳夜蛾 *Catocala mifata*（L.）杨、柳；叶+

（54）红腹裳夜蛾 *Catocala pacta* L.柳；叶+

（55）粘虫 *Leucania separate* Walker 杨、柳；叶+

（56）黄尾毒蛾 *Euproctis salicis*（Fueszy）杨、柳桦、榛、核桃楸；叶++

（57）舞毒蛾 *Lymantria dispar*（L.）落叶松、杨、柳；叶++

（58）古毒蛾 *Orgyia antique*（L.）红松、落叶松、杨、桦；叶+

（59）杨毒蛾 *Stilpnotia candida*（Staudingir）杨、柳；叶+

（60）柳毒蛾 *Stilpnotia salicia*（L.）杨、柳；叶++

（61）树粉蝶 *Aporia crataegi* L.山楂、杨、柳、落叶松、桦；叶+

（62）杨闪蛱蝶 *Apatura iris*（L.）杨、柳；叶+

（63）黄缘蛱蝶 *Nymphalis antiopa* L.杨、柳；叶+

（64）朱蛱蝶 *Nymphalis xanthomelas* L.柳、杨、朴；叶+

（三）栎树主要害虫

1. 半翅目 HEMIPTERA

（1）赤条蝽 *Graphosoma rubrolineata*（Westwood）落叶松、栎；叶+

2. 鞘翅目 COLEOPTERA

（2）铜绿金龟子 *Anomala corpulenta* Motschulsky 杨、黄菠萝、胡桃楸；叶+

（3）蒙古丽金龟子 *Anomala mongolica* Faldermann 杨、榆、栎、黄菠萝、胡桃楸；叶+

（4）四纹丽金龟子 *Popillia qiadriguttata* Fabricius 杨、栎、榛、葡萄；叶+

（5）大灰象甲 *Chlorophanus grandis* Roelofs 栎、杨、榆；叶++

（6）橡实象虫 *Curculio arakawai* 蒙古栎；果实+

（7）赤杨褐天牛 *Anoplodera rubradichroa*（Blanchard）赤杨、栎、桦；干++

（8）褐幽天牛 *Arhopalus rusticus*（L.）栎、红松、榆、椴；干+

（9）粒翅天牛 *Lamia textor*（L.）杨、云杉、落叶松；干++

（10）薄翅锯天牛 *Megopis sinica* White 杨、榆、栎；干++

3. 鳞翅目 LEPIDOPTERA

（11）柳蝙蛾 *Phassus excresceus* Butler 水曲柳、栎、杨；干+

（12）芳香木蠹蛾东方亚种 *Cossus cossus orientalis* Gaede 杨、栎、榆、柳；根、干++

（13）中国绿刺蛾 *Parasa sinica*（Moore）杨、柳、榆、桦、栎、榛；叶++

（14）黄褐天幕毛虫 *Malacosoma neustria testacea* Motsch 杨、柳、栎、落叶松；叶+++

（15）丁目大蚕蛾 *Aglia tau amurensis* Jordan 桦、杨、栎、山毛榉；叶+

（16）柞蚕 *Antheraea pernyi* Guerin-Meneville 山楂、梨、栎；叶+

（17）明目大蚕蛾 *Antheraea frithii javanensis* Borvier 栎；叶+

（18）合目大蚕蛾 *Caligula boisduvali fallaz* Jordan 栎、椴、落叶松、胡桃楸；叶+

（19）银杏大蚕蛾 *Dictyoploca japonica* Moore 栎、柳；叶+

（20）短扇舟蛾 *Clostera curtuloides* Erschoff 杨、柳、栎；叶++

（21）黄二星舟蛾 *Lampronadata cristata*（Butler）杨、柳、榆、桦、椴、栎；叶++

（22）园黄掌舟蛾 *Phalera bucephala* L. 蒙古栎等；叶+

（四）桦树主要害虫名录

1. 同翅目 HOMOPTERA

（1）青叶跳蝉 *Tettigonieua viridis*（L.）杨、柳、桦；茎干+++

2. 鞘翅目 COLEOPTERA

（2）山杨卷叶象甲 *Byctiscus priceps* Sols 白桦、榆、椴、杨；叶++

（3）白桦黑小蠹 *Scolytus amuresis* Egg. 白桦；干++

（4）青杨天牛 *Sapetda populnea*（L.）杨、桦、栎、榆；枝干部++

（5）青杨虎天牛 *Xylotrechus rusticis* Bates 杨、桦、栎；枝干++

（6）赤杨叶甲 *Agelastica coerulea* Balynr 杨、桦、栎；叶++

3. 鳞翅目 LEPIDOPTERA

（7）黄刺蛾 *Cnidocampa flavescens*（Walker）杨、柳、榆、桦；叶++

（8）褐边绿刺蛾 *Parasa consocia*（Walker）杨、柳、榆、桦、栎、榛；叶++

（9）中国绿刺蛾 *Parasa sinica*（Moore）杨、柳、榆、桦；叶+

（10）榛褐卷蛾 *Pandemis corylana*（Fabricius）落叶松、稠李、栎、桦；叶+

（11）李尺蛾 *Angerona prunaria* L.落叶松、桦、稠李、山楂、千金榆；叶+

（12）桦尺蛾 *Biston betularia* L.桦、椴、榆、落叶松；叶++

（13）紫线尺蛾 *Calothysanis comptaria* Walker 苜蓿、桦、柞、落叶松；叶+

（14）蝶青尺蛾 *Hipparchus papilinaria* L.桦、黄菠萝；叶++

（15）枯斑翠尺蛾 *Ochrognesia difficta* Walker 杨、柳、桦；叶++

（16）丁目大蚕蛾 *Aglia tau amurensis* Jordan 桦、椴、榉、榛；叶++

（17）黄脉天蛾 *Amorpha amurensis* Staudinger 杨、柳、桦、椴；叶+++

（18）园黄掌舟蛾 *Phalera bucephala* L.杨、柳、桦、榆、栎、山毛榉；叶++

（19）杨白剑舟蛾 *Pheosia fusiformis* Matsumura 杨、柳、桦；叶+

（20）黄尾毒蛾 *Euproctis salicis*（Fueszly）杨、柳、桦、榛；叶++

（21）古毒蛾 *Orgyia antiqua*（L.）杨、柳、榆、栎、落叶松；叶++

（22）杨白纹毒蛾 *Orgyia gonostigma*（L.）落叶松、杨、桦、栎、榛；叶++

（23）树粉蝶 *Aporia crataegi* L.山楂、杨、榆、落叶松；叶+++

8.8　保护区主要资源昆虫名录

保护区主要资源昆虫共计 43 种。其中食用昆虫 7 种，药用昆虫 16 种，天敌昆虫 20 种。

（一）食用昆虫名录

1. 直翅目 ORTHOPTERA

（1）东方蝼蛄 *Gryllotalpa orientalis* Burmeister

2. 鳞翅目 LEPIDOPTERA

（2）杨目天蛾 *Smerinthus caecus* Menetries

（3）绿尾大蚕蛾 *Actlas selene mandschurica* Staudinger

（4）柞蚕 *Antheraea pernyi* Guerin-Meneville

（5）玉米螟 *Ostrinia nubilalis* Hubner

3. 鞘翅目 COLEOPTERA

（6）黄缘龙虱 *Cybister japonicas* Sharp

（7）水龟虫 *Hydrous* spp.

（二）药用昆虫名录

1. 蜻蜓目 ODONATA

（1）黄蜻（黄衣）*Pantala flavescens* Fabricius

2. 螳螂目 MANTODEA

（2）薄翅螳螂 *Mantis religiosa* L.

（3）中华螳螂 *Tenodera sinensis* Saussure

3. 直翅目 ORTHOPTERA

（4）东方蝼蛄 *Gryllotalpa orientalis* Burmeister

4. 鳞翅目 LEPIDOPTERA
（5）柞蚕 *Antheraea pernyi* Guerin-Meneville
（6）玉米螟 *Ostrinia nubilalis* Hubner
（7）黄刺蛾 *Cnidocampa flavescens*（Walker）
（8）黄菠萝凤蝶 *Papilio xuthus* L.
（9）菜粉蝶 *Pieris rapae* L.

5. 鞘翅目 COLEOPTERA
（10）黄缘龙虱 *Cybister japonicas* Sharp
（11）铜绿金龟子 *Anomala corpulenta* Motschulsky
（12）白星花潜 *Potosia brevitarsis*（Lewis）

6. 蜚蠊目 BLATTARIA
（13）东方蜚蠊 *Blatta orientalis* L.

7. 膜翅目 HYMENOPTERA
（14）意大利蜜蜂 *Apis mellifera* L.
（15）黄蜂 *Polites yokohamae* Red.
（16）黑山蚁 *Formica fusca* L.

（三）天敌昆虫名录

1. 蜻蜓目 ODONATA
（1）黄蜻（黄衣）*Pantala flavescens* Fabricius 捕食蚊、蝇、叶蝉类；+

2. 螳螂目 MANTODEA
（2）薄翅螳螂 *Mantis religiosa* L.捕食鳞翅目幼虫；+
（3）中华螳螂 *Tenodera sinensis* Saussure 捕食松毛虫、蚜虫；+

3. 半翅目 HEMIPTERA
（4）猎蝽 *Epiaus nebulo*（Seal）

4. 鞘翅目 COLEOPTERA
（5）毛青步甲 *Chlaenius pallipes* Gebler 捕食蚜虫；+
（6）奇变瓢虫 *Aioplocaria mirabilis*（Motschulsky）捕食蚜虫、蚧虫；+
（7）七星瓢虫 *Coccinella septempunctata* L.捕食蚜虫、球蚜；++
（8）异色瓢虫 *Leis axyridis*（Pallas）捕食蚜、球蚜、蚧虫；+++
（9）红点唇瓢虫 *Chilocorus kuwane* Silvestri 捕食蚧虫；++
（10）黑缘红瓢虫 *Chilocorus rubidus* Hope 捕食蚧虫；++
（11）红胸拟蚁郭公虫 *Thanasimus formicarius*（L.）捕食小蠹虫；+
（12）黑胸拟蚁郭公虫 *Thanasimus nigricollis*（L.）捕食小蠹虫；+

5. 脉翅目 NEUTOPTERA
（13）条斑次蚁蛉 *Deutoleon lineatus*（Fabricius）捕食蛾、蝶、甲虫；幼虫+
（14）中华草蛉 *Chysopa sinica* Tjder 捕食蚜虫、蚧虫；++
（15）黄花蝶角蛉 *Ascalaphus sibiricus* Evermann 捕食小型昆虫；+

6. 双翅目 DIPTERA

（16）食虫虻科（Asillidae）中某些种类捕食蚜虫、蚧虫、卷蛾、蝽象；++

（17）食蚜蝇科（Syrphidae）某些种类食蚜虫；++

（18）寄生蝇科（Larvaevoridae）寄生于松毛虫、舞毒蛾等；++

7. 膜翅目 HYMENOPTERA

（19）茧蜂科 Braconidae 寄生于松毛虫等；+++

（20）姬蜂科 Ichneumonidae 寄生于很多害虫；+++

8.9　额尔古纳国家级自然保护区昆虫总名录

保护区昆虫种类众多，可确认的昆虫有 10 目 68 科 318 种。

一、蜻蜓目 ODONATA

1. 蜻科 Libellulidae

（1）黄蜻（黄衣）*Pantala flavescens* Fabricius 捕蚊、蝇、叶蝉；+

（2）红蜻（赤足）*Crocothemis servillia* Drary 捕食小型昆虫；++

（3）豆娘（Damselfly）

二、螳螂目 MANTODEA

2. 螳螂科 Mantidae

（4）薄翅螳螂 *Mantis religiosa* L. 捕食鳞翅目幼虫；+

（5）中华螳螂 *Tenodera sinensis* Saussure 捕食松毛虫、蚜虫；+

三、直翅目 ORTHOPTERA

3. 螽斯科 Tetiigoniidae

（6）蛣蛣 *Gampsocleis buergeri* Haan 阔叶树及草本植物；叶+

4. 蟋蟀科 Gryllidae

（7）油葫芦 *Gryllus testaceus* Walker 禾本科植物；根、叶+

5. 蝼蛄科 Gryllotalpidae

（8）东方蝼蛄 *Gryllotalpa orientalis* Burmeister 落叶松、红松及种幼苗；根部++

6. 蝗科 Acrididae

（9）黄胫小车蝗 *Oedaleus infernalis* Saussure 禾本科植被物；叶++

（10）中华稻蝗 *Oxya chinesis* Thunberg 禾本植物；叶+

（11）飞蝗 *Locusta* spp.

（12）黑条小车蝗 *Oedaleus decorus*（Germar）

（13）蝗虫 *Acridin locust*

（14）笨蝗 Haplotropis brunneriana Saussure

7. 菱蝗科 Tetrigidae

（15）菱蝗（Tetrigidae）禾本科植物；叶++

四、半翅目 HEMIPTERA

8. 龟蝽科 Plataspidae

（16）双痣圆龟蝽 *Coptosoma biguttula* Motschulsky 胡枝子；茎、叶++

9. 蝽科 Pentatomidae

（17）赤条蝽 *Graphosoma rubrolineata*（Westwood）落叶松、栎；叶+

（18）十点蝽 *Lelia decempunctata* Motschulsky 杨、榆、槭；叶++

（19）吉林金绿蝽 *Pentatoma metallifera* Motschulsky 榆、胡桃；叶+

（20）柳蝽 *Palomena amplificata* Distant 柳、栎、落叶松；++

（21）河北菜蝽 *Eurydema dominulus*（Scopoli）菜类；++

（22）乌鲁木齐菜蝽 *Erydema gebleri* Kolenat 菜类；++

（23）栗蝽 *Pentatoma rufipes* L.多种植物；++

（24）斑须蝽 *Dolycoris baccarum*（L.）多种植物；+

（25）紫翅果蝽 *Carpocoris purpureipennis*（De Geer）小麦；叶++

（26）蓝蝽 *Zicrona caerula*（L.）食鳞翅目幼虫；+

（27）益蝽 *Picromerus lewise* Scott 捕食鳞翅目、鞘翅目幼虫；++

（28）蠋蝽 *Arma chinensis*（Fallou）捕食鳞翅目、鞘翅目幼虫；++

10. 猎蝽科 Reduviidae

（29）猎蝽 *Epiaus nebulo*（Seal）捕食鳞翅目、鞘翅目等多种昆虫幼虫；+

（30）红彩真猎蝽 *Harpactor fuscipes*（Fabricus）捕食多种昆虫；+

（31）环斑猛猎蝽 *Sphedanolestes impressicollis*（Stal）捕食性；++

11. 盲蝽科 Miridae

（32）黄盲蝽 *Lygus kalmi* L.大麻；茎、叶+

（33）苜蓿盲蝽 *Adelphocoris lineaolatus*（Goeve）牧草等；叶+

（34）盲蝽（Miridae）危害苜蓿等；+++

12. 缘蝽科 Coreidae

（35）东方厚缘蝽 *Coreus marsinatus orientaris* Kiritshenko 危害多种植物；++

五、同翅目 HOMOPTERA

13. 沫蝉科 Aphrophoridae

（36）柳沫蝉 *Aphrophora intermedia* Uhler 杨、柳；枝、干++

（37）鞘翅沫蝉 *Lepyronia* sp.

14. 叶蝉科 Cicadellidae

（38）青叶跳蝉 *Tettigonieua viridis*（L.）杨、柳、桦：茎干+++

（39）短头叶蝉 *Idiocerus vitticollis* Matsumura 杨、柳；枝干++

15. 蚜科 Aphididae

（40）柳瘤大蚜 *Tuberolachnus salignus*（Gmelin）柳；枝干++

16. 瘿绵蚜科 Pemphigidae

（41）秋四脉绵蚜 *Tetraneura akinire* Sasaki 榆、禾本科；叶++

17. 球蚜科 Adelgidae

（42）落叶松红瘿球蚜 *Sacchiphantes roseigallis* Li *et* Tsai 落叶松；叶++

（43）落叶松绿球蚜 *Sacchiphantes viridis* Ratsz. 落叶松；叶++

（44）落叶松球蚜 *Adelges laricis laricis* Vallot 落叶松；叶+++

（45）落叶松梢球蚜 *Chlolodkovskya viridana* Chol. 落叶松；叶、梢++

（46）冷杉球蚜 *Aphrastasia pectinatae*（Chol.）红皮云杉、落叶松；叶、芽++

18. 盾蚧科 Diaspididae

（47）柳蛎蚧 *Lepidosaphes salicina* Borchsenius 杨、柳、榆；枝、干++

19. 蜡蚧科 Coccidae

（48）糖槭灰盔蚧 *Parthenolecanim corni*（Bouche）水曲柳、杨、榆；枝干++

六、鞘翅目 COLEOPTERA

20. 虎甲科 Cicindelidae

（49）曲纹虎甲 *Cicindela elisa* Motschulsky 捕食多种昆虫

（50）多角型虎甲铜翅亚种 *Cicindela hybrid transbaicalica* Motschulky 捕食昆虫；+

21. 步甲科 Corabidae

（51）中华广肩步甲 *Calosoma maderae chinense* Kirby 捕食鳞翅目成虫、幼虫；++

（52）毛青步甲 *Chlaenius pallipes* Gebler 捕食多种昆虫；+

（53）直胫步甲 *Charmosta* sp.

（54）地步甲 *Chlaenius* sp.

22. 金龟子科 Scarabaeidae

（55）东北大黑鳃金龟子 *Holotrichia diomphalia* Bates 落叶松、水曲柳；幼苗根++

（56）暗黑鳃金龟子 *Holotrichia parallela* Motschulsky 杨、柳；幼苗根部++

（57）大棕色金龟子 *Holotrichia sauturi* Moser 落叶松、榆；幼苗根+

（58）大茶色金龟子 *Holotrichia titanis* Reitter 杨、柳；根+

（59）黑绒金龟子 *Maladera orientalis* Motschulsky 落叶松、杨、柳、榆；叶、芽++

（60）褐绒金龟子 *Maladera japonica*（Motsch）杨、柳、榆；叶、芽++

（61）铜绿金龟子 *Anomala corpulenta* Motschulsky 杨、黄波萝、胡桃楸；叶++

（62）黄褐丽金龟子 *Anomala exoleta* Faldermann 杨、柳、栎、黄波萝；叶+

（63）蒙古丽金龟子 *Anomala mongolica* Faldermann 杨、柳、榆、黄波萝胡桃楸；叶++

（64）四纹丽金龟子 *Popillia qiadriguttata* Fabricius 杨、柳、榛；叶+

（65）白星花金龟子 *Potosia brevitasia*（Leweis）榆、杨、柳；花++

（66）虎皮斑金龟子 *Trichus flascatus* L.不详

（67）小青花金龟子 *Oxycetonia jucunda* Faldermann 杨、柳、椴；花蕊++

23. 象甲科 Curculionidae

（68）苹果卷叶象甲 *Byctiscus princeps*（Solsky）苹果、梨；叶++

（69）山杨卷叶象甲 *Byctiscus priceps* Sols 山杨、桦、椴、榆；叶++

（70）榛卷叶象甲 *Apoderus coryli*（L.）榛、桦；叶+

（71）梨卷叶象甲 *Byctiscis betuae* L.杨、柳、榆；叶++

（72）槭卷叶象甲 *Byctiscus congener*（Jekel）槭、椴、稠李；叶++

（73）松梢象甲 *Pissodes nitidus* Roelfes 落叶松；枝、梢++

（74）黄星象甲 *Pissodes piniphilus* Hbst 红松、云杉；干+

（75）蒙古象甲 *Xylinophorus mongolicus* Faust 杨、柳、落叶松：根++

（76）大绿象甲 *Chlorophanus grandis* Roelofs 栎、杨、榆；叶++

（77）橡实象虫 *Curculio arakawai* 蒙古栎；果实++

（78）松大象甲 *Hylobius abietis haroldi* Faust 落叶松、云杉；幼树茎干、伐根+++

24. 小蠹虫科 Scolytidae

（79）松六齿小蠹 *Ips acuminatus* Gyllenhal 红松、落叶松、云杉；枝干+++

（80）松十二齿小蠹 *Ips sexdentatis* Boemer 落叶松、红松、云杉；干++

（81）落叶松八齿小蠹 *Ips subelongatus* Motschulsky 落叶松、红松；干+++

（82）中穴星坑小蠹 *Pityogenes chalcographus* L.红松、落叶松、樟子松、云杉；枝++

（83）松纵坑切梢小蠹 *Tomicus piniperda* L.红松、樟子松、落叶松；枝干++

（84）红松切梢小蠹 *Tomicus pilifer* Spess 红松、落叶松、樟子松；枝、梢++

（85）白桦黑小蠹 *Scolytus amuresis* Egg.白桦；干+

（86）黑条木小蠹 *Xyloterus linneatus* Oliv 红皮云杉、落叶松、冷杉；枝干+

（87）落叶松梢小蠹 *Cryphalus latus* Egg.落叶松；枝干+

（88）云杉四眼小蠹 *Polygraphus subopacus* Thoms 鱼鳞云杉；干++

（89）枫桦黑小蠹 *Scolytus dahuricus* Chap 桦；干+

（90）落叶松黑小蠹 *Scolytus morawizi* Sem.落叶松；枝干部++

（91）椴材小蠹 *Xyleborus saxeseni* Ratz 椴；+

25. 瓢虫科 Coccnellidae

（92）多异瓢虫 *Adonia variegate*（Goeze）捕食蚜、球蚜

（93）黑缘红瓢虫 *Chilocorus rubidus* Hope 捕食蚧虫；++

（94）奇变瓢虫 *Aioplocaria mirabilis*（Motschulsky）捕食蚜虫、蚧虫；++

（95）七星瓢虫 *Coccinella septempunctata* L. 捕食蚜虫、球蚜；++

（96）异色瓢虫 *Leis axyridis*（Pallas）捕食蚜虫、蚧虫、球蚜；+++

（97）红点唇瓢虫 *Chilocorus kuwane* Silvestri 捕食蚧虫；+

（98）马铃薯瓢虫 *Epilachna vigintioctomaculata*（Motsch）马铃薯、茄；茎叶+++

（99）龟纹瓢虫 *Propylaea japonica*（Thunberg）

26. 叩头虫科 Elateridae

（100）黑体红翅叩头虫 *Elates guinoolenyus* Schrank 落叶松；根、新梢+

（101）细胸叩头虫 *Agriotes formicarius* L. 落叶松；根+

（102）兴安叩头虫 *Harminius dahuricus* Manch 杨、山里红；根+

（103）沟叩头虫 *Pleonomus canalicutatus* Faldemann 针阔叶树；根+

27. 郭公虫科 Cleridae

（104）红胸拟蚁郭公虫 *Thanasimus formicarius*（L.）捕食小蠹类++

（105）黑胸拟蚁郭公虫 *Thanasimus nigricollis*（L.）捕食小蠹虫类+

28. 吉丁虫科 Buprestidae

（106）西伯利亚吉丁虫 *Buprestis sibirica* Fleisch. 红松、落叶松；干++

29. 拟步甲科 Tenebronidae

（107）蒙古沙潜 *Gonocephalum reticulatum* Motsch 杨、柳、榆；叶芽+

（108）黄粉甲 *Tenebrio molitor* L.储粮害虫++

30. 天牛科 Cerambycidae

（109）长角灰天牛 *Acanthocinus aedilis*（L.）红松、云杉、落叶松；干++

（110）长角小灰天牛 *Acanthocinus griseus* Fabricius 红松、落叶松；干++

（111）赤杨褐天牛 *Anoplodera rubradichroa*（Blanchard）赤杨、栎、桦；干++

（112）斑角花天牛 *Anoplodera variicornis*（Dalman）冷杉、忍冬；干+

（113）褐幽天牛 *Arhopalus rusticus*（L.）栎、红松、榆、椴；干+

（114）松幽天牛 *Asemum amurense* Kraatz 红松、云杉；干++

（115）粒翅天牛 *Lamia textor*（L.）栎、杨、柳、红松、落叶松；干+

（116）双带粒翅天牛 *Lamiomimus gottschei* Kolbe 柳、榆、栎；干+

（117）曲纹花天牛 *Leptura arcuata* Panzer 云杉、冷杉、红松；干+

（118）薄翅锯天牛 *Megopis sinica* White 杨、柳、栎；干+

（119）四点象天牛 *Menesia myops*（Dalman）杨、榆、胡桃、黄菠萝；干++

（120）云杉大黑天牛 *Monochamus urussovi*（Fisher）云杉、冷杉、落叶松；干+++

（121）云杉小黑天牛 *Monochamus sutor*（L.）落叶松、云杉；干+++

（122）云杉花黑天牛 *Monochamus saltuarius* Gebler 红松、云杉、冷杉、落叶松；干++

（123）双斑松天牛 *Pachyta bicuneata* Motschulsky 红松、落叶松；干++

（124）松皮天牛 *Stenocorus inguisitor japonicus*（Bates）落叶松、云杉、冷杉；干+

（125）家茸天牛 *Trichoferus campestris* Faldermann 杨、桦、榆；枝干++

（126）青杨天牛 *Sapetda populnea*（L.）杨、栎、桦、榆；枝干+++

（127）黑缘花天牛 *Anoplodera sequensi*（Reitter）杨、柳；干++

（128）赤杨花天牛 *Anoplodera arcuata* Panzer 赤杨；干枝+

31. 叶甲科 Chrysomelidae

（129）赤杨叶甲 *Agelastica coerulea* Balynr 赤杨、桦；叶++

（130）柳兰叶甲 *Plagiodera versicolora*（Laicharting）柳；叶++

（131）榆紫叶甲 *Ambrostoma quadriimpressum* Motsch 榆；叶+++

（132）光背锯叶甲 *Clytra laeviuscula* Ratzeburg 杨、柳；叶++

（133）杨红叶甲 *Chrysomela populi* L.杨、柳；叶+++

（134）柳十星叶甲 *Chrysomela vigintipunctata*（Scopoli）杨、柳；叶+

（135）核桃楸扁叶甲黑胸亚种 *Gastrolima depressa thoracica* Baly 核桃楸；叶++

（136）二点钳叶甲 *Labidostomis bipunctata*（Mannerheim）杨、柳；叶+

（137）酸枣光叶甲 *Smaragdinae mandzhera* Jacobson 危害多种植物；叶++

（138）中华萝摩叶甲 *Chrysochs chinensis* Baly 蒿类；叶++

七、脉翅目 NEUROPTERA

32. 蚁蛉科 Myrmeleontidae

（139）条斑次蚁蛉 *Deutoleon lineatus*（Fabricius）捕食蛾、蝶、甲虫的幼虫；+

（140）中华东蚁蛉 *Euroleon sinicus*（Navas）捕食小型昆虫；+

33. 草蛉科 Chrysopidae

（141）中华草蛉 *Chysopa sinica* Tjder 捕食蚜、蚧；+++

34. 蝶角蛉科 Ascalaphidae

（142）黄花蝶角蛉 *Ascalaphus sibiricus* Evermann 捕食溃型昆虫；++

八、鳞翅目 LEPIDOPTERA

35. 蝙蝠蛾科 Hepialidae

（143）柳蝙蛾 *Phassus excresceus* Butler 水曲柳、杨、栎、胡桃；干+

36. 木蠹蛾科 Cossidae

（144）芳香木蠹蛾东方亚种 *Cossus cossus orientalis* Gaede 杨、柳、榆、栎；根++

（145）柳干木蠹蛾 *Holococerus vicarious* Walker 杨、柳、栎；干++

37. 透翅蛾科 Aegeriidae

（146）白杨透翅蛾 *Parathrene tabaniformis* Rottenberg 杨、柳；干、枝++

38. 巢蛾科 Yponomeitrdae

（147）稠李巢蛾 *Yponomeitita evonymellus*（L.）稠李；叶+++

（148）苹果巢蛾 *Yponomeuta padella* L.山丁子、山花楸；叶++

39. 鞘蛾科 Coleophoridae

（149）兴安落叶松鞘蛾 *Coleophora dahurica* Fikv 落叶松；叶+++

40. 刺蛾科 Eucleidae

（150）黄刺蛾 *Cnidocampa flavescens*（Walker）杨、柳、榆、桦、栎、水曲柳；叶++

（151）褐边绿刺蛾 *Parasa consocia*（Walker）柳、榆、栎、桦；叶++

（152）中国绿刺绿 *Parasa sinica*（Moore）杨、柳、榆、桦、榛、栎；叶+

41. 卷蛾科 Tortricidae

（153）落叶松卷蛾 *Ptycholomoidea aeriferanus*（Herrich-Schuffer）落叶松、桦；叶++

（154）松瘿小卷蛾 *Laspeyresia zebeana*（Ratzeburg）落叶松；枝、梢++

（155）松褐卷蛾 *Pandemis cinnamomeana*（Treitschke）落叶松、冷杉、桦；叶++

（156）落叶松球果卷蛾 *Semasia perangustan* Snell 落叶松；球果++

42. 螟蛾科 Pyralida

（157）玉米螟 *Ostrinia nubilalis* Hubner 杨、谷物；+

（158）松梢螟 *Dioryctria splendidella* Herrch-Schaeffrr 红松、樟子松；球果+

（159）四斑绢野螟 *Diaphania quadrimaculalis*（Bremer *et* Grey）

43. 尺蛾科 Geometridae

（160）李尺蛾 *Angerona prunaria* L.落叶松、桦、榛、稠李、山楂；叶++

（161）桦尺蛾 *Biston betularia* L.桦、山楂、椴、榆、落叶松、李；叶++

（162）紫线尺蛾 *Calothysanis comptaria* Walker 苜蓿、柞、桦、李、苹果；叶+

（163）蝶青尺蛾 *Hipparchus papilinaria* L.黄菠萝、山花椒；叶++

（164）黄幅射尺蛾 *Lataphora tridicolor* Butler 核桃；叶+

（165）女贞尺蛾 *Naxa seriaria* Motschulsky 丁香、女贞、水曲柳；叶+++

（166）小青蜻蜓尺蛾 *Cystidia cottaggaria* Guenee 稠李；叶+

（167）丝棉木金星尺蛾 *Calospilos suspecta*（Warren）危害多种植物；叶+

（168）菊四目绿尺蛾 *Euchloris alocostaria* Bremer 危害多种植物；叶+

（169）锈纹尺蛾 *Ecliptopera umbrosaria*（Motschulaky）危害多种植物；叶++

（170）醋李尺蛾 *Abraxas grossudariata* L.榆、稠李；叶+

（171）黄星尺蛾 *Arichanna melanaria praeolivina* Wehrli 多种植物；叶++

（172）枯斑翠尺蛾 *Ochrognesia difficta* Walker 杨、柳、桦；叶++

44. 枯叶蛾科 Lasiocampidae

（173）白杨枯叶蛾 *Bhima idiiota* Graeset 杨、榆；叶++

（174）落叶松毛虫 *Dendrolimus superans*（Butler）红松、樟子松、落叶松、云杉；叶++

（175）李枯叶蛾 *Gastropacha quercifolia* L.杨、柳；叶+++

（176）杨枯叶蛾 *Gastropacha populifolia* Esper 柳、杨；叶+++

（177）黄褐天幕毛虫 *Malacosoma neustria testacea* Motsch 杨、柳、栎、落叶松；+++

（178）苹果枯叶蛾 *Odonestis pruni* L.苹果、李；叶+

（179）落叶松枯叶蛾 *Paralebeda plagifera* Walker 落叶松；叶++

（180）竹斑枯叶蛾 *Philudoria albomaculata* Bremer 柳；叶+

45. 大蚕蛾科 Saturniidae

（181）绿尾大蚕蛾 *Actlas selene mandschurica* Staudinger 胡桃、杨、柳；叶+

（182）丁目大蚕蛾 *Aglia tau amurensis* Jordan 桦、柳、椴、榛；叶++

（183）柞蚕 *Antheraea pernyi* Guerin-Meneville 栎、梨、山楂；叶++

（184）合目大蚕蛾 *Caligula boisduvali fallaz* Jordan 栎、椴、胡桃、落叶松；叶+

（185）银杏大蚕蛾 *Dictyoploca japonica* Moore 栎、柳、核桃；叶+

（186）短尾大蚕蛾 *Actias artemis artemis* Btemer 梨、柳；叶+

46. 天蛾科 Sphingidae

（187）黄脉天蛾 *Amorpha amurensis* Staudinger 杨、柳、桦、椴；叶+++

（188）榆绿天蛾 *Callambulyx tartarinovii*（Bremer *et* Grey）杨柳；叶++

（189）桃六点天蛾 *Marumba gaschkewitachii* Bremer 杏、李、梨、苹果；叶+

（190）普提六点天蛾 *Marumba sperchius* Oberthur 椴、栎、桦；叶+

（191）红天蛾 *Pegesa elpenor lewisi*（Butler）柳叶菜、杨；叶+

（192）杨目天蛾 *Smerinthus caecus* Menetries 杨、柳；叶++

（193）兰目天蛾 *Smerinthus planus planus* Walker 杨、柳；叶+

（194）雀纹天蛾 *Therettra japonica* Delorze 山葡萄等；叶++

（195）白眉天蛾 *Celerio lineate livernica* Esper 杨、柳、松；叶++

（196）绒天蛾 *Rhagastis mongoliana* Butler 杨、柳、榆、松；叶+

（197）钩翅天蛾 *Mimas tiliae christophi* Staudinger 杨、榆；叶+

（198）小白眉天蛾 *Deiphila askoldensis*（Oberthur）丁香等；叶+

（199）松黑天蛾 *Hylocus caligineus sinicus* Rothschild *et* Jordan 松、木樨科；叶+

（200）丁香天蛾 *Psilogramma increta* Walker 丁香；叶+

（201）栗六点天蛾 *Marumba sperchius* Menetris 栎；叶+

（202）钩翅天蛾 *Mimas tiliae christophi* Staudinger 杨、榆、桦；叶+

47. 舟蛾科 Notodontidae

（203）杨二尾舟蛾 *Cerura ermine menciana* Moore 杨、柳；叶++

（204）短扇舟蛾 *Clostera curtuloides* Erschoff 杨、柳、栎；叶+

（205）黄二星舟蛾 *Lampronadata cristata*（Butler）蒙古栎；叶++

（206）银二星舟蛾 *Lampronadata siplendida*（Oberthur）蒙古栎；叶+

（207）榆白边舟蛾 *Nericoides davidi*（Oberthur）榆；叶+

（208）园黄掌舟蛾 *Phalera bucephala* L.杨、柳、栎、榆、椴；叶+++

（209）舟形毛虫 *Phalera flavescens*（Bremer *et* Grey）榆、柳、槭；叶+

（210）杨白剑舟蛾 *Pheosia fusiformis* Matsumura 杨、柳、桦；叶+

（211）黑带二尾舟蛾 *Cerura vinula feline*（Butler）杨、柳；叶+

（212）榆白边舟蛾 *Nericoides davidi*（Oberthur）榆；叶++

（213）分月扇舟蛾 *Clostera anastomosis*（L.）杨、柳；叶+

48. 灯蛾科 Arctiidae

（214）豹灯蛾 *Arctia caja*（L.）接骨木；叶+

（215）肖浑黄灯蛾 *Phyparioides amurensis*（Bremer）栎、榆、柳；叶+

（216）浑黄灯蛾 *Rhypariodes nebulosa* Butler 车前、蒲公英；叶++

（217）白灯蛾 *Spilosoma niveus*（Menetris）车前等；叶+++

（218）亚麻灯蛾 *Phragmotobia fuliginosa*（L.）杂草；++

（219）仿污白灯蛾 *Spilarctia lubricipeda*（L.）杂草；+

（220）点浑黄灯蛾 *Rhyparioides metelkana*（L.）蒲公英等；叶+

（221）红腹白灯蛾 *Spilarctia subcarnea*（Walker）危害十字花科植物；叶+

（222）尘白灯蛾 *Spilarctia oblique*（Walker）麻、萝卜等；叶+

（223）星白灯蛾 *Spilosoma menthastri*（Esper）蒲公英等；叶+

（224）斑灯蛾 *Pericallia matronula*（L.）柳、车前、蒲公英等；叶+

（225）车前灯蛾 *Parasemia plantaginis*（L.）车前、落叶松等；叶++

（226）花布灯蛾 *Camptoloma interiorata* Walker 栎、柳等；叶++

49. 苔蛾科 Lithosiidae

（227）条纹苔蛾 *Asura strigipennis*（Herrich-Schaffer）杂草；++

（228）黄缘苔蛾 *Agylla gigantean* Oberthur 杂草；+

50. 夜蛾科 NOctuidaease

（229）八字地老虎 *Agrotis c-nigrum*（L.）杨、柳；苗木部++

（230）三角老虎 *Agrotis triangulum*（Hufnagel）柳、山楂；苗木根部++

（231）柳裳夜蛾 *Catocala elecla* Borkhausen 稠李、杨、柳；叶++

（232）缟裳夜蛾 *Catocala fraxini*（L.）杨、柳、榆、椴；叶++

（233）杨裳夜蛾 *Catocala mifata*（L.）杨、柳；叶++

（234）红腹裳夜蛾 *Catocala pacta* L.柳；叶+

（235）客来夜蛾 *Chrysorithrum amata*（Bremer）胡枝子；叶+

（236）光腹粘虫 *Eriopyga grandis*（Butler）地杨莓；叶+

（237）平咀壶夜蛾 *Oraesia emargunata* Fabricius 梨、苹果、葡萄；叶++

（238）逸色夜蛾 *Ipimorpha retusa* Linnaeus 多种植物；根、茎、幼苗、果实++

（239）椴梦尼夜蛾 *Monima gothica* L.多种植物；++

（240）寡夜蛾 *Sidelidis velutina* Eversmann 多种植物；根、茎、幼苗、果实++

（241）暗后夜蛾 *Trisuloides caliginea* Butler 多种植物；根、茎、幼苗、果实+

（242）桦剑纹夜蛾 *Acronicta alni* L.桦；叶+

（243）榆剑纹夜蛾 *Acronicta hercules* Felder 榆；叶+

（244）银纹夜蛾 *Argyrogramma agnate* Staudinger 大豆、十字花科；叶+

（245）壶夜蛾 *Calyptra capucina* Esper 匍匐；叶+

（246）白肾灰夜蛾 *Catocala agitatris* Graeser 稠李、柳、桦、核桃楸；叶+

（247）椴裳夜蛾 *Catocala lara* Bremer 椴；叶+

（248）筱客来夜蛾 *Chrysorithrum flavomacaulat* Bremer 胡枝子；叶++

（249）一点金刚钻 *Earia oberthuri pupillana* Staudinger 杨、柳；叶+

（250）劳氏粘虫 *Leucani loreyi*（Duponchi）水稻；叶++

（251）金翅夜蛾 *Plusia chrysitis* L.荨麻等；叶+

（252）焰夜蛾 *Pyrrhia umbra* Hufnagel 大豆、油菜、烟草；叶++

（253）角线寡夜蛾 *Sideridis conigera* Schiffemuller 杂草；叶+

（254）棘翅夜蛾 *Scoliopteryx libatrix* L.杨、柳；叶+

（255）梦尼夜蛾 *Orthosa incerta* Hufnagel 杨、柳、山楂；叶+

51. 毒蛾科 Lymantriida

（256）黄毒蛾（棕尾毒蛾）*Euproctis chrysorrhoea*（L.）落叶松、栎、榆；叶++

（257）舞毒蛾 *Lymantria dispar*（L.）落叶松、栎、杨、柳等；叶+++

（258）古毒蛾 *Orgyia antique*（L.）红松、落叶松、杨、柳、桦、棒；叶++

（259）杨雪毒蛾（杨毒蛾）*Stilpnotia candida*（Staudingir）杨；叶+++

（260）柳毒蛾（雪毒蛾）*Stipnotia salicis*（L.）杨、柳；叶++

（261）豆毒蛾 *Cifuna locuples* Walker 柳、榆、茶、荷花、月季、紫藤

（262）弯纹毒蛾 *Arctornis lnigrum* Muller

（263）松针毒蛾 *Lymantria monacha*（L.）

（264）松毒蛾 *Dasychira axutha* Collenette 红松、落叶松；叶+

（265）霜茸毒蛾 *Dasyinchira fascela* L.落叶松、杨、桦、柳；叶+

（266）折带毒蛾 *Euproctis flava*（Bremer）栎、椴、杨、苹果；叶+

（267）茸毒蛾 *Dasychira pudibunda*（L.）杨、桦、山毛榉、椴；叶++

（268）杨白纹毒蛾 *Orgyia gonostigma*（L.）红松、落叶松、杨、李、苹果；叶++

（269）栎舞毒蛾 *Lymantria Mathura*（Moore）栎、杨、柳；叶+

52. 钩蛾科 Direpanidae

（270）赤杨钩翅蛾 *Drepans curvatula* Bokhausen 赤杨；叶+++

53. 弄蝶科 Hesperidae

（271）小赭弄蝶 *Ochlodes vensata* Bremer *et* Gray 杂草类++

（272）直纹稻弄蝶 *Parnara guttata* Bremer 禾本科植物；叶+

54. 凤蝶科 Papilionidae

（273）碧凤蝶（黑凤蝶）*Papilio bianor* Gremer 黄菠萝、山椒；叶++

（274）黄凤蝶 *Papilio machaon*（L.）胡萝卜、防风等；叶++

（275）黄菠萝凤蝶 *Papilio xuthus* L.黄菠萝；叶++

55. 绢蝶科 Pernassiidae

（276）白绢蝶 *Parnassius glacialis* Butler 多种植物；叶+

（277）红珠绢蝶 *Parnassius bremeri graseri* Hore 植物；叶+

56. 粉蝶科 Pieridae

（278）树粉蝶 *Aporia crataegi* L.杨、柳、榆、落叶松、栎；叶+++

（279）菜粉蝶 *Pieris rapae* L.十字花科植物；叶+++

（280）云斑粉蝶 *Pieris daplidice* L.十字花科植物；叶++

（281）小粉蝶 *Leptidea marsei* Fenton 十字花科植物；叶++

（282）黄粉蝶 *Colias hyale* L.豆科植物；叶++

（283）黑脉粉蝶 *Pieris meleta* Menetries 十字花科植物；叶+

（284）锐角翅粉蝶 *Gonepteryx aspasia* Menetries 鼠李；叶++

57. 灰蝶科 Lycaenidae

（285）蓝灰蝶 *Everes argiades* Pallas 豆科植物；叶++

（286）豆灰蝶 *Plebejus argus* L.豆科植物；叶++

（287）橙灰蝶 *Chrysophanus dispar* Howorth 豆科植物；叶+

58. 眼蝶科 Satyridae

（288）红框眼蝶 *Erebia alcmene* Gr-Grsh 禾本科植物；叶++

（289）白眼蝶 *Arge halimede* Menetries 禾本科植物；叶++

（290）蛇眼蝶 *Minois dryas* L.禾本植物；叶+++

59. 蛱蝶科 Nymphalidae

（291）孔雀蛱蝶 *Vanessaio gfeisha* Stichl 荨麻等；叶++

（292）大红蛱蝶 *Pyrameis indica* Harbst 榆、荨麻；叶++

（293）黄缘蛱蝶 *Nymphalis antiopa* L.杨、柳；叶++

（294）朱蛱蝶 *Nymphalis xanthomelas* L.柳、朴；叶+++

（295）榆蛱蝶 *Polygonia c-album hemigera* Butler 榆

（296）大豹蛱蝶 *Chidrena chidreni* Gray 杨、柳等多种植物；叶++

（297）烂豹蛱蝶 *Fabriciana nerippe* Felder 杨等多种林木；叶+

（298）福豹蛱蝶 *Mesoacidalia charlotte fortuna* Janson 多种树木；+++

（299）珍珠蛱蝶 *Clossiana genia* Fruhstorter 多种植物；叶+

（300）紫闪蛱蝶 *Apatura ilis* Schiff.多种植物；叶++

（301）单环蛱蝶 *Neptis rivulavis* Scopoli 多种植物；叶+++

（302）杨闪蛱蝶 *Apatura iris*（L.）杨、柳；叶+

（303）重环蛱蝶 *Neptis alwina dejeani* Oberthur 蔷薇科植物；叶+

（304）黄钩蛱蝶 *Polygonia c-aureum* L.榆、麻；叶+

九、双翅目 DIPTERA

60. 瘿蚊科 Cecidomyiidae

（305）柳瘿蚊 *Rhabdophaga* sp.柳；枝干；造虫瘿+++

61. 食虫虻科 Asillidae

（306）食虫虻科（Asillidae）捕食性昆虫；++

62. 食蚜蝇科 Syrphidae

（307）食蚜蝇科（Syrphidae）捕食性昆虫；++

十、膜翅目 HYMENOPTERA

63. 姬蜂科 Ichneumonidae

（308）曲姬蜂 *Scambus sudeticus* Giow 寄生性；++

（309）密点曲姬蜂 *Scambus pmctatus* Wang 寄生

64. 锤腹姬蜂科 Stephanidae

（310）锤腹姬蜂科（Stephanidae）寄生性；+

65. 熊蜂科 Bombidae

（311）熊蜂 *Bomubula* spp.传粉昆虫；+

66. 胡蜂科 Vespidae

（312）黄胡蜂 *Vespula vulgals*（L.）捕食蝶蛾；幼虫++

（313）德国胡蜂 *Vespula germanica*（Fabricius）捕食蝶、蛾；幼虫++

67. 树蜂科 Sircidae

（314）针叶树大树蜂 *Sires gigas* L.落叶松、云杉；干+

（315）杨大树蜂 *Clavellaria amerinae* L.杨属树种；叶+

68. 叶蜂科 Tenthredinidae

（316）落叶松赤腹叶蜂 *Pristiphora erichsonii* Hartig 落叶松；叶++

（317）落叶松黄腹叶蜂 *Pachynematus larivorus* Takagi 落叶松；叶+

注："+"号表示种群多度，+表示轻；++表示中；+++表示重

9 额尔古纳国家级自然保护区生物多样性评价

9.1 典型性

典型性或代表性是度量自然保护区生物区系、群落结构和生态环境与所在生态地理区域的整个生物区系和生态系统相似性程度的一个指标。

额尔古纳国家级自然保护区在植被区划上属于欧亚针叶林植物区，是东西伯利亚山地泰加林往南的延续部分，是我国以兴安落叶松（*Larix gmelini*）林为主要植被类型的原始寒温带针叶林分布区之一。

保护区原区域属于莫尔道嘎林业局施业区。新中国成立以来，为了国家的建设，森工企业对大兴安岭地区的森林资源进行了大规模采伐，20世纪80年代后期，莫尔道嘎林业局森林资源陷入了枯竭的局面。但是现额尔古纳国家级自然保护区内的寒温带针叶林，是目前我国保存下来的最为典型和完整的寒温带针叶林生态系统之一，是大兴安岭北部山地欧亚针叶林植物区的缩影。在大兴安岭原生植被几乎消耗殆尽，世界上寒温带针叶林分布区正在日益缩小的今天，保护好这片未受过干扰和破坏的原始森林，具有重要的意义。

9.2 稀有性

自然保护区的稀有性是用来衡量物种、生境和生态系统在自然界现存量的稀有程度。一般包括稀有物种、稀有群落和稀有生境。稀有性具有一定的区域范围，根据分布范围的大小，可分为地方稀有性、国家稀有性和全球稀有性。

内蒙古大兴安岭林区是我国的主要林区之一，分布着大面积的兴安落叶松林，而且木材蓄积量高，材质优良。新中国成立后，经过大规模的采伐利用，使原始寒温带针叶林面积日趋减小。因此，额尔古纳国家级自然保护区内的原始寒温带针叶林生态系统在我国乃至世界范围内都显示出它的珍贵性和稀有性。

同时，保护区内分布有许多珍稀濒危野生动植物。保护区有地衣植物15科33属69种（含1变种和1亚种）。苔藓植物45科88属164种，包括苔纲植物16科18属27种，藓纲植物29科70属137种。其中东北新纪录种为7种，隶属于2科4属；野生维管植物为654种（包括种下分类群），隶属于90科315属。其中蕨类植物24种，裸子植物5种，被子植物625种。保护区植物资源丰富，其中早春开花植物为26科54属89种。在野外调查过程中，发现新分布2种，即东北地区新分布臭茶藨子（*Ribes graveolens*），大兴安岭地区新分布四叶重楼（*Paris quadrifolia*）。另外，在保护区内发现一些大兴安岭地区稀有类群，如白杜（*Euonymus maackii*）、圆叶茅膏菜（*Drosera rotundifolia*）等。

保护区内有国家Ⅱ级重点保护植物有3种，分别是钻天柳（*Chosenia arbutifolia*）、浮叶慈姑（*Sagittaria natans*）和野大豆（*Glycine soja*），钻天柳是近代从柳属分化出来的单种属，对研究柳属植物进化有重要意义；浮叶慈姑在我国仅分布在北纬44°以北，对研究泽泻科种系发生和系统演化有重要意义；野大豆具有许多优良性状，如耐盐碱、抗寒、抗病等，与大豆是近缘种，而大豆是我国主要的油料及粮食作物，故在作物育种上是极其重要的亲本资源；另外，保护区有内蒙古自治区级保护植物20种。

保护区被列入国家重点保护动物有9种，其中貂熊、紫貂、原麝为国家Ⅰ级重点保护动物，猞猁、棕熊、水獭、马鹿、驼鹿和雪兔为国家Ⅱ级重点保护动物。列入濒危野生动植物种国际贸易公约附录Ⅰ兽类有2种；列入CITES附录Ⅱ兽类有3种，在兽类中，有大兴安岭寒温带针叶林（泰加林）特有种8种，它们也是大兴安岭寒温带针叶林稀有种或濒危种。在鸟类中，国家Ⅰ级重点保护的鸟类有6种，即黑鹳、金雕、白尾海雕、黑嘴松鸡、丹顶鹤、大鸨；属于国家Ⅱ级重点保护的鸟类有37种。列入濒危野生动植物种国际贸易公约附录Ⅰ的鸟类有白尾海雕、丹顶鹤、小杓鹬等3种，列入附录Ⅱ的鸟类有28种。

这些动物具有较高的保护价值，在保护区内分布比较集中。这充分体现了保护区具有较高的稀有性。

因此，额尔古纳国家级自然保护区不但保存了原始的寒温带针叶林，而且是许多寒温带珍稀野生动物栖息、繁衍的理想场所。

9.3　多　样　性

自然保护区的多样性是反映物种多度和种群丰富度的一个指标，多样性包括以下3个层次，即生物物种多样性、生态系统多样性和遗传多样性。

（1）生物物种多样性

额尔古纳自然保护区位于草原和森林的过渡带，物种多样性丰富。根据野外调查统计，保护区内野生植物150科436属887种，其中地衣植物为15科33属69种，苔藓植物45科88属164种，蕨类植物12科16属24种，裸子植物2科3属5种，被子植物76科296属625种；大型真菌为39科110属322种。

（2）生态系统多样性

额尔古纳国家级自然保护区山峦起伏，河流众多，有平缓的中低山、宽阔的山谷和河漫滩。植被类型以寒温带针叶林为主，随着海拔和微地形的变化，植物的种类组成、土壤类型也随之变化。额尔古纳国家级自然保护区几乎包括大兴安岭所有的森林生态系统类型，有6个植被类型14个植被亚型41个群系52个群丛。主要有森林植被、灌丛植被、草甸植被、沼泽植被和水塘（水生植被）等植被类型，因此，保护区具有丰富、多样性的生态系统。

（3）遗传多样性

遗传多样性是遗传信息的总和。额尔古纳国家级自然保护区1218种野生动植物物种（昆虫除外）、318种昆虫、322种大型真菌及数量众多的土壤真菌中蕴藏着难以计数的遗传基因，这些遗传信息的总和构成了保护区丰富的遗传多样性，尤其是栽培或驯化物种的野生近缘种，如野大豆、钻天柳、岩高兰、笃斯越桔、越桔、蒙古黄耆等，具有重要的经济和科学价值，是重要的种质资源库，对遗传多样性的保护、保存具有现实的意义和深远的历史意义。

复杂的物种多样性，使生态系统具有很强的自我调节能力，在无人为干扰的情况下会按自然规律发展下去。但本保护区气候酷寒，环境条件恶劣，属脆弱生态带，该生态系统一旦遭受严重破坏，将很难恢复，势必导致这些濒危、珍稀物种种群数量及分布区的显著变化，乃至遗传多样性的衰竭或种群消失。因此，对该地区各类生态系统多样性和物种多样性保护尤为重要。

9.4 自 然 性

保护区的自然性是度量保护区内保护对象遭受人为破坏程度的指标。自然性越高，表示所遭受人为干扰的程度越小，其保护价值越大。

额尔古纳国家级自然保护区内的寒温带针叶林是没有受到人类干扰的自然森林生态系统，区内无任何居民点和生产点，其完整的森林植被处于原始状态，是我国北方寒温带明亮针叶林生态系统的自然本底，对保护我国寒温带区域以大兴安岭为代表的森林生态系统及物种资源具有十分重要的意义。

保护区内的寒温带明亮针叶林属于欧亚针叶林区南延的组成部分，其特点是林分结构简单，植物种类单纯，种数较少，特有种也较少。林区有许多枯立木、病腐木及横卧林地上的腐朽程度和粗细不同的倒木，由于保护区内从未进行过任何形式的生产经营活动，仍保持着自生自灭的自然状态，这些枯立木和倒木同样是森林生态系统中重要的不可缺少的组成部分。林内丰富的生物物种都按其发生发展规律有序地自由生活，并相互影响，协同进化。

9.5 生态系统脆弱性

生态系统和物种的脆弱性是指生态系统极易遭受破坏且难以恢复，物种种群生活力弱且繁殖能力差。

保护区位于大兴安岭北部山地是我国最寒冷的地区，气候的大陆性较强，冬季酷寒而漫长（长达 7~8 个月），7 月平均气温约为 18.8℃，生长期不足 100 天，土层薄，自然条件恶劣。保护区所处的大兴安岭地区是东西伯利亚山地泰加林往南的延续部分，在我国占据面积很小，地理分布狭窄，是我国寒温带针叶林最大的分布区，同时在世界上也是主要分布区之一。虽然保护区具有丰富的物种资源和显著的生态功能，但必须注意到区内保存的寒温带针叶林是本区的顶极群落，完全适应本区的寒温带气候，并且它为其他生物提供生境条件，各物种之间及物种与环境之间的依存关系十分密切和敏感，所以其一旦遭到破坏，极难恢复，将引起整个生态系统的崩溃。

近年来，保护区相邻的森工企业强度开发，森林资源锐减，出现了森林资源危困、经济危困的局面。因此，有个别人员进入保护区狩猎和采集山特产品，特别是，该区周边地区涉及 2 个镇的 2 个自然村，有近千的人口。同时，保护区与俄罗斯隔河相望，随着两国关系的不断发展，两国人民的友好往来更加频繁，这都会给保护区的资源保护带来很大的压力和威胁,特别是对保护区的护林防火极为不利。但随着宣传工作的深入和保护管理工作力度的不断加大,这些问题都将得到有效的解决。

9.6　保护区面积适宜性

自然保护区在性质上是以法律形成建立的土地管理单位,具有一定的范围。如果自然保护区面积太小,就不能对主要保护对象进行有效保护,并使自然保护区孤立成为一个生境"岛"。自然保护区的面积是一个重要指标。一般情况下,一个自然保护区的重要程度往往随着面积的增加而提高。通常自然保护区面积越大,则保护的生态系统越稳定,生物物种就越安全。但从社会经济发展的角度看,又要根据保护对象的不同,而确定保护区最适面积或最小面积。

额尔古纳国家级自然保护区面积 124 527hm^2,在寒温带针叶林分布区内,这么大面积的自然保护区是不多见的,借鉴同一气候带上自然保护区管理的实践证明,保护区的面积完全能适应保护的需要,既保持了保护区区域的完整性和连续性,又使区内动植物得到有效的保护。而且,保护区位于额尔古纳河国界东侧,长约 90km,宽约 22km 范围内,对额尔古纳河具有重要的涵养水源作用。

9.7　生态系统相对稳定性

保护区地处中俄边境莫尔道嘎林业局境内,莫尔道嘎林业局开发较晚,保护区周边林场开发强度也较小,边界明确清楚,境内森林茂密、覆盖率高,溪水长流,雨量充沛,物种丰富,动物、植物、微生物和非生物环境形成了一个和谐的相对稳定的生态环境,是自然界物质和能量交换的重要枢纽,因此,保护区生态系统相对稳定,尤其是天然林保护工程实施以来,周边林场都实施了封山育林的保护措施,同时,保护区周边无工矿企业,对保护区的森林、土壤和水域不造成污染。除此之外,莫尔道嘎林业局人口较少,截至 2011 年末,全局人口为 11 799 人,而且 80%的居民居住在莫尔道嘎镇,居民的素质也较高,有较强的环境保护意识,对保护区内自然资源的保护极为有利。

9.8　科　学　性

额尔古纳国家级自然保护区资源丰富,物种多样,区系成分复杂,有国家级 I、II 保护动物、植物和特殊的生态环境,是研究大兴安岭北部山地生态系统发生、发展和演替规律的理想科研基地,同时也是研究生态系统恢复、重建的模式,随着保护区事业的发展,它将充分发挥其潜在的科学价值,在区域生态环境的保护、调节、生产、科普、游憩等方面将体现更大的生态功能。

主要参考文献

[1] 巴拉诺夫，朱有昌. 东北大兴安岭山脉植物地理[J]. 哈农学报，1951，（1）：3-4

[2] 中苏林业调查队. 大兴安岭森林资源调查报告[M]. 北京：中国林业出版社，1951-1954：3-4

[3] 中国科学院《中国自然地理》编辑委员会. 中国自然地理、植物地理（上册）[M]. 北京：林业出版社，1983

[4] 中国科学院黑龙江流域综合考察队. 大兴安岭北部地质（黑龙江流域及其毗邻地区地质）[M]. 北京：科学出版社，1963

[5] 王荷生，张镱锂，黄劲松. 华北地区种子植物区系研究[J]. 云南植物研究，1995，17（7）：1-20

[6] 江松，解焱. 中国物种红色名录（第一卷）[M]. 北京：高等教育出版社，2004

[7] 马毓泉. 内蒙古植物志（三）[M]. 呼和浩特：内蒙古人民出版社，1977

[8] 刘慎谔. 东北木本植物图志[M]. 北京：科学出版社，1958

[9] 刘慎谔. 东北草本植物志[M]. 北京：科学出版社，1958

[10] 刘绍文. 内蒙古大兴安岭林区野生经济植物[M]. 哈尔滨：东北林业大学出版社，1999

[11] 张玉良. 大兴安岭山脉的植物群落（植物生态学与地植物学资料丛刊）[M]. 北京：科学出版社，1955

[12] 周以良. 中国东北及内蒙古自治区东部的植被概要（植物生态学与地植物学资料丛刊大兴安岭山区的森林）[J]. 东北林学院学报. 校庆增刊，1982：7-16

[13] 曾宏达. 基于和地统计的森林资源空间格局分析——以武夷山山区为例[J]. 地球信息科学，2005，7（2）：82-88

[14] 黑龙江森林编辑委员会. 黑龙江森林[M]. 哈尔滨：东北林业大学出版社，北京：中国林业出版社，1984

[15] 周以良，董世林，聂绍荃. 黑龙江树木志[M]. 哈尔滨：黑龙江科学技术出版社，1986

[16] 周以良，乌弘奇，陈涛. 中国东北落叶松林的特征、更新规律与合理经营[J]. 植物研究，1988，8（1）：127-146

[17] 周以良. 中国大兴安岭植被[M]. 北京：科学出版社，1991

[18] 周以良. 中国小兴安岭植被[M]. 北京：科学出版社，1994

[19] 周以良，等. 中国东北植被地理[M]. 北京：科学出版社，1997

[20] 郎惠卿，等. 中国沼泽[M]. 青岛：山东科学技术出版社，1983

[21] 高尔捷也夫. 中国东北及内蒙古自治区东部的植被概要（植物生态学与地植物学资料丛刊）[M]. 北京：科学出版社，1957

[22] 顾云春. 大兴安岭林区森林群落的演替[J]. 植物生态学与地植物学丛刊，1985，9（1）：64-70

[23] 陈灵芝，王祖望. 人类活动对生态系统多样性的影响[M]. 杭州：浙江科学技术出版社，1999

[24] 陈灵芝，陈清郎，刘文华. 中国森林多样性及其地理分布[M]. 北京：科学出版社，1997

[25] 吴征镒，等. 中国植被[M]. 北京：科学出版社，1983

[26] 吴征镒. 中国种子植物属的分布区类型[J]. 云南植物研究（增刊），1991. IV：1-139

[27] 吴征镒，周浙昆，李德铢. 世界种子植物科的分布区类型系统[J]. 云南植物研究，2003，25（5）：525-528

[28] 傅沛云，李冀云，曹伟，等. 长白山种子植物区系研究[J]. 植物研究，1995，15（4）：491-500.

[29] 傅沛云. 东北植物检索表[M]. 2 版. 北京：科学出版社，1995

[30] 傅沛云，刘淑珍，李冀云，等. 大兴安岭植物区系地区种子植物区系研究[J]. 云南植物研究，1995，17（Ⅶ）：1-10

[31] 傅沛云. 中国东北部种子植物种的分布区类型[M]. 长春：东北大学出版社，2003

[32] 董世林. 植物资源学[M]. 哈尔滨：东北林业大学出版社，1994

[33] 钱家驹，张文仲. 长白山高山冻原植物的调查研究简报（Ⅰ）[J]. 东北师大学报（自然科学版），1980，1：6

[34] 曹伟，傅沛云，刘淑珍，等. 东北平原植物区亚地区种子植物区系研究[J]. 云南植物研究，1995，17（Ⅶ）：22-31

[35] 敖志文，高谦. 黑龙江省及大兴安岭藓类植物[M]. 哈尔滨：东北林业大学出版社，1992

[36] 北川政夫（Kitagawa M）. 满洲植物考（Lineamenta Florae Manshuricae）[M]. Report of Institutu of Scientific，1939

[37] Комаров В Л. Флора Маньчжурии[J]. Тр. Петерб. бот. сада，1901，20：175-190

[38] Шенников. А. П. 苏联的草甸植被[M]. 张绅译. 北京：科学出版社，1959（原著1938）

[39] Юнатов А А. 蒙古人民共和国植被的基本特点[M]. 李继侗译. 北京：科学出版社，1959（原著1950）

[40] Walter H. Vegetation of the Earth in Relation to Climate and the Eco-physiological Conditions[M]. London：English Universities Press，1973

[41] Kitagawa M. Vegetation of manchuria[J]. Neo Lineamenta Florae Manshuricae. Vaduz：AR Gantner verlag，1979，5（8）：46-689

[42] Odum H T. Systems ecology on introduction[M]. Now York：John Wiley and Sons，Inc.，1983

[43] 柏松林，吴德成. 中国大兴安岭植物志[M]. 哈尔滨：黑龙江科学技术出版社，1994

[44] 曹伟，李冀云，傅沛云，等. 大兴安岭植物区系与分布[M]. 沈阳：东北大学出版社，2004：151-153

[45] 新疆植物志编辑委员会. 乌鲁木齐，新疆植物志（第二卷，第二分册）[M]. 乌鲁木齐：新疆科技卫生出版社，1995：264

[46] 陆玲娣，黄淑美. 中国植物志（第三十五卷，第一分册）[M]. 北京：科学出版社，1995：288-376

[47] Peter H R，Zhang L B，Ihsan A A，et al. Flora of China[M]. Beijing：Science Press Missouri Botanical Garden Press，2001：428-452

[48] 李安仁. 中国植物志（第二十五卷，第一分册）[M]. 北京：科学出版社，1998：184

[49] 李文华. 东北天然林研究[M]. 北京：气象出版社，2011

[50] 郭泺，杜世宏，杨一鹏. 基于 RS 与 GIS 的广州市森林景观格局时空分异研究[J]. 地理与地理信息科学，2008，24（1）：96-99

[51] 邬建国. 景观生态学：格局、过程、尺度与等级[M]. 北京：高等教育出版社，2001

[52] 张国辉. 莫尔道嘎林业局植被垂直分布带生态特征与经营目标[J]. 内蒙古林业调查设计，2010，33（5）：52-53

[53] 王艳芳，沈永明. 盐城国家级自然保护区景观格局变化及其驱动力[J]. 生态学报，2012，32（15）：4844-4851

[54] 沈泽昊，张新时，金义兴. 地形对亚热带山地景观尺度植被格局影响的梯度分析[J]. 植物生态学报，

2000，24（4）：430-435

[55] 孔繁花，李秀珍，尹海伟，等. 地形对大兴安岭北坡林火迹地森林景观格局影响的梯度分析[J]. 生态学报，2004，24（9）：1863-1870

[56] 喻红，曾辉，江子瀛. 快速城市化地区景观组分在地形梯度上的分布特征研究[J]. 地理科学，2001，21（1）：64-69

[57] 沈文娟，徐婷，李明诗. 中国三大林区森林破碎化及干扰模式变动分析[J]. 南京林业大学学报（自然科学版），2013，37（4）：75-79

[58] 焦玲. 额尔古纳湿地资源及其保护利用[J]. 林业机械与木工设备，2010，38（10）：15

[59] 张富. 莫尔道嘎林业局植被资源分布及评价[J]. 内蒙古林业调查设计，2008，31（3）：63-64

[60] 孔宁宁，曾辉，李书娟. 四川卧龙自然保护区植被的地形分异格局研究[J]. 北京大学学报（自然科学版），2002，38（4）：543-549

[61] 张国辉. 莫尔道嘎林业局植被垂直分布带生态特征与经营目标[J]. 内蒙古林业调查设计，2010，33（5）：52-53

[62] 龚文峰，孙海，刘春河，等. 基于 RS 和 GIS 额尔古纳国家自然保护区景观多样性定量分析[J]. 水土保持研究，2013，20（4）：213-217

[63] 戴玉成. 中国储木及建筑木材腐朽菌图志[M]. 北京：科学出版社，2009

[64] 潘学仁. 小兴安岭大型经济真菌志[M]. 哈尔滨：东北林业大学出版社，1995

[65] 赵继鼎. 中国真菌志（第三卷上）[M]. 北京：科学出版社，1998

[66] 赵继鼎. 中国真菌志（第三卷下）[M]. 北京：科学出版社，1998

[67] 林晓民，李振岐，侯军. 中国大型真菌的多样性[M]. 北京：中国农业出版社，2004

[68] 戴玉成，图力古尔，崔宝凯，等. 中国药用真菌图志[M]. 哈尔滨：东北林业大学出版社，2013

[69] 吴征镒，周浙昆，孙航，等. 种子植物分区类型及其起源和分化[M]. 昆明：云南科技出版社，2006